普通高等教育"十三五"工程训练系列规划教材

工程训练与创新实践

第 2 版

主　编　王世刚

副主编　王雪峰　姜淑凤

参　编　王凤娟　吴子敬　高福生

机 械 工 业 出 版 社

本书是根据教育部《普通高等学校工程材料及机械制造基础系列课程教学基本要求》，结合高校工程训练中心实际情况、国内外高等工程教育发展状况和编者多年实践教学经验编写而成的。全书共分 5 篇 19 章，第 1 篇为工程训练基础知识，内容包括工程训练基本要求、工程训练安全知识、工程材料与钢的热处理、切削加工基础知识，共 4 章；第 2 篇为材料成形训练与实践，内容包括熔铸成形、锻压成形、焊接成形，共 3 章；第 3 篇为切削加工训练与实践，内容包括车削加工、铣削加工、刨削加工、磨削加工、钳工，共 5 章；第 4 篇为现代加工训练与实践，内容包括数控加工、自动编程加工、激光加工、3D 打印、特种加工，共 5 章；第 5 篇为创新训练与实践，内容包括机械创新训练与实践、创新模型训练与实践，共 2 章。各章均编写了教学目的和要求以及复习思考题，有些章节还编写了相应的安全技术。

本书可作为高等学校各专业本、专科工程训练的教材，也可供工程技术人员参考使用。

图书在版编目（CIP）数据

工程训练与创新实践/王世刚主编 . —2 版 . —北京：机械工业出版社，2017. 8

普通高等教育"十三五"工程训练系列规划教材

ISBN 978-7-111-56992-3

Ⅰ. ①工… Ⅱ. ①王… Ⅲ. ①机械制造工艺–高等学校–教材 Ⅳ. ①TH16

中国版本图书馆 CIP 数据核字（2017）第 126012 号

机械工业出版社（北京市百万庄大街 22 号　邮政编码 100037）
策划编辑：丁昕祯　责任编辑：丁昕祯　章承林　王小东
责任校对：佟瑞鑫　封面设计：张　静
责任印制：孙　炜
北京中兴印刷有限公司印刷
2017 年 8 月第 2 版第 1 次印刷
184mm×260mm · 18.5 印张 · 454 千字
标准书号：ISBN 978-7-111-56992-3
定价：41.00 元

前　言

　　21 世纪的高级工程技术人才应该是复合型、创造性人才，应该具有较强的适应能力、发展能力和竞争能力以及扎实的理论基础。因此，培养这种既懂技术又能动手、既重效益又善管理的高素质创新型人才已经成为我国高等教育面临的重要课题。

　　当前各高等学校纷纷改革传统的金工实习体制，组建工程训练中心。工程训练中心是实践性教学基地，其主要目的是培养学生的工程实践能力、协作精神和创新意识。工程训练的教学目标是学习工艺知识，增强工程实践能力，提高综合素质，培养创新意识和创新能力。工程训练的内容覆盖机械、电工、电子、信息、自动控制、工业管理等，在重视学生的基本技能训练的同时，不断增加新技术、新工艺和新设备的实践内容。实施综合工程实践教育，就是要置受教育者于现代工程背景下，通过一系列工程实践教学活动、科技创新活动和人文素质教育活动，了解和熟悉工程的全过程，让学生在企业管理、工程实践能力和技术创新意识等诸多方面都得到全面的训练和提高，为培养现代卓越工程师奠定基础。

　　在大工程背景下，工程训练在教学模式上改变传统的教学方法和教学手段，从以教师为中心转为以学生为中心，充分利用工程训练中心的条件，集基础训练、综合训练、拓展训练和创新实践训练为一体，按分层次、模块化、组合式、开放型的新形式组织实训教学，优化资源配置，合理布局，形成实践教学特色。

　　基于上述背景和理念，多位具有多年实践教学经验的教师和工程技术人员共同编写了本书。

　　参加本书编写的人员有：王世刚（第 1 章、第 2 章、第 3 章、第 6 章、第 15 章），王雪峰（第 10 章、第 13 章、第 17 章），姜淑凤（第 4 章、第 5 章、第 8 章、第 16 章），王凤娟（第 7 章、第 9 章、第 18 章、第 19 章），吴子敬（第 11 章、第 14 章），高福生（第 12 章）。

　　本书由王世刚担任主编，并负责全书统稿。本书编写过程中参考了相关文献资料，在此向这些文献资料的作者和出版社表示衷心感谢。

　　限于编者水平有限，书中难免出现这样或那样的缺点和错误，诚望广大同行和读者批评指正。

编　者

目　录

第1篇　工程训练基础知识

第1章　工程训练基本要求

【教学目的和要求】

1. 了解工程训练的目的。
2. 熟悉工程训练的基本规章制度。

1.1　工程训练的目的

工程训练的目的是培养学生的工程实践能力、协作精神和创新意识，通过学习工艺知识，增强工程实践能力，提高综合素质，培养创新意识和创新能力。基于工程训练中心的工程训练平台以先进技术训练为龙头，引导创新思维为主线，贯彻多学科集成思想，在与现代科技发展水平相适应的平台上培养学生的工程实践能力和创新精神，积极引导学生建立具有大工程背景的知识结构。

1. 学习工艺知识

理工科及部分文管类专业学生，除应具备较强的基础理论知识和专业技术知识外，还必须具备一定的工程制造的基本工艺知识。与一般的理论课程不同，学生在工程训练中，主要是通过自己的亲身实践来获取工程制造的基本工艺知识。这些工艺知识都是非常具体、生动而实际的，对于各专业的学生学习后续课程、进行毕业设计乃至以后的工作，都是必要的基础。

2. 增强工程实践能力

实践能力，包括动手能力，向实践学习、在实践中获取知识的能力，以及运用所学知识和技能独立分析和亲手解决工艺技术问题的能力。这些能力，对于大学生是非常重要的，而这些能力只能通过实习、试验、作业、课程设计和毕业设计等实践性课程或教学环节来培养。在工程训练中，学生亲自动手操作各种机器设备，使用各种工具、夹具、量具、刀具，结合实际生产进行各工种的操作培训。在有条件的情况下，还要安排综合性练习、工艺设计和工艺讨论等实践环节。

3. 提高综合素质

作为一名工程技术人员，应具有较高的综合素质，即应具有坚定正确的政治方向、艰苦奋斗的创业精神、团结勤奋的工作态度、严谨求实的科学作风、良好的心理素质及较高的工程素质等。其中，工程素质包括市场、质量、安全、群体、环境、社会、经济、管理、法律等方面的意识。工程训练是在生产实践的特殊环境下进行的，对大多数学生来说是第一次接触工厂环境，第一次通过理论与实践的结合来检验自身的学习效果，同时接受社会化生产的熏陶和组织性、纪律性的教育。学生将亲身感受到劳动的艰辛，体验到劳动成果的来之不易，加强对工程素质的培养。所有这些，对提高学生的综合素质，必然起到重要的作用。

4. 培养创新意识和创新能力

培养学生的创新意识和创新能力，最初启蒙式的潜移默化是非常重要的。在工程训练中，学生要接触到几十种机械、电气与电子设备，并了解、熟悉和掌握其中一部分设备的结构、原理和使用方法。这些设备都是前人和今人的创造发明，强烈映射出创造者们长期追求和苦苦探索所燃起的智慧火花。在这种环境下学习，有利于培养学生的创新意识。在实践过程中，还要有意识地安排一些自行设计、自行制作的创新实践环节，以培养学生的创新能力。

1.2 工程训练的基本规章制度

1.2.1 工程训练安全生产制度

为认真贯彻落实国家及学校有关教学安全的有关规定，预防和减少安全生产事故发生，确保国家财产和师生员工的生命财产安全，结合工程训练中心的实际，应制定工程训练安全制度，其内容如下：

1）树立"安全第一"的意识，在工程训练教学中把安全生产放在首位，以对党和人民极端负责、对实训学生和实训指导教师生命安全极端负责的态度做好安全生产工作。

2）坚持"谁主管，谁负责"的原则，制定切合实训中心实际的安全生产制度，明确责任，层层抓落实。

3）加强安全生产知识的宣传教育，提高实训指导教师和实训学生的安全生产意识，做到人人重视安全生产工作，熟悉安全生产知识。

4）把安全生产工作纳入工程训练中心和实训各车间工作的重点，做到与其他工作同计划、同部署、同检查，并主动接受学校和上级安全生产工作领导部门的监督、检查、指导。

5）落实安全生产检查制度，做到平时检查和重点检查相结合，重点要害部位检查与日常门、窗、水、电检查相结合，发现安全隐患要及时处理，暂时不能处理的要及时上报，并采取及时有效的临时措施加以防范。

6）对安全工作中成绩显著和有效控制各种事故的集体和个人给予表彰奖励；凡发生安全事故的，按学校相关规定处罚，取消评先评优、晋升级别资格，直至追究肇事者和有关责任人的法律责任。

1.2.2 工程训练指导教师岗位职责

1）遵守学校、工程训练中心的各项规章制度，爱岗敬业，坚持教书育人，在教学中注意培养学生的工艺分析能力和创新意识。

2）重视安全教育，严格执行操作规程。在指导实训工作期间不做与实训无关的事情，要密切注意并督促学生按安全操作规程进行实训操作，保证学生人身安全。

3）严格按照实训大纲要求进行指导，不得随意删减教学内容。服从分配，积极承担教学及生产任务。

4）钻研教学业务，提高指导水平，遵循"精讲多练"的教学原则。认真备课，积极参加工程训练中心组织的教学活动。学生实训操作期间，指导人员要精力集中、仔细巡察，及时发现和纠正各种不规范现象。

5）作风正派，着装规范，言谈举止文明礼貌，工作期间不饮酒、不吸烟。为人师表，为学生树立文明的榜样。学生出现误操作或质量问题时，应耐心启发和帮助学生总结经验教训，鼓励学生建立信心，做好后续工作。

6）遵守工作纪律，不迟到，不早退，不擅离职守，不无故旷工，提前做好教学准备工作。下班时，督促学生进行机床维护和周围环境清扫，符合要求后方可离开。

7）评分公平。评分时应按标准全面衡量，严格要求。

8）爱护实训设备，节约实训材料，指导教师要相互尊重，互相学习，团结协作。

9）自觉接受工程训练中心、部门组织的检查、考核、评比及总结工作。

1.2.3 工程训练学生守则

1）应充分认识工程训练的重要性，虚心学习，努力提高自己的操作水平。

2）进厂实训前，必须进行有关安全教育和必要的安全知识考核。严格遵守厂规厂纪，尊重和服从指导教师的指挥。

3）严格遵守作息制度，至少提前10min到达规定的车间及实训工位，不得迟到、早退、旷课，有事必须请假，严格遵守有关考勤制度。

4）进入厂区，必须穿戴相应的工作服和使用劳保用品，袖口及每个纽扣一定要扣严；女学生应戴工作帽，并将长发纳入帽内；任何人不得穿凉鞋、拖鞋、裙子、短裤、短袖衫、高跟鞋等进入厂区；对于机、钳工应戴防护眼镜，不许戴手套；对于铸造，如有浇注任务时应领穿劳保皮鞋、防护眼镜和安全帽；电焊操作时要戴电焊手套和电焊面罩。

5）实训应在车间内指定的地点进行，实训期间不得脱岗、串岗，不得在厂区追逐、打闹、喧哗，不做与实训无关的事情（如睡觉、玩游戏、听音乐、看课外书等），做到文明实训。

6）听讲期间配备必要的课本和笔记本，用心听讲，认真学习。

7）严格遵守安全制度和实训操作规范，所用机器、设备、工具等未充分了解其性能及使用方法前，不得违章草率地进行操作。

8）实训应在指定设备上进行，对于非实训设备未经许可严禁动用，不得擅自动用或起动车间任何非自用工具及电闸、电门、设备、按钮等，以免发生意外。

9）爱护公共财物，对所用机器、设备、工具、夹具、量具要倍加爱护，小心使用，妥善放置，避免损坏；所用教学设施由于学生原因非正常损坏，要视情况遵照有关制度进行赔偿。

10）不得将私人物品带入车间进行加工、修理或装拆；尽可能远离易燃易爆、危险场所，避免不必要的危险；所有厂区内一切安保、防火工具，不得随便挪动或摸弄。

11）不准攀登厂区内起重机、墙梯和其他装置；不准在起重机吊物运行路线上行走和停留。

12）若发生事故，必须立即向教师和主管部门报告，查明原因，及时做好处理。

13）实训结束后及时清扫场地，保持车间环境清洁卫生，保养好机床、设备。

14）学生除遵守本守则外，还应遵守各车间内其他相应安全操作规程。

复习思考题

1. 工程训练的目的是什么？

2. 工程训练有哪些基本规章制度？其具体要求有哪些？

第 2 章　工程训练安全知识

【教学目的和要求】
1. 熟悉工程训练安全管理总则。
2. 熟悉学生工程训练安全工作管理制度。
3. 熟悉工程训练设备的安全使用与维护保养制度。
4. 熟悉工程训练安全应急预案。

2.1　工程训练安全概述

工程训练是一门实践性很强的课程，它与一般的理论性课程不同，其主要的学习课堂不在教室，而是在车间。所有的工程训练中心，都拥有一套完整的管理制度，主要包括安全卫生制度、设备管理制度、设备操作规程、学生实训守则等，制定这些管理制度的目的主要是为了防止发生人身安全和设备安全事故。必须知道，安全是一个人一生都不能忽视的重要问题，任何时候忽视了安全，随之而来的就是危险和灾难。做好安全管理是各级管理者和指导教师义不容辞的责任，也是学生必须遵守的规则。从以往训练中发生的事故案例分析，大部分的事故都是由于违章操作和违反实训劳动纪律造成的。安全教育是实现安全教学和生产的重要保障措施。实施对教师、学生的安全教育，提高他们的安全意识和安全技术素质，是工程实践中的必要课程，"注意安全"这四个字应伴随每个人的一生。

学生参加工业安全培训有两个目的：一是确保人身安全和设备安全；二是获得工业安全的基本知识，为将来的发展做准备。工业安全培训是个很重要、涉及面又很广的项目，可以大体上分为工业安全工程和工业安全管理两个方面，每个方面又有许多分支。本章主要介绍工业安全管理的基本知识。

2.2　工程训练安全管理总则

1）工程训练中心全体工作人员及参加训练的学生，均应树立牢固的"安全第一"的观念和意识，严格遵守安全规定，杜绝一切严重事故的发生。

2）全体工作人员必须有"三防"（防火、防盗、防事故）意识，熟悉各种消防设施，学会使用消防器材，严格执行有关安全操作规程。

3）首次进入工程训练中心参加实训的学生，必须进行安全教育。未经安全教育者，不得动用仪器设备和试验用品。

4）参加工程训练的学生应该按规定着装，扣好衣扣。女学生戴好工作帽并将头发辫子收好。

5）参加工程训练的学生操作仪器设备前，必须了解其构造、工作原理、使用方法，只有经指导教师同意后，才能进行操作。

6）实训期间坚守工作岗位，不得随意动用他人的仪器设备及工具（刀具、量具）。操作中发现不正常现象，应立即停止工作，关闭电源，检查原因，及时报告。

7）工作地点应保持清洁整齐，所用工具、毛坯、零件均应按要求放置。不准在人行通道堆放杂物，保证实训场地消防通道、人行通道的畅通。

8）危险品、易燃易爆品要有专人负责，使用危险品、易燃易爆品时，要严格遵守有关规定。

9）贵重仪器、机床设备的使用和管理责任到人。若发生故障，应及时报告，非专职维修人员不得擅自拆卸。

10）落实安全责任制，做到"谁主管谁负责""谁使用谁负责"。全体工作人员在下班前，注意关闭水源、电源、气源，关好门窗，确保安全。

2.3 学生工程训练安全工作管理制度

2.3.1 学生实训安全工作管理制度

1）学生下厂实训前，由工程训练中心领导负责对学生进行安全教育。没有接受安全教育的学生，不准参加实训。

2）学生到车间（班组）后，由各班组长负责结合本车间（班组）实际情况再次进行安全教育。

3）学生上岗前，实训指导人员要结合本工种（机台）的安全技术操作规程进行安全教育。

4）实训指导人员必须严格遵守安全技术操作规程，上岗前要按规定穿戴劳保用品。

5）实训指导人员要教育学生遵守《学生实训安全守则》，并经常进行监督、检查，发现问题要立即处理。对不听劝告者，有权停止其实训。

6）实训过程中一旦发生设备或人身事故，要立即向实训科或有关领导报告并妥善处理。

7）实训指导人员在学生操作时不准离岗、串岗，不准聚堆闲谈，严禁工作时间睡觉。在其离岗、串岗、睡觉期间发生的机械或人身安全事故所造成的经济损失全部由其个人负责。

8）实训指导人员由于工作不负责任所造成的事故完全由实训指导人员个人负责。

9）实训指导人员因故不能按时上班者，必须提前向实训科请假，未经准假造成空岗时所发生的事故由其个人负责。

10）实训指导人员因故离开机台时，应停车、关闭电源，或指定他人看管。由他人看管发生事故时由看管人负责。

11）实训学生擅自离岗、串岗，到其他实习岗位所造成的事故，视情节由双方实训指导人员承担一定的责任。学生到非实训岗位造成的事故视情节由其实训指导人员负一定的责任。

2.3.2 学生实训安全守则

1）学生下厂实训前，必须接受工程训练中心三级安全教育，即入厂安全教育、车间（班组）安全教育和机台安全教育。没有接受安全教育的学生不准参加实训。

2）学生入厂实训，必须按各工种劳动保护的规定穿好工作服，女同学戴好安全帽，长头发塞进帽子。不准穿裙子、高跟鞋、凉鞋、拖鞋。经检查不合格者不准参加实训。

3）实训全过程都必须在实训指导人员的指导下进行，未经实训指导人员允许，不准动用任何设备。否则，由此导致的设备和人身事故的责任，由该生自行承担。

4）实训学生必须认真学习、掌握和执行各工种安全技术操作规程及工厂安全防火规章制度。

5）在机床上操作时，机床没有完全停止前不得用手去触摸旋转的工件和刀具，不能清理切屑，也不能测量工件，更不得擦拭工件。

6）清除切屑时不得用手抓和嘴吹，要用毛刷或钩子清理。

7）工件装夹要牢靠，以防工件飞出伤人。装卸工件时手要远离刀具。

8）不得两人同时操作一台机床，只允许一人操作，其他人观看。

9）操作或观看时要站在实训指导人员指定的安全位置，不要站在机床运动方向或切屑流出的方向。必须保持正确、规范的操作姿势。

10）学生操作时不能离开机床，离开机床必须停车。

11）实训期间发生事故要立即停车，切断电源，通知实训指导人员处理。

12）实训期间必须坚守各自的实训岗位，不得擅自到其他实训岗位和非实训岗位逗留。

13）实训过程中要一切行动听从指挥，要讲文明、讲礼貌，要尊敬实训指导人员、爱护公物。各类实训工具和材料未经允许不准带离实训场所。

14）实训场所做到秩序井然，严禁在实训场所打闹、喧哗、跑动，严禁聚集闲谈。进入实训场所不准吸烟。

15）与实训无关的书籍（包括杂志、小说）、随身听等一律不准带入实训场所。

16）实训学生必须遵守规定的作息时间，上班前先润滑设备，经实训指导人员允许后方可起动机床；下班时将机床和场地清理干净，经实训指导人员允许后方可离厂下班。

2.4　工程训练设备的安全使用与维护保养制度

通过对设备的维护保养，使设备经常保持清洁、润滑、完好、安全，减少故障停机频次，提高设备利用率，保证教学实训工作的正常进行，制定工程训练设备的安全使用与维护保养制度，其内容如下：

2.4.1　工程训练设备的安全使用

1）操作者必须熟悉所使用设备的性能和技术规范，懂得设备的结构，掌握正确的操作方法，严格遵守安全技术规程，进行经常和必要的润滑保养。

2）学生在实训使用设备前，必须进行技术教育，了解和熟悉设备的结构、性能、使用、维护以及技术安全等方面的知识，在实训指导人员的指导下学习实际操作技术。

2.4.2　工程训练设备的三级保养

1）日常维护保养：班前班后由操作者（教学设备由管理人）认真检查设备，擦拭各个部位和加注润滑油，使设备经常保持在整齐、清洁、润滑、安全的状态。

2）一级保养：以操作者为主、维修人员为辅，按计划对设备进行局部拆卸和检查，清洗规定的部位，疏通油路、管道、更换或清洗油线、油毡、过滤器，调整设备各部位配合间隙，紧固设备各个部位。

3）二级保养：以维修人员为主进行，对设备进行部分解体检查和修理、更换或修复磨损件、清洗、换油、检查修理电气部分，使设备技术状况全面达到设备完好标准的要求。

4）实行"三级保养制"必须使操作者对设备做到"三好"（管好、用好、修好）、"四会"（会使用、会保养、会检查、会排除故障）、"四项要求"（整齐、清洁、润滑、安全）。

2.4.3　工程训练动力设备的安全使用及维护

1）动力设备具有连续工作和不可中断的特点，有受压、高温、易燃、有毒和有害等危险因素。因此，对动力设备的使用维护应有特殊要求。

2）必须有完整的技术资料，如操作系统图、平面布置图、运行技术规程和运行记录。

3）经常进行事故预防的教育，提高运行操作人员的警惕性和安全责任感。

4）运行指导（操作）者应随时巡回检查，不得擅离工作岗位，遇有不正常情况时，应根据操作规程进行紧急处理，并及时上报。

5）保证各种指示仪表和安全装置灵敏准确。动力设备不得带故障运行，要定期预防。对设备性能情况应做到心中有数，必须经常检查接地装置。

2.4.4　工程训练起重设备的安全使用

1）每台起重设备上必须设有行程限位开关、卷扬限位开关、负荷限制器等安全保护装置，严禁超负荷使用。

2）经常严格按规定检查横梁行走机构、起重升降机构、钢索固定端、吊钩、各部行走限位装置，不符合安全管理规程时应立即停止使用。

3）起重设备挂着重物时，操作者不得擅自离开，工作完毕后，应将起重设备返回至规定位置，并切断总电源。

2.5　工程训练安全应急预案

为加强工程训练的安全工作，提高对突发事故和事件做出及时的响应和处理，有效地控制事态的发展，尽可能地减少伴随的灾害损失和伤害，将发生事故造成的灾害降低到最低限度，特制订本预案。

严格执行"预防为主，防消结合"的方针和"谁主管，谁负责"的工作原则，充分调动每名教职工的工作积极性，主动参与安全工作。发生紧急情况时，每名员工都能处事不惊、有条不紊地开展报警、灭火和疏散等工作，各负其责、各尽其职，最大限度地控制事故、疏散人员，全力保障人员及财产安全。

2.5.1　安全应急预案职责分工

1）工程训练中心主任为应急方案实施的总指挥。

2）工程训练中心主任、各实训教研组长为事故现场具体处置负责人。

2.5.2　安全应急预案的内容

1）发生火灾，执行工程训练中心火灾应急处理预案。

2）发生人身伤亡事故时，现场人员应立即采取正确的处理措施，并向负责人汇报，负责人应根据事态的严重情况，确定初步的救护方案。

2.5.3　消防安全应急处理预案

1）发现火灾事故时，发现人员要及时、迅速向工程训练中心负责人及地方公安消防部门拨打"119"电话报警，并立即切断电源或通知相关部门切断电源。报警时，讲明发生火灾或爆炸的地点、燃烧物的种类和数量，火势情况，报警人姓名、电话等详细情况。

2）工程训练中心负责人接到报警后，应立即通知医疗、安全保卫及安全消防等人员一起赶赴火场展开工作。

3）发生火灾时，若有人员被火围困，应立即组织力量抢救，坚持"救人第一，救人重于救火"的原则，必要时拨打"120"求助抢救伤员。在适用这一原则时可视情况，救人与救火同时进行，以救火保证救人的展开，通过灭火，从而更好地救人脱险。救护应按照"先人员后物资，先重点后一般"的原则进行，抢救被困人员及贵重物资，要有计划、有组织地疏散人员，并且要戴齐防护用具，注意自身安全，防止发生意外事故。

4）应急处理小组应根据火场的具体情况，选择合适的疏散路线，迅速组织师生撤离建筑物。

5）为保证火灾扑救、疏散与抢救人员等工作有秩序地顺利地进行，必须在事故现场和周围设置警戒线，同时安排警卫人员（可由学生或保安人员担任）维护现场秩序，引导外部救援人员进入现场，为灭火工作创造有利条件。

6）火灾扑灭后，要注意保护好现场，接受事故调查，如实提供火灾情况，同时将事故情况上报学校保卫部门。

7）在上级领导到达现场后，应无条件地接受领导进行灭火救人。

8）根据火灾类型，采用不同的灭火器材进行灭火。按照不同物质发生的火灾，火灾大体分为以下四种类型：

A 类火灾为固体可燃材料的火灾，包括木材、布料、纸张、橡胶以及塑料等。

B 类火灾为易燃可燃液体、易燃气体和油脂类等化学药品火灾。

C 类火灾为带电电气设备火灾。

D 类火灾为部分可燃金属，如镁、钠、钾及其合金等火灾。

扑救 A 类火灾：一般可采用水冷却法，但对珍贵图书、档案应使用二氧化碳、卤代烷、干粉灭火剂灭火。

扑救 B 类火灾：首先应切断可燃液体的来源，同时将燃烧区容器内可燃液体排至安全地区，并用水冷却燃烧区可燃液体的容器壁，减慢蒸发速度；及时使用大剂量泡沫灭火剂、干粉灭火剂将液体火灾扑灭。对于可燃气体应关闭可燃气阀门，防止可燃气发生爆炸，然后选用干粉、卤代烷、二氧化碳灭火器灭火。

扑救 C 类火灾：应切断电源后再灭火，因现场情况及其他原因，不能断电，需要带电灭火时，应使用沙子或干粉灭火器，不能使用泡沫灭火器或水。

扑救 D 类火灾：钠和钾的火灾切忌用水扑救，水与钠、钾起反应放出大量热和氢，会促进火灾猛烈发展。应用特殊的灭火剂，如干砂或干粉灭火器等。

9）烧伤急救处理。

① 基本原则：消除热源、灭火、自救互救。烧伤发生时，最好的救治方法是用冷水冲洗，或伤员自己浸入附近水池浸泡，防止烧伤面积进一步扩大。

② 衣服着火时应立即脱去，用水浇灭或就地躺下，滚压灭火。冬天身穿棉衣时，有时明火熄灭，暗火仍燃，衣服如有冒烟现象应立即脱下或剪去以免继续烧伤。身上起火不可惊慌奔跑，以免风助火旺，也不要站立呼叫，以免造成呼吸道烧伤。

③ 烧伤经过初步处理后，要及时将伤员送往就近医院进一步治疗。

10）消除火灾后的各种影响环境的应急措施。

① 对于非油类的火灾：消除火灾后应立即打扫现场，将残留物及炭灰清理后放入不可回收垃圾处。

② 对于油类的火灾：消除火灾后应立即打扫现场，用黄沙对地面进行收油处理后用水冲洗。对附着物的表层用棉纱或抹布抹除，再用清洁剂擦除。

2.5.4　触电安全应急处理预案

1）处置触电事故的责任人：任课教师及实验室管理员。

2）处置程序：

① 一旦发生触电事故，责任人应迅速安全地切断电源，切忌直接接触触电者。

② 即刻通知校医务室及相关部门，同时开展现场应急救护。

③ 教师要稳定课堂秩序、安抚其他学生的情绪，必要时应及时、有序地疏散学生。

2.5.5　实验室和车间安全工作预案

1）学生在实验室或车间进行试验或实训时，第一次上试验或实训课，都要进行相关的安全教育。应重视加强学生安全意识教育，每次试验或实训都要经常提醒学生时刻注意人身、财产安全。

2）对于学生严重违反操作规程危及安全时，应及时给予制止；对于不听劝告的，应立即停止试验或实训，并报告应急处理负责人处理。在试验或实训过程中，要留意状态不佳的生病学生，以免发生意外。

3）注意加强试验设备的安全性能检查，及时发现和消除安全隐患（如设备外壳漏电、导线破损），确保设备的安全使用。

4）在学生试验或实训过程中，应加强现场的巡查，当发现糊焦味、冒烟、明火等异常情况时，要及时关断电源查出故障原因及时处理，以免故障扩大导致安全事故。如果发生火灾，应按火灾应急预案处理。

5）当发生触电时，应按现场触电应急预案处理，发现触电事故的任何人员都应当在第一时间抢救触电者，并拨打"120"求助。

6）工程训练中心涉及的危险性化学品主有氧气、乙炔，平时贮存在实训工厂焊工实训区，使用时都有专业人员才可开启使用，同时配备相关消防安全标志和消防器具。实训工厂和实验楼电气设备主要有机床、电机控制试验装置、数控机床、计算机、投影试验系统、红外摄影监控系统、可变频控制器等。电气设备易发事故，主要是触电、火灾。其中，触电的原因主要是电气设备有故障或潮湿漏电等原因引起的。火灾主要原因有两个：一是自燃，主要是内部线路故障及潮湿造成内部短路以及房屋漏水等原因造成的；二是试验人员使用明火不当等造成木制桌椅及窗帘等易燃物着火所致。

2.5.6　防偷盗应急处理预案

1）一旦发生偷盗事件，首先要注重保护现场，以便为公安局破案提供线索。

2）迅速与校保卫部门联系或直接拨打电话"110"报案。

3）发现犯罪分子正在作案，在做好前两条的基础上，要巧妙地与其展开智斗。

4）防患于未然，事前防范：

① 管理员要把好入门关，严禁闲杂人员进入，严格执行进出人员登记制度。

② 为防止犯罪分子偷盗，每天下班前要检查工程训练中心的所有门窗是否关好。当天值班人员和管理员在共同对工程训练中心所辖区域进行全面检查的基础上，锁门后方可离开。

③ 始终保持工程训练中心内设监控和防偷盗报警系统的正常运转。

2.5.7　紧急疏散预案

1. 疏散程序和要求

1）紧急疏散预案的启动。在突然遇到火灾等学生在教室内安全不能保证的紧急情况下，工程训练中心按照学校有关紧急疏散预案程序，立即启动此预案。在启动预案的同时，迅速报警或向有关部门汇报。

2）撤离教室。各实验室任课教师、实验室管理人员、工作人员听到疏散的命令，应立即组织学生开始疏散。紧急状态下，由当班任课教师立即组织疏散，工程训练中心现场管理人员配合任课教师组织学生迅速撤离。疏散时，组织学生按次序撤离。任课教师站在教室门口附近，防止学生在教室门口拥堵踩踏。当学生全部撤离教室后，任课教师、实验室管理人员、工作人员方可离开。

3）楼道、楼梯内的疏散。各实验室或实训室内的学生疏散到楼道、楼梯内的时候，所有任课教师和学生必须服从楼层协调负责人的安排，按先低层后高层，先近（靠近楼梯的班）后远（离楼梯远的班）的顺序，后到让先到。注意保护学生，防止摔倒。若有人员摔倒，教师应马上扶起，防止踩踏。

4）疏散时学生的自我保护。手扶栏杆、墙，防止摔倒；若有浓烟，在可能的情况下用湿布掩住口鼻；三楼以上绝对禁止从楼上跳下。

5）疏散的学生到操场集合。学生到达操场后按学校划定的安全区域和指定的位置列队，不许乱跑，不许大声喧哗，应服从现场指挥员的指挥，如果在学校操场内仍不能保证学生安全，要迅速组织学生疏散到校外。

6）集合后，各任课教师应立即清点本班人数。人数不全时，学校应立即组织人员进行搜救。

7）伤员的救治。学生疏散到安全地点以后，应立即开始救治伤员。伤势较重的，立即派人送往就近的医院；伤势较轻的，由教师进行包扎、救治，然后送往医院。同时，学校与受伤学生的家长及时取得联系。

2. 人员分工

紧急情况下，工程训练中心将按照学校有关紧急疏散预案程序进行疏散，各实验室或实训室管理人员、工作人员应紧密配合实验室授课教师认真组织学生紧急疏散，工程训练中心各区分管领导负责总协调，各实验室、实训室岗位责任人按楼层就近为楼层协调负责人。

复习思考题

1. 简述工程训练安全的重要意义。
2. 学生实训安全守则的主要内容有哪些？
3. 工程训练设备的安全使用应注意哪些问题？
4. 工程训练安全应急预案的主要内容有哪些？

第3章 工程材料与钢的热处理

【教学目的和要求】

1. 了解强度、硬度、塑性等的力学性能指标、物理意义及单位。
2. 了解常见金属材料的分类、基本性能及应用。
3. 了解钢的热处理的原理、作用及常用热处理方法。
4. 了解真空热处理、激光热处理等热处理新技术。

3.1 工程材料概述及分类

工程材料是用来制造机器零件、构件和其他可供使用物质的总称，是人类生产和生活的物质基础，材料的发展推动了人类社会的进步。工程材料的种类繁多，分类方法也很多，按其化学成分，可分为金属材料、无机非金属材料、有机非金属材料和复合材料。

3.2 金属材料的基本性能

金属材料是现代机械制造中最主要的材料，在各种机床、矿山机械、冶金设备、动力设备、农业机械、石油化工和交通运输机械中，金属制品占80%～90%。金属材料之所以获得如此广泛的应用，主要是由于它具有很好的物理、化学和工艺性能，并且可用较简便的工艺方法加工成适用的机械零件。

金属材料的力学性能是指金属材料在外力作用下表现出来的性能，如强度、塑性、硬度和冲击韧度等。

1. 强度

强度是金属材料在外力作用下抵抗塑性变形或断裂的能力。

一般使用拉伸试验测定金属材料的力学性能。将标准拉伸试样（图3-1）夹持在拉伸试验机的两个夹头中，然后逐渐增加载荷，直至试样被拉断为止。表示正应力和试样平行部分相应的应变在整个试验过程中的关系曲线，称为应力-应变曲线。图3-1所示为低碳钢的应力-应变曲线。

（1）屈服强度　屈服强度为当金属材料呈现屈服现象时，在试验期间发生塑性变形而力不增加时的应力。屈服强度分为上屈服强度和下屈服强度。

1）上屈服强度（R_{eH}）。试样发生屈服而力首

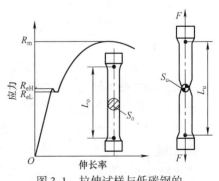

图3-1　拉伸试样与低碳钢的
应力-应变曲线

次下降前的最高应力值，如图 3-1 所示。

2）下屈服强度（R_{eL}）。在屈服期间，不计初始瞬时效应时的最低应力值，如图 3-1 所示。

由于许多金属材料（如高碳钢、铸铁等）没有明显的屈服现象，所以工程中规定伸长率为 0.2% 塑性变形时的应力称为条件屈服强度（用 $R_{p0.2}$ 表示）。

（2）抗拉强度（R_m） 抗拉强度是与最大力 F_m 相对应的应力，由拉伸试样到断裂过程中的最大试验力和试样原始横截面积之间的比值来计算。

对于大多数机械零件，工作时不允许产生塑性变形，所以屈服强度是零件强度设计的重要依据；对于因断裂而失效的零件（如脆性材料），则用抗拉强度作为其强度设计的依据。

2. 塑性

塑性是金属材料在外力作用下，产生永久变形而不破坏的能力。常用的塑性指标有断后伸长率 A 和断面收缩率 Z，即

$$A = (L_u - L_o)/L_o \times 100\%$$
$$Z = (S_o - S_u)/S_o \times 100\%$$

式中，S_o 为试样原始的横截面积（mm^2）；S_u 为试样断裂处的横截面积（mm^2）；L_o 为试样原来的标距长度（mm）；L_u 为试样拉断后的标距长度（mm）。

3. 硬度

硬度是金属材料抵抗其他硬物压入其表面的能力。金属的硬度是在硬度计上测定的。生产中常用的硬度表示法有布氏硬度和洛氏硬度两种。

（1）布氏硬度 用直径为 D（通常 $D = 10mm$）的硬质合金球，在规定载荷 F 的静压力作用下，压入试样表面并保持一定时间，再卸除载荷，在试样上留下直径为 d 的压痕，计算压痕单位面积上所承受的载荷大小即为布氏硬度（用符号 HBW 表示）。试验时布氏硬度值可按压痕直径 d 直接查表得出。

布氏硬度法因压痕面积较大，其硬度值比较稳定，故测试数据重复性好，准确度较高。其缺点是测量费时，且因压痕较大，不适于成品检验。

（2）洛氏硬度 洛氏硬度的测试原理是以锥角为 120°、顶部曲率半径为 0.2mm 的金刚石圆锥或者直径为 $\phi 1.5875mm$（或 $\phi 3.175mm$）的硬质合金球为压头，在规定的载荷下，垂直压入被测金属表面，卸载后依据压入深度，由刻度盘的指针直接指示出洛氏硬度值。

为使洛式硬度计能测试从软到硬各种材料的硬度，需要不同的压头和载荷以组成不同的洛氏硬度标尺，常用的是 A、B、C 三种标尺，分别记作 HRA、HRB、HRC。其中，HRC 在生产中应用最广。

该测试方法简单、迅速，压痕小，可用于成品检验。其缺点是测得的硬度值重复性较差，为此，必须在不同部位测量数次。

硬度测定设备简单，测试迅速，不损坏被测零件，同时硬度和强度有一定的换算关系，故在零件图的技术条件中，通常标注出硬度要求。

4. 韧性

金属材料在断裂前吸收变形能量的能力称为韧性。韧性的常用指标有冲击吸收能量和断裂韧度。

3.3　常用金属材料及其牌号

工程所用的金属材料以合金为主，很少使用纯金属。合金是以一种金属为基础，加入其他金属或非金属，经过熔炼或烧结制成的具有金属特性的材料。最常用的合金是以铁为基础的铁碳合金，如碳素钢、合金钢、灰铸铁等；还有以铜或铝为基础的黄铜、青铜、铸造铝合金等非铁金属材料。

3.3.1　工业用钢

工业用钢的种类很多，按化学成分可分为碳素钢和合金钢。

1. 碳素钢

碳素钢具有良好的力学性能和工艺性能，但淬透性低、耐回火性差、不能满足某些特殊性能要求（如耐蚀、耐热、抗氧化等），且价格低廉，一般能满足使用要求不高的场合，应用广泛。碳素钢的分类方法很多，按含碳量（质量分数）可分为低碳钢（$w_C < 0.25\%$）、中碳钢（$w_C = 0.25\% \sim 0.6\%$）和高碳钢（$w_C > 0.6\%$）。

碳素钢中的杂质对钢的性能影响很大，特别是硫（S）、磷（P）。按钢中杂质的含量（质量分数），碳素钢又可分为普通碳素结构钢（$w_P < 0.045\%$，$w_S < 0.050\%$）、优质碳素结构钢（$w_P < 0.035\%$，$w_S < 0.035\%$）和高级优质碳素结构钢（$w_P < 0.030\%$，$w_S < 0.030\%$）。

按用途分，碳素钢可分为碳素结构钢和碳素工具钢。碳素结构钢主要用来制造各类工程结构件和机器零件；碳素工具钢为优质钢，主要用来制造工具、刀具、量具和模具等。

（1）碳素结构钢

1）普通碳素结构钢。普通碳素结构钢属于低碳钢和含碳较少的中碳钢。这类钢强度、硬度低，塑性好，焊接性好，尽管硫、磷等有害杂质的含量较高，但性能仍能满足一般工程结构、建筑结构及一些机件的使用要求。此类钢应用非常广泛，其中大部分用作焊接、铆接或栓接的钢结构件，少数用于制作各种机器部件，且其价格低廉，因此得到了广泛应用。

普通碳素结构钢的牌号以代表屈服强度"屈"字的汉语拼音首位字母 Q 和后面三位数字来表示，如 Q215、Q235 等，每个牌号中的数字均表示该钢在厚度小于 16mm 时的最低屈服强度（MPa）。

强度较低的 Q195、Q215 钢用于制造低碳钢丝、钢丝网、屋面板等。Q235 钢具有中等强度，并具有良好的塑性和韧性，且易于成形和焊接。这类钢多用作钢筋和钢结构件，另外还用作铆钉、铁路道钉和各种机械零件，如螺栓、拉杆、连杆等。

2）优质碳素结构钢。优质碳素结构钢是 $w_C < 0.8\%$ 的碳素钢，其硫、磷含量较低，力学性能优良。此类钢产量大，用途广，一般多轧制成圆、方、扁等型材、板材和无缝钢管。根据使用要求，有时需热处理后使用。

优质碳素结构钢的牌号用两位数字表示，这两位数字即是钢中碳的质量分数的平均万分数。例如，20 钢表示碳的质量分数为 0.20% 的优质碳素结构钢。

08、10、15、20、25 钢等属于低碳钢，其塑性好，易于拉拔、冲压、挤压、锻造和焊接。其中，20 钢用途最广，常用来制造螺钉、螺母、垫圈、小轴以及冲压件、焊接件，有时也用于制造渗碳件。

30、35、40、45、50、55钢等属于中碳钢，其强度和硬度有所提高，淬火后的硬度可显著增加。其中，以45钢最为典型，它不仅强度、硬度较高，且兼有较好的塑性和韧性，即综合性能优良。45钢在机械结构中用途最广，常用来制造轴、丝杠、齿轮、连杆、套筒、键、重要螺钉和螺母等。

60、65、70、75钢等属于高碳钢。它们经过淬火、回火后，不仅强度、硬度得到提高，且弹性优良，常用来制造小弹簧、发条、钢丝绳、轧辊等。

（2）碳素工具钢　碳素工具钢属优质钢。牌号以"T"起首，其后面的一位或两位数字表示钢中碳的质量分数的名义千分数。例如，T8表示碳的质量分数为0.8%的碳素工具钢。对于硫、磷含量更低的高级优质碳素工具钢，则在数字后面加"A"表示，如T8A。淬火后，碳素工具钢的强度、硬度较高。为了便于加工，常以退火状态供应，使用时再进行热处理。

碳素工具钢随着含碳量的增加，硬度和耐磨性增加，而塑性、韧性逐渐降低。由于其热硬性、淬透性差，只用于制造小尺寸的手工工具和低速刀具。所以T7、T8钢常用来制造要求韧性较高、硬度中等的零件，如冲头、錾子等；T10钢用来制造韧性中等、硬度较高的零件，如钢锯条、丝锥等；T12、T13钢用来制造硬度高、耐磨性好、韧性较低的零件，如量具、锉刀、刮刀等。

2. 合金钢

合金钢是为改善钢的某些性能而加入一种或几种合金元素所炼成的钢。合金钢都是优质钢，按用途可分为以下几种。

（1）合金结构钢　合金结构钢具有合适的淬透性，较高的抗拉强度和屈强比（一般为0.85），较好的韧性和较高的疲劳强度，较低的韧性-脆性转变温度，比碳素钢性能优越，因此便于制造尺寸较大、形状复杂或要求淬火变形小的零件。

合金结构钢的牌号通常是以"数字+元素符号+数字"的方法来表示。牌号中起首的两位数字表示钢中碳的质量分数的平均万分数；元素符号及其后的数字表示所含合金元素及其质量分数的百分数；若合金元素的质量分数小于1.5%，则不标其质量分数；高级优质钢在牌号尾部增加符号"A"。如16Mn、20Cr、40Mn2、30CrMnSi、38CrMoAlA等。

（2）合金工具钢　合金工具钢的淬硬性、淬透性、耐磨性和韧性均比碳素工具钢高，按用途大致可分为刀具用钢、模具用钢和量具用钢三类，其中碳含量最高的钢（$w_C >$ 0.8%）多用于制造刃具、磨具和冷作模具，这类钢淬火后的硬度高于60HRC，具有足够的耐磨性；碳含量中等的钢（0.35% $< w_C <$ 0.70%）多用于制作热作模具，这类钢淬火后的硬度稍低，为55HRC，但韧性良好。其牌号与合金结构钢相似，不同的是以一位数字表示钢中碳的质量分数的名义千分数，当碳的质量分数超过1%时，则不标出。如9SiCr中碳的质量分数为0.9%。常用的合金工具钢有用于制造刃具的Cr2、9SiCr等，用于制造模具的Cr12、5CrNiMo、CrWMn、3Cr2W8V等。

（3）特殊性能钢　特殊性能钢包括不锈钢、耐热钢、导磁钢、耐磨钢等。其中，不锈钢在食品、化工、石油、医药工业中得到了广泛的应用。常用不锈钢的牌号有Cr13系列、07Cr19Ni11Ti等。

3.3.2　铸铁

铸铁是指碳的质量分数为2.11%~6.69%的铁碳合金。工业常用铸铁中碳的质量分数为 2.5% ~ 4.0%。此外，铸铁中 Si、Mn、S、P 等杂质也比钢多。铸铁中碳一般以两种形态存在，一种是化合状态——渗碳体（Fe_3C），另一种是自由游离状态——石墨（C）。按铸铁中碳的存在形式不同，铸铁可分为白口铸铁（碳以化合状态存在为主）和灰铸铁（碳以游离状态存在为主）。

按生产方法和组织性能不同，铸铁又可分为灰铸铁、可锻铸铁、球墨铸铁等。

铸铁的力学性能低，主要是由于石墨相当于钢基体中的裂纹或空洞，破坏了基体的连续性，且易导致应力集中，但铸铁的耐磨性能、消振性能、铸造性能和切削性能好。

1. 灰铸铁

灰铸铁中的碳主要以片状石墨形式存在，断口呈暗灰色，它是机械制造中应用最多的一种铸铁。灰铸铁用于制造承受压力和振动的零件，如机床床身、各种箱体、壳体、泵体等。

灰铸铁的牌号由"HT"（"灰""铁"两字的汉语拼音首字母）和一组数字（表示最低抗拉强度，单位为 MPa）组成，如 HT100、HT150 等。

2. 可锻铸铁

可锻铸铁又称玛铁。由于其石墨呈团絮状，抗拉强度得到显著提高，特别是这种铸铁有着相当高的塑性和韧性，因此称为可锻铸铁，其实它并不能用于实际锻造。可锻铸铁用于制造形状复杂且承受振动载荷的薄壁小型件，如汽车、拖拉机的前后轮壳、管接头和低压阀门等。

可锻铸铁的牌号用"KTH"（黑心）、"KTB"（白心）和"KTZ"（珠光体）表示，并在其后加注两组数字，分别表示抗拉强度和断后伸长率，例如：KTH300 - 06 表示抗拉强度为 300MPa，断后伸长率为 6% 的黑心可锻铸铁。

3. 球墨铸铁

球墨铸铁中的石墨呈球状，由于球状石墨对金属基体的割裂作用进一步减轻，其基体强度利用率可达 70% ~ 90%，而灰铸铁仅为 30% ~ 50%，因而球墨铸铁强度得以大大提高，并具有一定的塑性和韧性，目前已成功地取代了一部分可锻铸铁件，并实现了"以铁代钢"。球墨铸铁常用来制造受力复杂、承受振动、力学性能要求高的零件，如曲轴、凸轮轴等。

球墨铸铁的牌号表示方法与可锻铸铁相似。如 QT600 - 02，"QT"表示球墨铸铁，后面第一组数字表示抗拉强度（MPa），第二组数字表示伸长率（%）。

3.3.3　非铁金属

工业上把除钢铁以外的金属及其合金统称为非铁金属。

1. 铜及铜合金

铜及铜合金是人类应用最早的一种金属。它具有优良的导电性、导热性和耐蚀性，有一定的力学性能和良好的加工工艺性能，强度高，硬度低。

（1）纯铜　纯铜根据所含杂质多少分为三级，用 T1、T2、T3 表示，数字越大纯度越低。

（2）黄铜　黄铜是以锌为主要合金元素的铜合金。按照化学成分，黄铜可分为普通黄铜和特殊黄铜两类。黄铜的牌号用字母"H"和一组数字表示，数字大小表示合金中铜的质量分数，如 H62 表示铜的质量分数为 62% 左右的普通黄铜。

在普通黄铜中加入铝、铁、硅、锰、铅、锡等合金元素，即可制成性能得到进一步改善的特殊黄铜。特殊黄铜根据加入元素的名称命名，其编号方法是"H + 主加元素符号 + 铜的质量分数 + 主加合金元素质量分数"。如 HSn62 - 1 表示合金中铜的质量分数为 62%、锡的质量分数为 1% 的锡黄铜。工业上常用的特殊黄铜有铝黄铜、锡黄铜和硅黄铜等。

黄铜不仅有良好的力学性能、耐蚀性和工艺性能，而且价格也比纯铜便宜，因此广泛用于制造机械零件、电器元件和日常用品。

（3）青铜　青铜原指铜锡合金，但在工业上习惯称含铝、硅、铅、铍、锰等的铜合金为青铜，所以青铜实际上包括锡青铜、铝青铜、铍青铜、硅青铜、铅青铜等。

2. 铝及铝合金

铝及铝合金是工业生产中用量最大的非铁金属材料，由于它在物理、力学和工艺等方面的优异性能，使得铝，特别是铝合金，广泛用作工程结构材料和功能材料。

（1）纯铝　纯铝的密度小、导电、导热性好，耐蚀性好，在电气、航空和机械工业中，不仅作为功能材料，而且也是一种应用广泛的工程结构材料。

（2）铝合金　铝中加入合金元素后就形成了铝合金。铝合金具有较高的强度和良好的加工性能。根据成分和加工特点，铝合金分为变形铝合金和铸造铝合金。

1）变形铝合金。变形铝合金包括防锈铝合金、硬铝合金、超硬铝合金和锻铝合金几种。除防锈铝合金外，其他三种都属于可以热处理强化的合金。变形铝合金常用来制造飞机大梁、桁架、起落架及发动机风扇叶片等高强度构件。

2）铸造铝合金。铸造铝合金是制造铝合金铸件的材料，按所含合金元素的不同，铸造铝合金分为铝硅合金、铝铜合金、铝镁合金、铝锌合金，其中使用最广泛的是铝硅合金。铸造铝合金主要用于制造形状复杂的零件，如仪表零件和各类壳体等。

3.4　非金属材料及其在工程上的应用

金属材料具有强度高，热稳定性好，导电、导热性好等优点，但也存在许多缺点，如难以满足其在密度小、耐蚀、电绝缘等场合的使用要求。目前常采用非金属材料，如工程塑料、合成橡胶、工业陶瓷、复合材料等，用于克服单一材料的某些弱点，充分发挥材料的综合性能。

1. 塑料

塑料是以高分子合成树脂为主要成分，在一定的温度和压力下，制成一定形状，且在一定条件下保持不变的材料。塑料的特性：重量轻、比强度高（比强度指按单位重量计算的强度），有良好的耐蚀性、电绝缘性，良好的减振减摩性和加工成型性；但强度、硬度较低，耐热性差，易产生老化和蠕变等。

（1）塑料的组成　常用的塑料一般由合成树脂和添加剂构成。合成树脂为其主要成分，树脂的性质决定了塑料的基本性能；加入添加剂的目的是改善塑料的成型工艺性能，提高使用性能、力学性能，以及降低成本。常加入的添加剂有填充剂、增塑剂、着色剂、润滑剂、稳定剂、硬化剂、发泡剂等；有时为了改善某种特殊性能，还加入阻燃剂、防静电剂、防霉剂等。

（2）塑料的分类　塑料的种类繁多，按其在受热加工后所表现出的性能可分为以下两种。

1）热塑性塑料。这类塑料是指受热时软化，可以加工成一定的形状，能多次重复加热塑制，其性能不发生显著变化的高分子材料。热塑性塑料的化学构造为线形高分子。

2）热固性塑料。这类塑料是指在加工成形后，再加热不会软化，或在溶剂中不再溶解的高分子材料。热固性树脂的初期构造是相对分子质量不大的热塑性树脂，具有链状构造，在加热发生流动的同时，分子与分子间发生交联，形成三维网状立体构造，变成不溶、不熔的高聚物。这种高聚物不再具有可塑性。

塑料按其应用可分为通用塑料和工程塑料。通用塑料一般是指使用广泛、产量大、用途多、价格低廉的高分子材料，如聚乙烯、聚氯乙烯、聚苯乙烯、酚醛树脂及氨基树脂等。工程塑料是指具有较高的强度、刚性和韧性，用于制造结构件的塑料，如聚酰胺、聚碳酸酯、ABS、聚砜、聚苯醚等。

2. 陶瓷材料

陶瓷是一种无机非金属材料，分为普通陶瓷和特种陶瓷两大类。普通陶瓷是以黏土、长石和石英等天然原料，经过粉碎、成型和烧结而成的，主要用于日用、建筑和卫生用品，以及工业上的低压电器、高压电器、耐酸器皿、过滤器皿等。特种陶瓷是以人工化合物为原料（如氧化物、氮化物、碳化物、硅化物、硼化物及氟化物等）制成的陶瓷。其性能特点：硬度和抗压强度高，耐磨损；但塑性和韧性差，不能经受冲击载荷，抗急冷性能较差，易碎裂。此外，陶瓷材料还具有耐高温、抗氧化、耐蚀等优良性能，大多数陶瓷都是良好的绝缘体。

陶瓷的制造工艺分为原料处理、成型和烧成三个阶段。成型的方法有干压、注浆、等静压、挤制、热压注等。烧成在煤窑、油窑、电炉、煤气炉等高温窑炉中进行。此外，还有将粉料同时加热加压制成陶瓷的热压法和高温等静压法。陶瓷在烧成后即可使用，对于尺寸要求精确的陶瓷，需要进行研磨加工。

3. 复合材料

复合材料是由两种或多种物理和化学性质不同的物质由人工制造的一种多相固体材料。

（1）纤维增强复合材料

1）玻璃纤维增强复合材料。玻璃纤维增强复合材料俗称玻璃钢。它是以树脂为粘结材料，以玻璃纤维或其制品为增强材料制成的。常用的树脂有环氧树脂、酚醛树脂、有机硅树脂及聚酯树脂等热固性树脂以及聚苯乙烯、聚乙烯、聚丙烯、聚酰胺等热塑性树脂。它们的特点是密度小、强度高、介电性和耐蚀性好，常用来制造汽车车身、船体、直升机旋翼、电器仪表、石油化工中的耐蚀压力容器等。

2）碳纤维增强复合材料。碳纤维增强复合材料是以碳纤维或其织物（布、带等）为增强材料，以树脂为基体材料结合而成的。常用的基体材料有环氧树脂、酚醛树脂及聚四氟乙烯等。这类复合材料的密度比铝小，强度比钢高，弹性模量比铝合金和钢大，疲劳强度和冲击韧度高，化学稳定性好，摩擦因数小，导热性好，因此，可用作宇宙飞行器的外层材料、人造卫星和火箭的机架、壳体等，也可制造机器中的齿轮、轴承、活塞等零件及化工容器、管道等。

（2）层合复合材料　层合复合材料是由两层或两层以上不同性质的材料结合而成的，

以达到增强的目的。常见的有三层复合材料和夹层复合材料等。例如，夹层复合材料由两层薄而强的面板与中间所夹的一层轻而柔的芯料构成，面板一般用强度高、弹性模量大的材料，如金属板、塑料板、玻璃板等，而芯料结构有泡沫塑料和蜂窝格子两大类。

（3）颗粒增强材料　常用的颗粒增强材料主要是一些具有高强度、高弹性模量、耐热、耐磨的陶瓷等非金属颗粒，如碳化硅、氧化铝、氮化硅、碳化钛、碳化硼、石墨、细金刚石等。颗粒增强材料是以很细的粉末（一般在 $10\mu m$ 以下）加入到金属基体或陶瓷基体中起提高强度、韧性、耐磨性和耐热性等作用。为了增加与基体的结合效果，常要对这些颗粒材料进行预处理。

颗粒增强材料的特点是选材方便，可根据复合材料不同的要求选用相应的增强颗粒，并且易于批量生产，成本较低。

3.5 钢的热处理技术

3.5.1 概述

钢的热处理是将钢在固态下加热并保温一定时间，然后以特定的冷却速度冷却，以改变其内部组织结构，从而获得所需组织和性能的工艺方法。热处理分为整体热处理、表面热处理和化学热处理三大类。整体热处理工艺主要有正火、退火、淬火、淬火和回火、调质等；表面热处理工艺主要有表面淬火和回火、物理气相沉积、化学气相沉积、离子注入等；化学热处理工艺主要有渗碳、渗氮、碳氮共渗、氮碳共渗、渗金属等。

热处理是机械制造过程中不可缺少的工艺方法，与压力加工、铸造、焊接、切削加工等工艺方法不同，热处理不改变零件的化学成分（除化学热处理外）及几何形状，其主要目的是改善和提高材料及零件的力学及使用性能，如强度、硬度、韧性、耐磨性及切削加工性等。

热处理工艺有三大要素：① 加热的最高温度；② 保温时间；③ 冷却速度。同种材料，由于采用不同的加热温度、保温时间、冷却速度，甚至不同的加热、冷却介质，工件所获得的组织和性能千差万别。对于不同材料、不同结构的零件，要根据具体的加工工艺性和力学性能要求，制订具体的热处理工艺，并可穿插于其他各种工艺之间进行。

3.5.2 钢的热处理工艺

热处理分为预备热处理和最终热处理两类。预备热处理的目的是清除铸造、锻造加工过程中所造成的缺陷和内应力，改善切削加工性能，为最终热处理做好组织准备，如退火、正火。最终热处理是在使用条件下使钢满足性能要求的热处理，目的是改善零件的力学性能，延长零件的使用寿命，如淬火、回火、表面淬火、化学热处理等。图 3-2 所示为热处理工艺示意图。

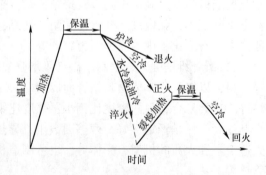

图 3-2　热处理工艺示意图

1. 退火

退火是将钢加热到适当温度，保持一段时间，然后缓慢冷却的热处理工艺。退火后的材料硬度较低，一般用布氏硬度试验法测定。退火的目的是细化晶粒，改善材料的力学性能或为淬火做好组织准备；降低材料的硬度，以利于切削加工；消除铸件、锻件、焊件的内应力。

根据退火的目的和要求不同，钢的退火可分为完全退火、等温退火、球化退火、均匀化退火和去应力退火等。一般亚共析钢加热到 Ac_3 以上 $30 \sim 50℃$ 进行完全退火，过共析钢加热到 Ac_1 以上 $20 \sim 30℃$ 进行球化退火。去应力退火的加热温度范围为 $500 \sim 650℃$，如图 3-3 所示。

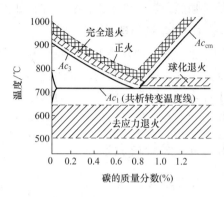

图 3-3 钢的退火和正火的加热温度范围

2. 正火

正火是将钢加热奥氏体化后，在空气中冷却的热处理工艺。正火是退火的一个特例，其目的与退火基本相同，但正火的冷却速度比退火快，因此，正火所获得的组织比退火细，正火件的强度、硬度比退火件高。但正火生产周期短，操作简便，在实际生产过程中，为提高生产效率及降低产品成本，应尽量采用正火取代退火，一般低、中碳结构钢以正火作为预备热处理。亚共析钢和共析钢的正火加热温度为 Ac_3 以上 $30 \sim 50℃$，过共析钢的正火加热温度为 Ac_{cm} 以上 $30 \sim 50℃$。

3. 淬火

淬火是将工件加热奥氏体化后以适当方式冷却以获得马氏体或（和）贝氏体组织的热处理工艺。淬火的目的是获得高的硬度、强度、耐磨性以及高强度、高韧性兼备的综合力学性能，改善某些特殊钢的物理性能、化学性能及力学性能。不同钢材及不同表面质量要求的淬火可以使用不同的加热介质，如空气、可控气氛、熔盐、真空等。其冷却介质可以是水、油、聚合物液体、熔盐及强烈流动的气体等。亚共析钢淬火加热温度为 Ac_3 以上 $30 \sim 50℃$，共析钢和过共析钢的淬火加热温度为 Ac_1 以上 $30 \sim 50℃$。

淬火后工件的硬度和耐磨性提高，但脆性和内应力大，容易产生变形和开裂；且淬火组织不稳定，在工作中会缓慢发生分解，导致精密零件的尺寸变化。为了改善淬火后工件的性能，消除内应力，防止零件变形开裂，必须进行回火。

4. 回火

回火是将淬硬后的工件加热到 Ac_1 以下的某一温度，保温一定时间，然后冷却到室温的热处理工艺。回火的目的是为了消除或部分消除淬火应力，降低脆性，稳定组织，调整硬度，获得所需要的力学性能。在实际生产中，往往是根据工件所要求的硬度确定回火温度，有低温回火、中温回火和高温回火。一般来说，回火温度越高，硬度、强度越低，而塑性、韧性越高。淬火后进行高温回火称为调质处理。

5. 表面淬火

表面淬火是指仅对工件表面进行的淬火。表面淬火后，工件表面层获得高硬度和高耐磨性，而心部仍为原来的组织状态，具有足够的塑性和韧性。表面淬火适用于承受冲击载荷并处于强烈摩擦条件下工作的工件，如齿轮、凸轮、传动轴等。

6. 化学热处理

化学热处理是将工件放在某些活性介质中，加热到一定温度并保温，使一种或几种元素渗入工件表层，以改变表层的化学成分、组织和性能的热处理操作。它可以更大程度地提高工件表层的硬度、耐磨性、耐热性和耐蚀性，而心部仍保持原有性能。化学热处理方法是按渗入元素种类命名的，常见的有渗碳、渗氮、碳氮共渗、渗铝、渗铬及渗硼等。

3.5.3 热处理新技术

1. 真空热处理

在真空中进行的热处理称为真空热处理，包括真空淬火、真空退火、真空回火和真空化学热处理。

工件在真空中加热，升温速度很慢，截面温度梯度小，所以真空热处理时变形小。真空中氧的分压很低，金属氧化可受到有效的抑制。在高真空条件下，工件表面的氧化物发生分解，可得到光亮的表面，同时可提高耐磨性和疲劳强度。另外，溶解在金属中的气体，在真空中长期加热时，会不断逸出，可由真空泵排出炉外，具有脱气作用，有利于改善钢的韧性，提高工件的使用寿命。真空热处理还可以减少或省去清洗和磨削加工工序，改善劳动条件，实现自动控制。

2. 激光热处理

激光热处理是利用高功率密度的激光束扫描工件表面，将其迅速加热到钢的淬火温度，然后依靠工件本身的传热，实现快速冷却淬火。

激光淬火的硬化层较浅，通常为 0.3~0.5mm，但其表面硬度比常规淬火的表面硬度要提高达 15%~20%，能显著提高钢的耐磨性。另外，由于激光能量密度大，激光淬火变形非常小，激光热处理后的零件可直接装配。激光淬火对工件尺寸及表面平整度没有严格要求，可对形状复杂的工件进行处理。激光热处理时，加热速度快，表面不需要保护，靠自激冷却，不需要冷却介质，因此工件表面清洁、无污染，操作简单，便于实现自动化。

3. 可控气氛热处理

在炉气成分可以控制的炉内进行的热处理称为可控气氛热处理。炉气有渗碳性、还原性、中性气氛等几种。仅用于防止工件表面化学反应的可控气氛称为保护气氛。

可控气氛热处理能防止工件加热时的氧化和脱碳，提高工件表面质量和耐磨性、耐疲劳性等，实现光亮热处理；可进行渗碳、渗氮以及碳氮共渗化学热处理，渗层效果好、质量高、劳动条件好，对于某些形状复杂而又要求高硬度的工件，可以减少加工工序；对于已经脱碳的工件可使表面复碳，提高零件性能，便于实现热处理过程的机械化、自动化。

复习思考题

1. 金属材料常用的力学性能指标有哪些？各代表什么意义？
2. 布氏硬度和洛氏硬度各有什么优缺点？下列情况应采用哪种硬度法来检查其硬度？
① 库存钢材；② 硬质合金刀头锻件；③ 台虎钳钳口。

3. 根据用途，下列钢属于哪类钢？其中的数字和符号各代表什么意义？

Q235A，45，T10A，40Cr，60Si2Mn，W18Cr4V，5CrMnMo，ZG200 - 400。

4. 铸铁如何分类？工业上广泛应用的是哪类铸铁？

5. 塑料的组成有哪些？塑料怎么分类？

6. 陶瓷制造分哪三个基本工艺过程？

7. 什么是热处理？同其他机械制造工艺方法相比，热处理有何特点？

8. 什么是正火？什么是退火？正火与退火有何异同？

9. 什么是淬火？淬火的目的是什么？淬火后的工件为什么需要及时回火？

10. 什么是回火？回火的目的是什么？

11. 什么是调质处理？哪些零件需要进行调质处理？

12. 表面淬火与整体淬火有何区别？

13. 要获得表面硬度高、心部有足够韧性的低碳钢齿轮，应采用何种热处理方法？为什么？

14. 热处理有哪些新技术？

第4章 切削加工基础知识

【教学目的和要求】

1. 了解金属切削加工的基本知识。

2. 掌握切削运动和切削用量三要素。

3. 熟悉常用车刀的组成和结构、车刀的主要角度及其作用。了解对刀具材料性能的要求，学习常用和超硬刀具材料的性能、特点和应用。

4. 掌握常用测量工具的工作原理和使用方法。

5. 了解切削加工所能达到的尺寸公差等级、表面粗糙度 Ra 值的范围及其测量方法。

6. 了解零件技术要求的相关知识。

4.1 切削加工概述

4.1.1 切削加工的实质和分类

切削加工是指利用切削刀具或工具从毛坯（如铸件、锻件和型材坯料等）上切除多余的材料，以获得符合图样技术要求的零件的加工方法。机器中绝大多数零件一般都要经过切削加工来获得。切削加工的劳动量在机械制造过程中占有很大比例，在机械制造中应用十分广泛。

切削加工分为钳工和机械加工两大部分。钳工一般是由工人手持工具对工件进行切削加工，其主要内容包括划线、錾削、锯削、锉削、刮削、研磨、钻孔、扩孔、铰孔、攻螺纹、套螺纹、机械装配和修理等。机械加工是由工人操纵机床对工件进行切削加工，其主要方式有车削、钻削、铣削、刨削和磨削等，如图4-1所示，所使用的机床相应为车床、钻床、铣床、刨床和磨床等。

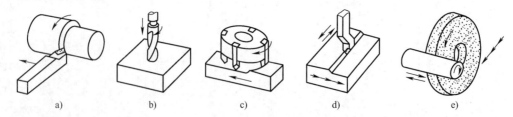

图 4-1　机械加工的主要方式

a）车削　b）钻削　c）铣削　d）刨削　e）磨削

4.1.2 机床的切削运动

无论在哪种机床上进行切削加工，刀具与工件之间都必须有适当的相对运动，即切削运动。根据在切削过程中所起的作用不同，切削运动分为主运动和进给运动。

（1）主运动　主运动是形成机床切削速度的工作运动，是提供切削加工可能性的运动。即没有这个运动，就无法切下切屑。它的特点是在切削过程中速度最高、消耗机床动力最大。例如，在图 4-1 中，车削时工件的旋转、钻削时钻头的旋转、铣削时铣刀的旋转、牛头刨床刨削时刨刀的往复直线移动、磨削时砂轮的旋转均为主运动。

（2）进给运动　进给运动是使工件的多余材料不断被去除的工件运动，是提供连续切削可能性的运动。即没有这个运动，当主运动进行一个循环后新的材料层不能投入切削，而使切削无法继续进行。例如，在图 4-1 中，车削、钻削及铣削时工件的移动，牛头刨床刨削水平面时工件的间歇移动，磨削外圆时工件的旋转和往复轴向移动及砂轮周期性横向移动均为进给运动。

在机械加工中，主运动只有一个，进给运动则可能有一个或几个。

4.1.3　切削用量三要素

在机械加工过程中，工件上形成三个表面：待加工表面、已加工表面和过渡表面，如图 4-2 所示。

切削用量三要素是指切削速度 v_c、进给量 f 和背吃刀量 a_p。车削外圆、铣削平面和刨削平面时的切削用量三要素如图 4-2 所示。切削加工时，要根据加工条件合理选用 v_c、f、a_p。

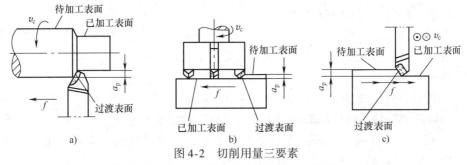

图 4-2　切削用量三要素

a）车削用量三要素　b）铣削用量三要素　c）刨削用量三要素

1. 切削速度 v_c

切削速度是指在单位时间内工件与刀具沿主运动方向相对移动的距离（m/min 或 m/s），即工件过渡表面相对刀具的线速度。

车削、钻削、铣削和磨削的切削速度 v_c 计算公式为

$$v_c = \frac{\pi dn}{1000}（单位为 m/min）\quad 或 \quad v_c = \frac{\pi dn}{1000 \times 60}（单位为 m/s）$$

式中，d 为工件过渡表面或刀具切削处的最大直径（mm）；n 为工件或刀具的转速（r/min）。

牛头刨床刨削时切削速度 v_c 的近似计算公式为

$$v_c \approx \frac{2Ln_r}{1000}（单位为 m/min）$$

式中，L 为刨刀做往复直线运动的行程长度（mm）；n_r 为刨刀每分钟往复次数（str/min）。

2. 进给量 f

进给量是指在主运动中的一个循环或单位时间内，刀具与工件之间沿进给运动方向相对

移动的距离。车削时进给量为工件每转一转，车刀沿进给方向移动的距离（mm/r）；铣削时进给量为工件在1min内沿进给方向移动的距离（mm/min）；刨削时进给量为刨刀每往复一次，工件或刨刀沿进给方向间歇移动的距离（mm/str）。

3. 背吃刀量 a_p

在图4-2中，背吃刀量 a_p 为待加工表面与已加工表面之间的垂直距离（mm）。

4.2 切削刀具

4.2.1 刀具材料

1. 刀具材料应具备的性能

在切削过程中，刀具的切削部分要承受很大的压力、摩擦、冲击和很高的温度，因此刀具切削部分的材料应具备如下性能：

（1）高的硬度和耐磨性 硬度是指材料抵抗其他物体压入其表面的能力。耐磨性是指材料抵抗磨损的能力。刀具材料只有具备高的硬度和耐磨性，才能切入工件，并承受剧烈的摩擦。一般来说，材料的硬度越高，耐磨性也越好。刀具材料的硬度必须高于工件材料的硬度，常温硬度一般要求在60HRC以上。

（2）足够的强度和韧性 常用抗弯强度和冲击韧度来评定刀具材料的强度和韧性。刀具材料只有具备足够的强度和韧性，才能承受切削力以及切削时产生的冲击和振动，以避免刀具的脆性断裂和崩刃。

（3）高的耐热性 耐热性是指刀具材料在高温下仍能保持其硬度、强度、韧性和耐磨性等性能，常用其维持切削性能的最高温度（又称热硬温度）来评定。

（4）一定的工艺性能 为便于刀具本身的制造，刀具材料还应具备一定的工艺性能，如切削性能、磨削性能、焊接性能及热处理性能等。

2. 常用刀具材料

切削刀具的材料有碳素工具钢、合金工具钢、高速工具钢、硬质合金、陶瓷、立方氮化硼和人造金刚石等，目前以高速工具钢和硬质合金用得最多。常用刀具材料的主要性能、牌号和用途见表4-1。

表4-1 常用刀具材料的主要性能、牌号和用途

种 类	硬 度	热硬温度 /℃	抗弯强度 /10^6MPa	工艺性能	常用牌号	用 途
碳素工具钢	60～64HRC (81～83HRA)	200	2.5～2.8	可冷热加工成形，切削加工和热处理性能好	T8A T10A T12A	仅用于手动刀具，如锉刀、手用锯条
合金工具钢	60～65HRC (81～83HRA)	250～300	2.5～2.8	可冷热加工成形，切削加工和热处理性能好	9CrSi CrWMn	用于手动或低速刀具，如丝锥、板牙等

（续）

种类	硬度	热硬温度/℃	抗弯强度/10^6MPa	工艺性能	常用牌号		用途
高速钢	62~70HRC（82~87HRA）	240~600	2.5~4.5	可冷热加工成形，切削加工和热处理性能好	W18Cr4V W6Mo5Cr4V2		用于形状复杂的机动工具，如钻头、铰刀、铣刀、拉刀和齿轮刀具
硬质合金	74~82HRC（89~94HRA）	800~1000	0.9~2.5	不能切削加工，只能粉末压制烧结成形，磨削后即可使用，不能热处理	P类	P01 P10 P20 P30 切钢	多用于形状简单的刀具，一般做成刀片镶嵌在刀体上使用，如车刀、刨刀、镶齿面铣刀的刀头等
					M类	M10 M20 M30 M40 切各种金属	
					K类	K01 K10 K20 切铸铁	

4.2.2 刀具角度

1. 刀具切削部分的组成

切削刀具的种类很多，虽然形状多种多样，但其切削部分却基本相同。外圆车刀是最基本、最典型的切削刀具，其切削部分（即刀头）由"三面两刃一尖"组成，即由前面、主后面、副后面、主切削刃、副切削刃和刀尖组成，如图4-3所示。

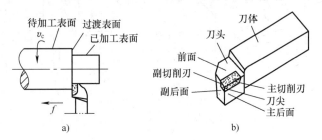

图4-3 外圆车刀的组成

a）工件加工过程中的三个表面 b）外圆车刀的组成

（1）前面 切屑沿其流出的那个面为前面，一般指车刀的上面。

（2）主后面 与工件过渡表面相对的那个面为主后面。

（3）副后面 与工件已加工表面相对的那个面为副后面。

（4）主切削刃 前面与主后面的交线为主切削刃，它担负主要的切削工作。

（5）副切削刃 前面与副后面的交线为副切削刃，它担负一定的切削工作，并起修光作用。

（6）刀尖 主切削刃与副切削刃的交点为刀尖，它通常是一小段过渡圆弧，其目的是提高刀尖的强度和改善散热条件。

其他种类的切削刀具，如刨刀、钻头、铣刀等，都可看作是车刀的演变和组合，如图4-4所示。刨刀刀头形状与车刀基本相同，如图4-4a所示；麻花钻可以看作是两把一正一反组合在一起同时车孔的车刀，因而它有两个主切削刃和两个副切削刃，如图4-4b所示；圆柱铣刀可视为多把车刀的组合，一个刀齿相当于一把车刀，如图4-4c所示。

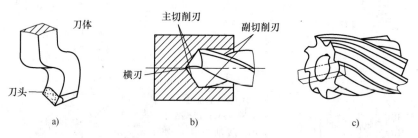

图4-4 刨刀、麻花钻、圆柱铣刀切削部分的形状

a）刨刀 b）麻花钻 c）圆柱铣刀

2. 确定刀具角度的辅助平面

为了便于确定和测量刀具角度，需要假想三个相互垂直的辅助平面作为基准面，如图4-5a所示。

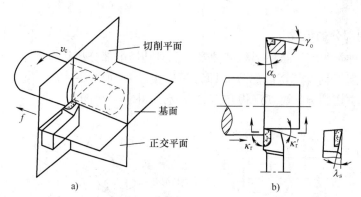

图4-5 车刀角度

a）确定车刀角度的辅助平面 b）车刀的主要角度

（1）基面 通过主切削刃某一点并与该点切削速度方向垂直的平面。

（2）切削平面 通过主切削刃某一点并与工件过渡表面相切并垂直于基面的平面。

（3）正交平面 通过主切削刃某一点并与主切削刃在基面上的投影垂直的平面。

3. 刀具角度

以外圆车刀为例，介绍车刀五个主要角度：前角、后角、主偏角、副偏角和刃倾角，如图4-5b所示。

（1）前角 γ_o 在正交平面内测量，为前面与基面之间的夹角。增大前角能使车刀切削刃锋利，减少切削变形，使切削轻快。但前角过大，会使刀头强度下降，刀具导热体积减小，影响刀具使用寿命。硬质合金车刀的前角 γ_o 通常为 $5° \sim 20°$，粗加工或加工脆性材料时选较小值，精加工或加工塑性材料时选较大值。

（2）后角 α_o　在正交平面内测量，是后面与切削平面之间的夹角。后角的主要作用是减少后面与工件之间的摩擦。后角过大同样会使刀头强度下降。α_o 一般为 $3° \sim 12°$，粗加工时选较小值，精加工时选较大值。

（3）主偏角 κ_r　在基面内测量，是主切削刃在基面上的投影与进给运动方向之间的夹角。主偏角的大小一方面影响切削条件和刀具寿命，如图 4-6 所示，在进给量和背吃刀量相同的情况下，减小主偏角使切削刃参加切削的长度增加，切屑变薄，使切削刃单位长度的切削负荷减轻，同时加强了刀头，增大了散热面积，使切削条件改善，从而提高刀具寿命；主偏角的大小还影响背向力 F_p（旧称径向切削力）的大小，在切削力 F_D 大小相同的情况下，减小主偏角会使背向力 F_p 增大。当加工刚度较差的工件时，应选取较大的主偏角，以减小工件弯曲变形和振动。车刀常用的主偏角有 $45°$、$60°$、$75°$、$90°$ 四种。

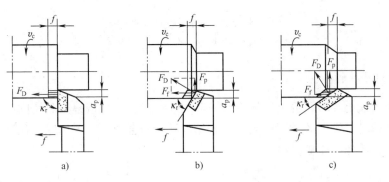

图 4-6　主偏角对切削加工的影响

a）$\kappa_r = 90°$　b）$\kappa_r = 60°$　c）$\kappa_r = 30°$

（4）副偏角 κ_r'　在基面内测量，是副切削刃在基面上的投影与进给运动反方向之间的夹角。副偏角的作用是减少副切削刃与工件已加工表面之间的摩擦，减小切削产生的振动。副偏角的大小影响工件表面粗糙度 Ra 值。如图 4-7 所示，在进给量、背吃刀量和主偏角相同的情况下，减小副偏角可以使残留面积减小，表面粗糙度 Ra 值减小。副偏角一般为 $5° \sim 15°$，粗加工取较大值，精加工取较小值。

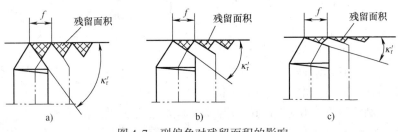

图 4-7　副偏角对残留面积的影响

a）$\kappa_r' = 60°$　b）$\kappa_r' = 30°$　c）$\kappa_r' = 15°$

（5）刃倾角 λ_s　在切削平面内测量，是主切削刃与基面之间的夹角。刃倾角的大小主要影响切屑的流动方向，对刀头强度也有一定的影响。在图 4-8 中，图 4-8a 中刃倾角为负值，即刀尖处于主切削刃的最低点，切屑流向工件已加工表面；图 4-8b 中刃倾角为零，即主切削刃成水平，切屑流向与主切削刃垂直的方向；图4-8c中刃倾角为正值，即刀尖处于主切削刃的最高点，切屑流向待加工表面。刃倾角一般为 $-5° \sim 5°$，粗加工常取负值，以增加刀头的强度；精加工常取正值，防止切屑流向已加工表面而划伤工件。

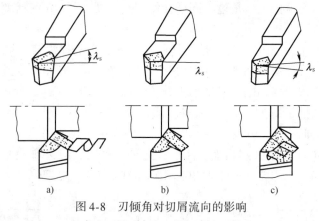

图4-8 刃倾角对切屑流向的影响

a) $\lambda_s < 0°$ b) $\lambda_s = 0°$ c) $\lambda_s > 0°$

4.2.3 刀具的刃磨

刀具用钝后需要在砂轮机上重新刃磨，使切削刃锋利，且恢复刀具切削部分原来的形状和角度。磨高速工具钢刀具，用白氧化铝砂轮；磨硬质合金刀头，用绿碳化硅砂轮。外圆车刀初次刃磨的步骤如图4-9所示。

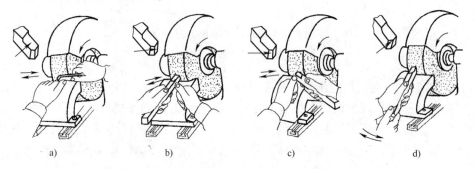

图4-9 刃磨外圆车刀的一般步骤

a) 磨前面 b) 磨主后面 c) 磨副后面 d) 磨刀尖圆弧

（1）磨前面 目的是磨出车刀的前角 γ_o 和刃倾角 λ_s。

（2）磨主后面 目的是磨出车刀的主偏角 κ_r 和后角 α_o。

（3）磨副后面 目的是磨出车刀的副偏角 κ_r' 和副后角 α_o'。

（4）磨刀尖圆弧 在主切削刃与副切削刃之间磨出刀尖过渡圆弧。

车刀重磨时一般也按这四步进行，但主要目的是使切削刃锋利。

磨刀时，操作者应站在砂轮侧面，双手拿稳刀具，用力要均匀，倾斜角度要合适，要在砂轮圆周面中间部位刃磨，并左右移动刀具。磨高速钢刀具，刀头磨热时，可放入水中冷却，避免刀具温升过高而软化。磨硬质合金刀具，刀头发热后可将刀体放入水中冷却，避免硬质合金刀片遇水急冷而产生裂纹。

刀具各面刃磨完毕后，还应使用磨石仔细研磨各面，进一步降低各切削刃和各面的表面粗糙度值，以提高刀具寿命和降低工件的表面粗糙度值。

4.3　常用量具

为了保证零件的加工质量，对加工出来的零件要严格按照图样所要求的表面粗糙度、尺寸精度和几何精度进行测量。测量所使用的工具称为量具。量具的种类很多，本节仅介绍最常用的几种。

4.3.1　游标卡尺

游标卡尺是一种测量精度较高的量具，可直接测量工件的外径、内径、宽度、深度尺寸等，如图 4-10 所示，其分度值有 0.1mm、0.05mm 和 0.02mm 三种。下面以分度值为 0.02mm（即 1/50）的游标卡尺为例，说明其刻线原理、读数方法、测量方法及其注意事项。

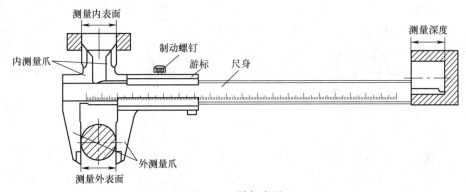

图 4-10　游标卡尺

（1）刻线原理　如图 4-11a 所示，当尺身（又称主尺）和游标（又称副尺）的测量爪贴合时，在尺身和游标上刻一上下对准的零线，尺身上每一小格为 1mm，取尺身长度为 49mm，在游标与之对应的长度上等分 50 格，即

$$游标每格长度 = \frac{49}{50}mm = 0.98mm$$

$$尺身与游标每格之差 = 1mm - 0.98mm = 0.02mm$$

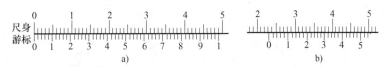

图 4-11　0.02mm 分度值游标卡尺的刻线原理和读数方法

（2）读数方法　如图 4-11b 所示，游标卡尺的读数方法可分为以下三步：

1）根据游标零线以左的尺身上的最近刻度读出整数。

2）根据游标零线以右与尺身某一刻线对准的刻线的格数乘以 0.02 读出小数。

3）将上面的整数和小数两部分尺寸相加，即为总尺寸。例如，图 4-11b 中的读数为

$$(23 + 15 \times 0.02)\text{mm} = 23.30\text{mm}$$

（3）测量方法 游标卡尺的测量方法如图 4-12 所示。其中，图 4-12a 所示为测量工件外径的方法；图 4-12b 所示为测量工件内径的方法；图 4-12c 所示为测量工件宽度的方法；图 4-12d 所示为测量工件深度的方法。

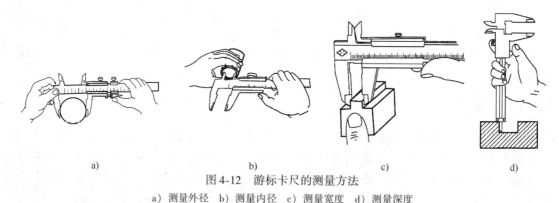

a)   b)   c)   d)

图 4-12 游标卡尺的测量方法

a）测量外径 b）测量内径 c）测量宽度 d）测量深度

（4）注意事项

1）使用前，先擦净测量爪，然后合拢测量爪使之贴合，检查尺身和游标零线是否对齐。若未对齐，应在测量后根据原始误差修正读数。

2）测量时，方法要正确；读数时，视线要垂直于尺面，否则测量值不准确。

3）当测量爪与被测工件接触后，用力不能过大，以免测量爪变形或磨损，降低测量的准确度。

4）不得用卡尺测量毛坯表面。使用完毕后应擦拭干净，放入盒内。

游标卡尺的种类很多，除了上述普通游标卡尺外，还有专门用于测量深度和高度的游标深度卡尺和游标高度卡尺，如图 4-13 所示。游标高度卡尺还可用于钳工精密划线工作。

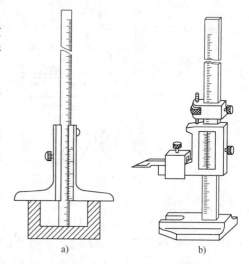

a)   b)

图 4-13 游标深度卡尺和游标高度卡尺

a）游标深度卡尺及测量方法 b）游标高度卡尺

4.3.2 千分尺

千分尺是一种测量精度比游标卡尺更高的量具，其测量准确度为 0.01mm。外径千分尺如图 4-14 所示。螺杆和活动套筒连在一起，当转动活动套筒时，螺杆和活动套筒一起向左或向右移动。

（1）刻线原理 千分尺的读数机构由固定套筒和微分套筒组成（相当于游标卡尺的尺身和游标），如图 4-15 所示。固定套筒在轴线方向上刻有一条中线，中线的上、下方各刻一排刻线，

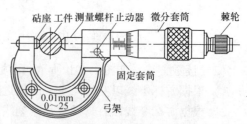

砧座 工件 测量螺杆 止动器 微分套筒 棘轮

固定套筒

0.01mm
0~25

弓架

图 4-14 外径千分尺

刻线每小格间距均为 1mm，上、下刻线相互错开 0.5mm；在微分套筒左端圆周上有 50 等分的刻度线。因测量螺杆的螺距为 0.5mm，即测量螺杆每转一周，轴向移动 0.5mm，故微分套筒上每一小格的读数值为 0.5mm/50＝0.01mm。当千分尺的测量螺杆左端面与砧座表面接触时，微分套筒左端边缘与轴向刻度的零线重合；同时圆周上的零线应与中线对准。

（2）读数方法　千分尺的读数方法如图 4-15 所示，可分为以下三步：

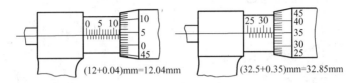

(12+0.04)mm=12.04mm　　(32.5+0.35)mm=32.85mm

图 4-15　千分尺的刻线原理及读数方法

1）读出固定套筒上露出刻线的毫米数和半毫米数。

2）读出微分套筒上小于 0.5mm 的小数部分。

3）将上面两部分读数相加即为总尺寸。

（3）测量方法　千分尺的测量方法如图 4-16 所示。其中，图 4-16a 所示是测量小零件外径的方法；图 4-16b 所示是在机床上测量工件外径的方法。

（4）注意事项

1）保持千分尺的清洁，尤其是测量面必须擦拭干净。使用前应先校对零点，若零点未对齐，应记住此数值，在测量时根据原始误差修正读数。

2）当测量螺杆快要接近工件时，需拧动端部棘轮，当棘轮发出"嘎嘎"打滑

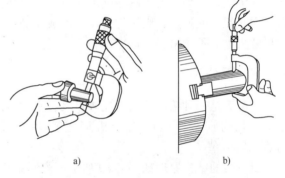

a)　　　　b)

图 4-16　千分尺的测量方法

声时，表示压力合适，停止拧动。严禁拧动微分套筒，以防用力过度使测量不准确。

3）测量不得在预先调好尺寸锁紧测量螺杆后用力卡紧工件。这样用力过大，不仅使测量不准确，而且会使千分尺测量面产生非正常磨损。

4.3.3　塞规与卡规

塞规与卡规（又称卡板）是用于成批大量生产的一种专用量具。

塞规用于测量孔径或槽宽，其长度较短的一端称"止规"，用于控制工件的上极限尺寸；其长度较长的一端称"通规"，用于控制工件的下极限尺寸。塞规及其使用方法如图 4-17 所示。用塞规测量时，只有当通规能进去、止规不能进去时，才能说明工件的实际尺寸在公差范围之内，是合格品，否则就是不合格品。

卡规用于测量外径或厚度，与塞规类似，一端为"通规"，另一端为"止规"。卡规及其使用方法如图 4-18 所示。使用卡规检验工件时，无论使用卡规的通端还是止端，都必须使卡规垂直于工件轴线，不可倾斜，否则检验结果就不准确。特别是高精度或大尺寸的工件更需注意，位置稍有倾斜，检验结果就会有很大出入。卡规的工件表面与工件之间是一条短

线接触，为了得出准确的结果，卡规的通端和止端要沿着轴线或围绕着轴至少要在四个位置上进行检验。

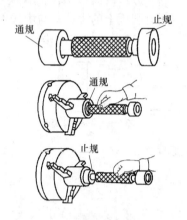
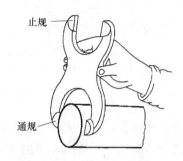

图4-17 塞规及其使用方法   图4-18 卡规及其使用方法

在测量时，如果卡规的通端能通过工件，而止端不能通过，则工件合格；如果通端能通过，而止端也能通过，则工件过小，已成废品；如果工件通端和止端都不能通过，则表示工件尺寸太大，不合格，须返工。

4.3.4 百分表

百分表是一种精度较高的比较量具，它只能测出相对数值，不能测出绝对数值，主要用于测量几何误差，也可用于机床上安装工件时的精密找正。百分表的读数准确度为0.01mm。

百分表的结构原理如图4-19所示。当测量杆1向上或向下移动1mm时，通过齿轮传动系统带动大指针2转一圈，小指针3转一格。刻度盘在圆周上有100个等分格，每格的分度值为0.01mm。小指针每格分度为1mm。测量时指针读数的变动量即为尺寸变化值。小指针处的刻度范围为百分表的测量范围。刻度盘可以转动，供测量时大指针对零用。

百分表常装在专用的百分表座上使用，如图4-20所示。百分表在表座上的位置可进行前后、上下调整。表座应放在平板或某一平整的位置上，测量时百分表测量杆应与被测表面垂直。

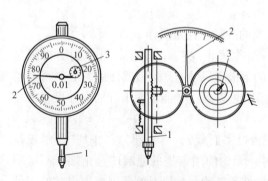
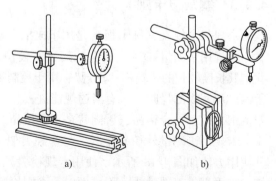

a)

b)

图4-19 百分表的结构原理   图4-20 百分表座
1—测量杆 2—大指针 3—小指针   a) 普通表座 b) 磁性表座

4.3.5　刀口形直尺

刀口形直尺提供了一条直线基准，用于检查平面的平直情况。如果平面不平，则刀口形直尺与平面之间有间隙，再用塞尺塞间隙，即可确定间隙数值的大小。刀口形直尺如图 4-21 所示。

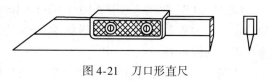

图 4-21　刀口形直尺

4.3.6　塞尺

塞尺用于检查两贴合面之间缝隙的大小。它由一组薄钢片组成，其厚度为 0.03 ~ 0.3mm，如图 4-22 所示。测量时用塞尺直接塞进间隙，当一片或数片能塞进两贴合面之间时，则一片或数片的厚度（可由每片上的标记读出）即为两贴合面之间的间隙值。

使用塞尺时必须先擦净工件和尺面，测量时不能用力太大，以免尺片弯曲和折断。

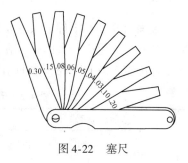

图 4-22　塞尺

4.3.7　直角尺

直角尺的两边呈准确的 90°，用来检查工件垂直面之间的垂直度误差。直角尺及其使用方法如图 4-23 所示。

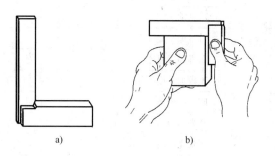

a)　　　　　　　　　　b)

图 4-23　直角尺及其使用方法

4.4　零件技术要求

切削加工的目的在于加工出符合设计要求的机械零件。设计零件时，为了保证机械设备的精度和使用寿命，应根据零件的不同作用提出合理的要求，这些要求通称为零件的技术要求。零件的技术要求包括表面粗糙度、尺寸精度、几何精度以及零件的材料、热处理和表面修饰（如电镀、发蓝）等，其中前三项均由切削加工来保证。

4.4.1　表面粗糙度

在切削加工中，由于振动、刀痕以及刀具与工件之间的摩擦，会在工件已加工表面上不可避免地产生一些微小的峰谷。即使是光滑的磨削表面，放大后也会发现有高低不同的微小峰谷。表面上这些微小峰谷的高低程度称为表面粗糙度。

GB/T 3505—2009、GB/T 1031—2009 和 GB/T 131—2006 规定了表面粗糙度的评定参数和评定参数允许值系列，其中最为常用的是轮廓算术平均偏差 Ra。

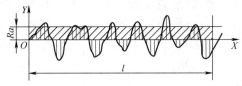

图 4-24 轮廓算术平均偏差

如图 4-24 所示，在取样长度 l 内，被测轮廓上各点至轮廓中线偏距绝对值的算术平均值，称为轮廓算术平均偏差 Ra。即

$$Ra = \frac{1}{l}\int_0^l |y(x)| \, dx \approx \frac{1}{n}\sum_{i=1}^{n} |y_i|$$

表面粗糙度对零件的尺寸精度和零件之间的配合性质、零件的接触刚度、耐蚀性、耐磨性以及密封性等有很大影响。在设计零件时，要根据具体条件合理选择 Ra 值。Ra 值越小，加工越困难，成本越高。表面粗糙度 Ra 允许值及其对应的表面特征见表 4-2。

表 4-2　表面粗糙度 Ra 允许值及其对应的表面特征

表面加工要求	表面特征	$Ra/\mu m$
粗加工	明显可见刀纹	50
	可见刀纹	25
	微见刀纹	12.5
半精加工	可见加工痕迹	6.3
	微见加工痕迹	3.2
	不见加工痕迹	1.6
精加工	可辨加工痕迹方向	0.8
	微辨加工痕迹方向	0.4
	不辨加工痕迹方向	0.2
精密加工 （或光整加工）	暗光泽面	0.1
	亮光泽面	0.05
	镜状光泽面	0.025
	雾状光泽面	0.012
	镜面	<0.012

4.4.2　尺寸精度

尺寸精度是指零件的实际尺寸相对理想尺寸的准确程度。尺寸精度是用尺寸公差来控制的。尺寸公差是加工中零件尺寸允许的变动量。在公称尺寸相同的情况下，尺寸公差越小，则尺寸精度越高。如图 4-25 所示，尺寸公差等于上极限尺寸与下极限尺寸之差，或等于上极限偏差与下极限偏差之差。

例如，$\phi 50_{-0.064}^{-0.025}$mm，其中，$\phi 50$ 为公称尺寸，-0.025 为上极限偏差，-0.064 为下极限偏差。

$$上极限尺寸 = (50 - 0.025)mm = 49.975mm$$

下极限尺寸 $= (50 - 0.064) \text{mm} = 49.936 \text{mm}$

尺寸公差 = 上极限尺寸 – 下极限尺寸

$\quad = (49.975 - 49.936) \text{mm}$

$\quad = 0.039 \text{mm}$

或

尺寸公差 = 上极限偏差 – 下极限偏差

$\quad = [-0.025 - (-0.064)] \text{mm}$

$\quad = 0.039 \text{mm}$

GB/T 1800.1—2009 将确定尺寸精度的标准公差等级分为 20 级，分别用 IT01、IT0、IT1、IT2、…、IT18 表示，其中 IT01 的公差值最小，尺寸精度最高。

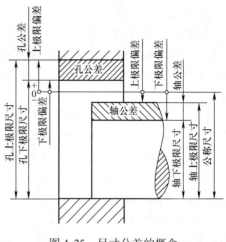

图 4-25　尺寸公差的概念

切削加工所获得的尺寸精度一般与所使用的设备、刀具和切削条件等密切相关。在一般情况下，若尺寸精度越高，则零件工艺过程越复杂，加工成本也越高。因此在设计零件时，在保证零件使用性能的前提下，应尽量选用较低的尺寸精度。

4.4.3　形状精度

形状精度是指工件上的线、面要素的实际形状相对于理想形状的准确程度。形状精度是用形状公差来控制的。为了适应各种不同的情况，GB/T 1182—2008 规定了 6 项形状公差，见表 4-3。下面简介其中的直线度、平面度、圆度、圆柱度公差的标注及其误差常用的检测方法。

表 4-3　形状公差的名称及符号

项　目	直 线 度	平 面 度	圆　度	圆 柱 度	线轮廓度	面轮廓度
符号	—	▱	○	⌭	⌒	⌓

（1）直线度　直线度指工件被测要素线（如轴线、母线、平面的交线、平面内的直线）直的程度。在图 4-26 中，图 4-26a 所示为直线度公差的标注方法，表示箭头所指的圆柱表面上任一母线的直线度公差为 0.02mm；图 4-26b 所示为小型工件直线度误差的一种检测方法，将刀口形直尺（或平尺）与被测直线直接接

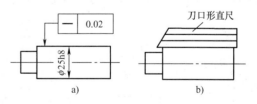

图 4-26　直线度的标注与检测

触，并使两者之间最大缝隙为最小，此时最大缝隙值即为直线度误差。误差值需根据缝隙测定：当缝隙较小时，按标准光隙估读；当缝隙较大时，可用塞尺测量。

（2）平面度　平面度指工件被测平面要素平的程度。在图 4-27 中，图 4-27a 所示为平面度公差的标注方法，表示箭头所指平面的平面度公差为 0.01mm；图 4-27b 所示为小型工

件平面度误差的一种检测方法，将刀口形直尺的刀口与被测平面直接接触，在各个不同方向上进行检测，其中最大缝隙值即为平面度误差，其缝隙值的确定方法与刀口形直尺检测直线度误差相同。

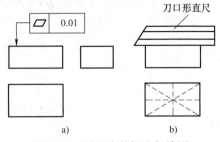

图 4-27　平面度的标注与检测

（3）圆度　圆度指零件的回转表面（圆柱面、圆锥面、球面等）横剖面上的实际轮廓线圆的程度。在图 4-28 中，图 4-28a 所示为圆度公差的标注方法，表示箭头所指圆柱面的圆度公差为 0.007mm；图 4-28b 所示为圆度误差的一种检测方法，将被测工件放置在圆度仪工作台上，并将被测表面的轴线调整至与圆度仪的回转轴线重合，测量头每回转一周，圆度仪即可显示出该测量截面的圆度误差。测量若干个截面，其中最大的圆度误差值即为被测表面的圆度误差。圆度误差值 Δ 实际上是包容实际轮廓线的两个半径差为最小的同心圆的半径差值，如图 4-28c 所示。

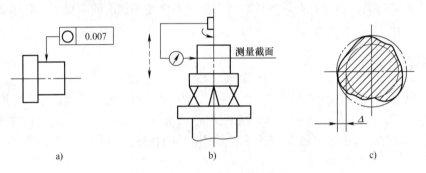

图 4-28　圆度的标注与检测

（4）圆柱度　圆柱度指工件上被测圆柱轮廓表面的实际形状相对理想圆柱相差的程度。圆柱度公差的标注和误差的检测如图 4-29a、b 所示，检测方法与圆度误差大致相同，不同的是测量头一边回转，一边沿工件轴向移动。圆柱度误差值 Δ 实际上是包容实际轮廓面的两个半径差为最小的同心圆柱的半径差值，如图 4-29c 所示。

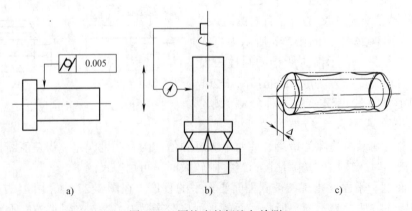

图 4-29　圆柱度的标注与检测

4.4.4　方向精度

方向精度是指零件上点、线、面要素的实际位置相对于理想位置方向上的准确程度。方向公差是被测实际要素对一具有确定方向的理想要素的变动量，该理想要素的方向由基准确定。方向精度是用方向公差来控制的。GB/T 1182—2008 规定了 5 项方向公差，见表 4-4。下面仅简单介绍常用的平行度、垂直度公差的标注及其误差检测方法。

表 4-4　方向公差的名称及符号

项　目	平 行 度	垂 直 度	倾 斜 度	线轮廓度	面轮廓度
符号	//	⊥	∠	⌒	⌓

（1）平行度　平行度指工件上被测要素（面或直线）相对于基准要素（面或直线）平行的程度。在图 4-30 中，图 4-30a 所示为平行度公差的标注方法，表示箭头所指平面相对于基准平面 A 的平行度公差为 0.02mm；图 4-30b 所示为平行度误差的一种检测方法，将被测工件的基准面放在平板上，移动百分表或工件，在整个被测平面上进行测量，百分表最大与最小读数的差值即为平行度误差。

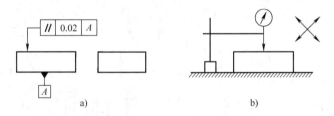

图 4-30　平行度的标注与检测

（2）垂直度　垂直度指零件上被测要素（面或直线）相对于基准要素（面或直线）垂直的程度。在图 4-31 中，图 4-31a 所示为垂直度公差的标注方法，表示箭头所指平面相对基准平面 A 的垂直度公差为 0.03mm；图 4-31b 所示为垂直度误差的一种检测方法，其缝隙值用光隙法或用塞尺读出。

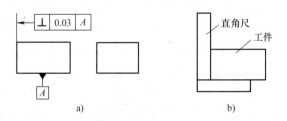

图 4-31　垂直度的标注与检测

4.4.5　位置精度

位置精度是指工件上点、线、面要素的实际位置相对于理想位置的准确程度。位置精度是用位置公差来控制的。GB/T 1182—2008 规定了 6 项位置公差，见表 4-5。下面仅简单介绍常用的同轴度公差的标注及其误差检测方法。

表 4-5 位置公差的名称及符号

项　目	位 置 度	同心度 （用于中心点）	同轴度 （用于轴线）	对　称　度	线轮廓度	面轮廓度
符号	⊕	◎	◎	＝	⌒	⌒

同轴度是指工件上被测回转表面的轴线相对基准轴线同轴的程度。在图 4-32 中，图 4-32a 所示为同轴度公差的标注方法，表示箭头所指圆柱面的轴线相对于基准轴线 A、B 的同轴度公差为 $\phi0.03\text{mm}$；图 4-32b 所示为同轴度误差的一种检测方法，将基准轴线 A、B 的轮廓表面的中间截面放置在两个等高的刃口状的 V 形架上。首先在轴向测量，取上下两个百分表在垂直基准轴线的正截面上测得的各对应点的读数值 $|M_a - M_b|$ 作为该截面上的同轴度误差；再转动工件，按上述方法测量若干个截面，取各截面测得的读数差中的最大值（绝对值）作为该工件的同轴度误差。这种方法适用于测量表面形状误差较小的工件。

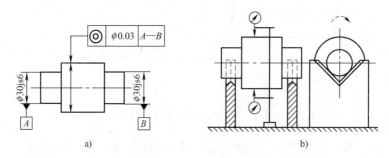

a)　　　　　　　　　　　　　　　　b)

图 4-32 同轴度的标注与检测

4.4.6 跳动精度

跳动公差是关联实际要素绕基准轴线旋转一周或若干次旋转时所允许的最大跳动量。跳动精度是用跳动公差来控制的。GB/T 1182—2008 规定了 2 项跳动公差，见表 4-6。下面仅简单介绍常用的圆跳动公差的标注及其误差检测方法。

表 4-6 跳动公差的名称及符号

项　目	圆 跳 动	全 跳 动
符号	↗	↗↗

圆跳动是指工件上被测回转表面相对于以基准轴线为轴线的理论回转面的偏离程度。按测量方向不同，有轴向圆跳动、径向圆跳动和斜向圆跳动之分。在图 4-33 中，图 4-33a、c 所示为圆跳动公差的标注方法。图 4-33a 表示箭头所指的表面相对于基准轴线 A、B 的轴向

圆跳动、径向圆跳动、斜向圆跳动公差分别为 0.04mm、0.03mm、0.03mm。图 4-33c 表示箭头所指的表面相对于基准轴线 A 的轴向圆跳动、径向圆跳动、斜向圆跳动公差分别为 0.03mm、0.04mm、0.04mm。图 4-33b、d 所示为圆跳动误差的检测方法。对于轴类零件，支承在偏摆仪两顶尖之间用百分表测量；对于盘套类零件，先将零件安装在锥度心轴上，然后支承在偏摆仪两顶尖之间用百分表测量。

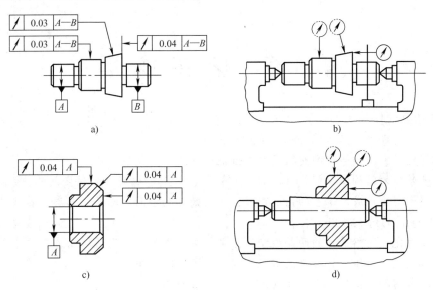

a)

b)

c)

d)

图 4-33　圆跳动的标注与检测

复习思考题

1. 试分析车、钻、铣、刨、磨几种常用加工方法的主运动和进给运动，并指出它们的运动件（工件或刀具）及运动形式（转动或移动）。

2. 什么是切削用量三要素？试用简图表示刨平面和钻孔的切削用量三要素。

3. 刀具材料应具备哪些性能？硬质合金的耐热性远高于高速工具钢，为什么不能完全取而代之？

4. 试分析通孔车刀和车断车刀的前角、后角、主偏角和副偏角。

5. 常用的量具有哪几种？试选择测量下列尺寸的量具：① 未加工 ϕ50mm 孔；② 已加工 ϕ30mm 外圆，$\phi(25 \pm 0.2)$mm 外圆，$\phi(22 \pm 0.01)$mm 孔。

6. 游标卡尺和千分尺的测量准确度各是多少？怎样正确使用它们？能否利用它们测量铸件毛坯？

7. 在使用量具前为什么要检查它的零点、零线或基准？应如何用查对的结果来修正测得的读数？

8. 常用什么参数来评定表面粗糙度？它的含义是什么？

9. 尺寸公差等级分成多少级？

10. 几何公差分别包括哪些项目？如何标注？如何检测？

第2篇 材料成形训练与实践

第5章 熔铸成形

【教学目的和要求】

1. 熟悉熔铸成形生产工艺过程、特点和应用。
2. 了解型砂、芯砂等造型材料的主要性能、组成及其制备。
3. 了解砂型的结构以及模样（芯盒）、铸型（型芯）、铸件、零件之间的关系和区别。
4. 了解砂型熔铸成形工艺的主要内容，了解铸件分型面的选择，熟悉两箱造型（整模、分模、挖砂等）的特点和应用。
5. 能独立完成简单铸件的两箱造型，了解常见铸造缺陷，了解机器造型的特点和应用。
6. 了解铸铁、铸钢、铝合金的熔炼方法、设备和浇注工艺。
7. 了解常用特种铸造成形方法的原理、特点和应用。

【熔铸成形安全技术】

1. 必须穿戴好工作服、帽、鞋等防护用品。
2. 造型时，不要用嘴吹型（芯）砂；造型工具应正确使用，用完后不要乱放；翻转和搬动砂箱时，要小心，防止压伤手脚。
3. 浇注前，浇包应烘干；浇注时，浇包内的金属液不可过满，搬运浇包和浇注过程中要保持平稳，严防发生倾翻和飞溅事故；操作者与金属液应保持一定的距离，且不能位于熔液易飞溅的方向，不操作浇注者应远离浇包；多余的金属液应妥善处理，严禁乱倒乱放。
4. 铸件在铸型中应保持足够的冷却时间，不要碰未冷却的铸件。
5. 清理铸件时，应注意周围环境，正确使用清理工具，合理掌握用力大小和方向，防止飞出的清理物伤人。

5.1 熔铸成形概述

熔铸成形是通过制造铸型，熔炼金属，再把金属熔液注入铸型，经凝固和冷却，从而获得所需铸件的成形方法，即铸造。它可以生产出外形尺寸从几毫米到几十米、质量从几克到几百吨、结构从简单到复杂的各种铸件。铸造在我国已有几千年的历史，出土文物中大量的古代生产工具和生活用品就是用铸造方法制成的。今天，铸造生产在国民经济中仍然占有很重要的地位，广泛应用于很多工业生产领域，特别是机械工业，以及日常生活用品、公用设施、工艺品等的制造和生产中。

熔铸成形生产具有以下特点：

1）可以生产出结构十分复杂的铸件，尤其是可以形成具有复杂形状内腔的铸件。

2）铸件的尺寸、形状与工件相近，节省了大量的材料和加工费用；铸造可以利用回收的废旧材料和产品，从而节约了成本和资源。

3）熔铸成形生产工艺复杂，生产周期长，劳动条件差，且常常伴随着环境污染；铸件易产生各种缺陷且不易发现。

常用的熔铸成形方法有砂型铸造和特种铸造两大类。其中，特种铸造中又包括熔模铸造、金属型铸造、压力铸造、低压铸造、离心铸造等多种铸造方法。砂型铸造是应用最广泛的一种铸造方法，其生产的铸件占铸件总量的 80% 以上。砂型铸造的一般生产过程如图 5-1 所示。

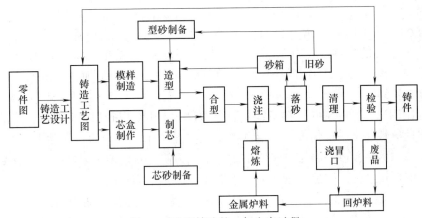

图 5-1　砂型铸造的一般生产过程

5.2　砂型铸造的造型工艺

铸造生产中的铸型是用来容纳金属液，使金属液按照其型腔形状凝固成形，从而获得与其型腔形状一致的铸件，按造型材料的不同可分为砂型和金属型。砂型铸造是用型砂制成铸型并进行浇注而生产出铸件的铸造方法。

5.2.1　造型材料与工艺装备

1. 型砂和芯砂

砂型铸造的造型材料由原砂、粘结剂、附加物等按一定比例和制备工艺混合而成，它具有一定的物理性能，能满足造型的需要。制造铸型的造型材料称为型砂，制造型芯的造型材料称为芯砂。型砂和芯砂性能的优劣直接关系铸件质量的好坏和成本的高低。

（1）型砂和芯砂的组成

1）原砂。只有符合一定技术要求的天然矿砂才能作为铸造用砂，这种天然矿砂称为原砂。天然硅砂因资源丰富，价格便宜，是铸造生产中应用最广的原砂，它含有 85% 以上的 SiO_2 和少量其他物质等。原砂的粒度一般为 50～140 目。

2）粘结剂。砂粒之间是松散的，且没有粘结力，显然不能形成具有一定形状的整体。在铸造生产过程中，应用粘结剂把砂粒粘结在一起，制成砂型或型芯。铸造用粘结剂种类较多，按其组成可分为有机粘结剂（如植物油类、合成树脂类粘结剂等）和无机粘结剂（如黏土、水玻璃、水泥等）两大类。黏土是最常用的一种粘结剂，它价廉而丰富，具有一定的粘结强度，可重复使用。

3）涂料。对于干砂型和型芯，常把一些防粘砂材料（如石墨粉、石英粉等）制成悬浊液，涂刷在型腔或型芯的表面，以提高铸件的表面质量，称为上涂料。涂料最常使用的溶剂是水，而快干涂料常用煤油、酒精等作为溶剂。对于湿型砂，可直接把涂料粉（如石墨粉）喷洒在砂型或型芯表面上，同样起涂料的作用。

（2）型砂的处理和制备 铸造生产用的型砂是由新砂、旧砂、粘结剂、附加物和水按一定工艺配制而成的。在配制前，这些材料需经一定的处理。新砂中常混有水、泥土以及其他杂物，应烘干并筛去固体杂质。旧砂因经浇注后会烧结成很多大块的砂团，需经破碎后才能使用。旧砂中含有铁钉、木块等杂物，应捡出或经筛分后除去。一般情况下，生产小型铸件的型砂配比（质量分数）是：旧砂90%左右，新砂10%左右，黏土占新旧砂总和的5%~10%，水占新旧砂总和的3%~8%，其余附加物如木屑、煤粉占新旧砂总和的2%~5%。

按一定比例选择好的制砂材料一定要混合均匀，才能使型砂和芯砂具有良好的强度、透气性和可塑性等性能。一般情况下，混砂工作是在混砂机中进行的。在黏土砂混砂过程中，加料顺序是：旧砂→新砂→粘结剂→附加物→水。为使混砂均匀，混砂时间不宜太短，否则会影响型砂的使用性能。一般在加水前先干混2~3min，再加水湿混约10min。

型（芯）砂混制处理好后，应放置一段时间，使水分分布更加均匀，这一过程称为调匀。使用型砂前，还需经过松散处理。型砂性能一般需用专门仪器检测，若没有检测仪器，也可凭手捏的感觉对某些性能做粗略的判断，如图5-2所示。

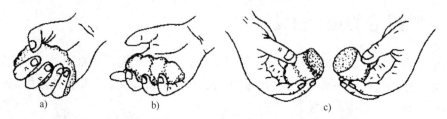

图5-2 手感法检验型砂性能

a）手捏可成砂团，表明型砂湿度适当 b）手松开后砂团表面手印清晰，表明成型性好

c）用双手把砂团掰断后，断面处型砂应无碎裂，同时有足够的强度

2. 模样、芯盒与砂箱

模样、芯盒与砂箱是砂型铸造中造型时用到的主要工艺装备。

（1）模样 模样是与铸件外形及尺寸相似并且在造型时形成铸型型腔的工艺装备。模样应便于制作加工，具有足够的刚度和强度，表面光滑，尺寸精确。模样的尺寸和形状是由零件图和铸造工艺参数得出的。图5-3a所示为法兰的零件图；图5-3b所示为考虑铸造工艺参数而得出的工艺图；图5-3c所示为铸件；图5-3d所示为模样。

根据制造模样材料的不同，常用的模样分为木模和金属模。此外，还有塑料模、石膏模等。

① 木模。用木材制成的模样称为木模，木模是铸造生产中用得最广泛的一种。它具有

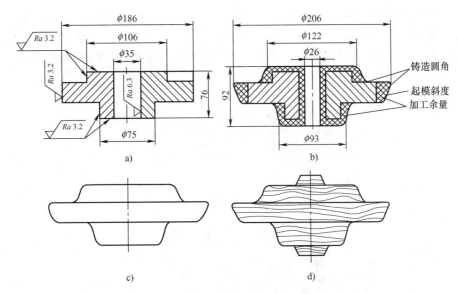

图 5-3　法兰的零件图、铸造工艺图、铸件和模样

a）零件图　b）铸造工艺图　c）铸件　d）模样

价廉、质轻和易于加工成形等优点。其缺点是强度和硬度较低，容易变形和损坏，使用寿命短。木模一般适用于单件小批量生产。

② 金属模。用金属材料制造的模样，具有强度高、刚性大、表面光洁、尺寸精确、使用寿命长等特点，适用于大批量生产。但它的制造难度大、周期长，成本也高。金属模一般是在工艺方案确定后，并经试验成熟的情况下再进行设计和制造。制造金属模的常用材料是铝合金、铜合金、铸铁、铸钢等。

（2）芯盒　铸件的孔及内腔是由型芯形成的，型芯是由芯盒制成的，应以铸造工艺图、生产批量和现有设备为依据确定芯盒的材质和结构尺寸。大批量生产应选用经久耐用的金属芯盒，单件小批量生产则可选用使用寿命短的木质芯盒。

从芯盒的分型面和内腔结构来看，芯盒的常用结构形式有分开式、整体式和可拆式，如图 5-4 所示。整体式芯盒一般用于制作形状简单、尺寸不太大和容易脱模的型芯，它的四壁不能拆开，芯盒出口朝下即可倒出型芯。可拆式芯盒结构较复杂，它由内盒和外盒组成；起芯时，型芯和内盒从外盒倒出，然后从几个不同方向把内盒与型芯分离；该芯盒适用于制造形状复杂的中、大型型芯。

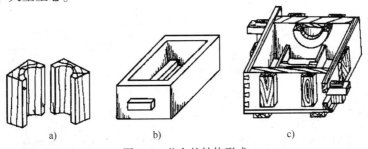

图 5-4　芯盒的结构形式

a）分开式　b）整体式　c）可拆式

（3）砂箱 砂箱是铸造生产常用的工艺装备，造型时，用来容纳和支承砂型；浇注时，砂箱对砂型起固定作用。图 5-5a 所示为小型砂箱，用于浇注尺寸较小的铸件；图 5-5b 所示为大型砂箱，用于浇注尺寸较大的铸件。合理选用砂箱可以提高铸件质量和劳动生产率，减小劳动强度。

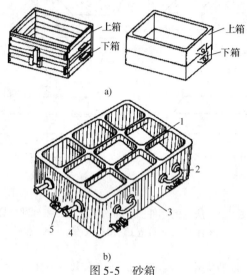

图 5-5 砂箱

1—箱挡 2—吊环 3—箱体 4—抬手 5—定位孔

5.2.2 手工造型

1. 手工造型常用工具

手工造型常用工具如图 5-6 所示。

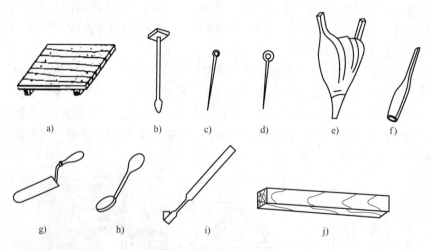

图 5-6 常用造型工具

a）底板 b）舂砂锤 c）通气针 d）起模针 e）皮老虎 f）半圆刀 g）镘刀 h）压勺 i）砂勾 j）刮板

（1）底板 底板大多用木材制成，用于放置模样，其大小依砂箱和模样大小而定。

（2）舂砂锤 其两端形状不同，尖圆头主要是用于舂实模样周围、靠近内壁砂箱处或狭窄部分的型砂，保证砂型内部坚实；平头板用于砂箱顶部砂的紧实。

（3）通气针　用于在砂型上适当位置扎通气孔，以便排出型腔中的气体。

（4）起模针　用于从砂型中取出模样。

（5）皮老虎（也称手风箱）　用于吹去模样上的分型砂和散落在砂型表面上的砂粒及其余杂物，使砂型表面干净平整。

（6）半圆刀　用于修整圆弧形内壁和型腔内圆角。

（7）镘刀（又称砂刀）　用于修整砂型表面或者在砂型表面上挖沟槽。

（8）压勺　用于在砂型上修补凹的曲面。

（9）砂勾　用于修整砂型底部或侧面，也用于勾出砂型中的散砂或其他杂物。

（10）刮板　主要是用于刮去高出砂箱上平面的型砂和修整大平面。

手工造型常用工具还有铁锹、筛子和排笔等。

2. 砂型的组成

图 5-7 所示为合型后的砂型结构简图。图中的型腔 6 为模样取出后留下的空间，浇注后，型腔中的金属液凝固形成所需的铸件。上砂箱 12 中的砂型称上砂型或上型，上砂型中除上部型腔之外，还有浇口杯 2、直浇道 3、横浇道 4、通气孔 13、上型芯座等。下砂箱中的砂型称为下砂型或下型，下砂型中除下部型腔之外，还有内浇道、下型芯座等。上、下砂型的分界面称为分型面。浇注时，金属液经浇口杯（外浇口）、直浇道、横浇道、内浇道进入型腔并将其充满。型腔和型砂中的气体经通气孔排出，上、下型芯座用于型芯的固定和定位。

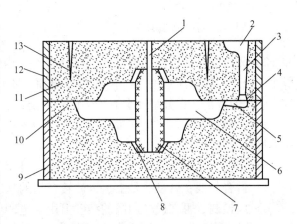

图 5-7　合型后的砂型结构简图
1—型芯通气孔　2—浇口杯　3—直浇道　4—横浇道
5—内浇道　6—型腔　7—型芯　8—芯座　9—下砂箱
10—下砂型　11—上砂型　12—上砂箱　13—通气孔

3. 手工造型操作基本技术

（1）造型工具的准备　型砂配制好后，再准备底板、砂箱、模样、芯盒和必要的造型工具。开始造型时，首先应确定模样在砂箱中的位置，模样与砂箱内壁之间必须留有 30～100mm 的距离，称为吃砂量，如图 5-8 所示。吃砂量不宜太大，否则需填入更多的型砂，并且耗费时间，加大砂型的重量；若吃砂量过小，则砂型强度不够，在浇注时，金属液容易流出。

（2）手工造型基本过程

1）模样、底板、砂箱按一定空间位置放置好后，填入型砂并舂紧，填砂时，应分批加入。填砂和舂砂时应注意：① 用手把模样周围的型砂压紧，如图 5-9 所示。因为这部分型砂形成型腔内壁，要承受金属熔液的冲击，故对它的强度要求较高。② 每加入一次砂，这层砂都应舂紧，然后才能再次加砂，依此类推，直至把砂箱填满紧实。③ 舂砂用力大小应适当，用力过大，砂型太紧，型腔内气体出不来；用力过小，砂粒之间粘结不紧，砂型太松易塌箱。此外，应注意同一砂型各处紧实度是不同的，靠近砂箱内壁应舂紧，以防塌箱；靠近型腔部分型砂应较紧，使其具有一定强度；其余部分砂层不宜过紧，以利于透气。

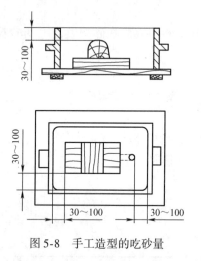

图 5-8 手工造型的吃砂量

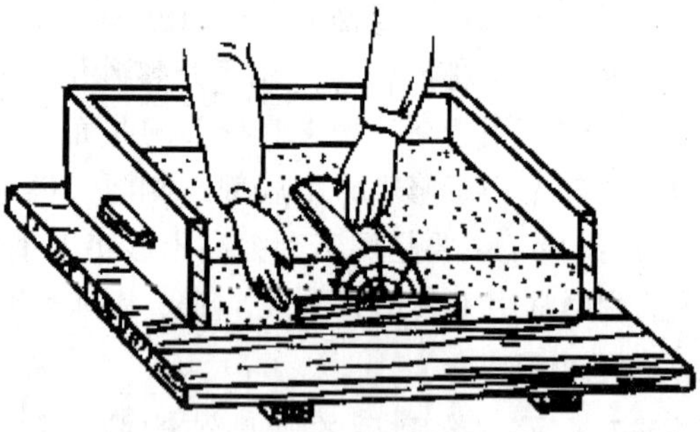

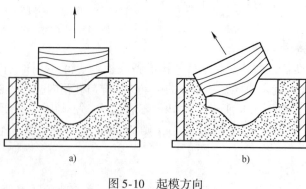

图 5-9 模样周围的型砂要压紧

2）砂型造好后，应在分型面上撒分型砂，然后再造另一个砂型，以便于两个砂型在分型面处分开。应该注意的是，模样的分模面上不应有分型砂，如果有，应吹去。撒分型砂时，应均匀散落，在分型面上有均匀的一薄层即可，分型砂应为无粘结剂的干燥细砂。

3）上砂型制成后，应在模样的上方用通气针扎通气孔。通气孔分布应均匀，深度不能穿透整个砂型。

4）用浇口棒做出直浇道，开好浇口杯（外浇口）。

5）做合型线，合型线是上、下砂箱合型的基准。

6）起模前，可在模样周围的型砂上用毛笔刷些水，以增加该处砂的强度，防止起模时损坏砂型。起模时，应先轻轻敲击模样，使其与周围的型砂分开。起模操作要胆大心细，手不能抖动。起模方向应尽量垂直于分型面，如图5-10所示。

图 5-10 起模方向

a）正确 b）错误

7）起模后，型腔如有损坏，可用工具修复。

8）合型时，应找正定位销或对准两砂箱的合型线，防止错型。

图 5-11 所示为手工造型的基本过程。

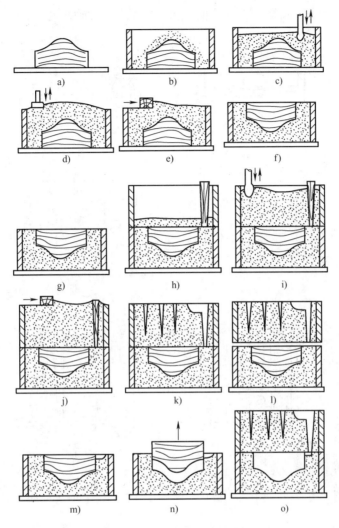

图 5-11　手工造型的基本过程

a）将模样放在底板上　b）放好下砂箱后填砂　c）逐层填砂并紧实　d）舂紧最后一层砂　e）刮去高出砂箱的型砂
f）翻转下砂箱　g）撒分型砂并吹去分模面上的分型砂　h）放置上砂箱，放浇道棒后填入型砂　i）逐层填砂并舂紧
j）上型紧实后刮去多余的型砂　k）扎通气孔，取出浇道棒，开外浇口　l）做好合型线，移开上砂箱，翻转放好
m）修整分型面，挖内浇道　n）起模　o）合型

4. 手工造型方法

（1）整模造型　整模造型是最简单的造型方法，它所用的模样是一个整体，型腔全部位于一个砂型中。整模造型由于只有一个模样和一个型腔，故操作简便，不会发生错型，型腔形状和尺寸精度较好。它适用于最大截面靠一端且为平面的铸件，如齿轮坯、轴承座等。图 5-11 所示即为整模造型过程。

（2）分模造型　整模造型仅适用于外形较简单、变化不复杂的铸件。当铸件外形较复杂或有台阶、环状突缘（法兰边）、凸台等情况时，如果用整模造型，就很难从砂型中取出模样或根本无法取出。这时，可将模样从最大截面处分成两部分，故称为分模造型。分模造型时，两半模样分别在上、下砂型中，这样起模比较方便。图 5-12 所示为一带有法兰边的零件，采用分模造型方法铸造时，其分模面和分型面在铸件轴向的最大截面内。分模造型应注意以下几方面：

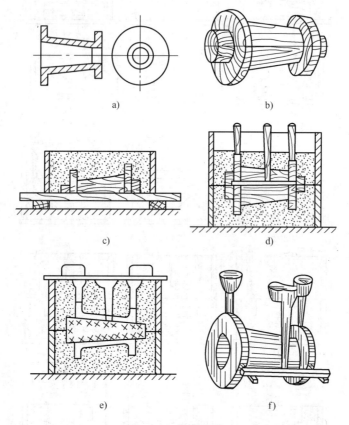

图5-12 分模造型

a) 零件图 b) 模样 c) 造下型 d) 造上型 e) 合型 f) 铸件和浇冒口

1) 上、下两半模样的定位销钉与定位孔既要准确配合又要易于分开。

2) 两箱分模造型时，上、下砂箱都有型腔，合型时，一定要注意上、下箱定位准确，以免发生错型。

3) 起模时，模样可能稍有松动，应尽可能地保证上、下两半模样松动的方向和大小一致。

分模造型是一种常用的造型方法，适用于形状较复杂的铸件，特别是有孔的铸件，如套筒、管子、阀体、箱体等。

（3）挖砂造型与假箱造型 对于有些单件小批量生产的铸件，需要分模造型，但其最大截面不是平面，而是较复杂的曲面，或者由于模样分开后易损坏等原因而不宜分模时，在这些情况下，为了制造模样的方便，常把模样做成整体，造型时挖掉妨碍起模的砂子，使模样顺利取出，这种方法称为挖砂造型。

图5-13所示为手轮的挖砂造型方法。挖砂造型时，每次造型后都要挖掉妨碍起模的砂子，一般情况下都是手工操作，比较麻烦，生产效率低，并且对操作者操作技术水平要求较高。

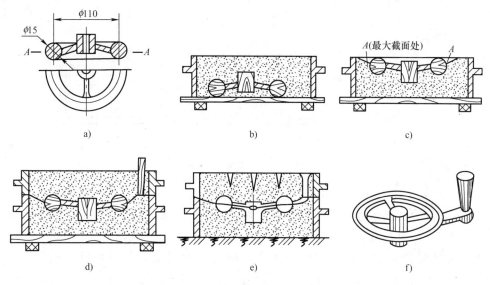

图 5-13　手轮的挖砂造型方法

a）零件图　b）造下型　c）翻转下型，挖出分型面　d）造上型　e）起模后合型　f）带浇注系统的铸件

假箱造型是在造型前先预做一个特制的成型底板（即假箱）来代替平面底板，并将模样放置在成型底板上造型，如图 5-14 所示。这样可省去挖砂操作，以提高生产率。成型底板可用木材制成或用黏土含量较多的型砂舂制紧实而成。

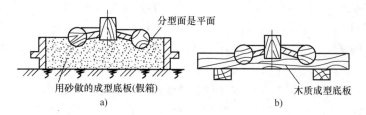

图 5-14　假箱造型

a）假箱　b）成型底板

5. 分型面与浇注位置

（1）分型面　砂型铸造时，一般情况下至少有上、下两个砂型，砂型与砂型之间的分界面是分型面。由此可知，两箱造型有一个分型面，三箱造型有两个分型面。分型面是铸造工艺中的一个重要概念，分型面主要应根据铸件的结构特点来确定，并尽量满足浇注位置的要求，同时还要考虑便于造型和起模，合理设置浇注系统和冒口，正确安装型芯，提高劳动生产率和保证铸件质量等各方面的因素。确定一个铸件的分型面有时有几个方案，应根据实际需要，全面考虑，找出一个最佳方案。确定分型面时，应尽量满足以下原则：

1）分型面应尽量取在铸件的最大截面处，以便于造型时起模。图 5-15a 所示为带斜边的法兰零件，若以最大截面 F_1-F_1 为分型面，显然非常容易起模（图 5-15b）；若以 F_2-F_2 为分型面，则无法起模（图 5-15c）。

2）尽量减少分型面的数量。分型面多，砂箱的数量就多，造型时间变长，劳动强度加

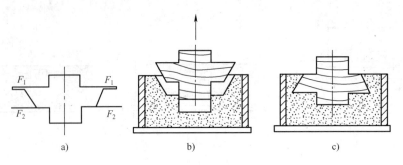

图 5-15 分型面的选择

a）选择分型面 b）以最大截面为分型面 c）以较小截面为分型面

大，生产效率则降低，并且使发生错型和抬箱的可能性增大，铸件质量不易保证。分型面多，也不适宜采用机器造型。

3）尽量把铸件安置在同一个砂箱内。这样可以减少错型的可能性，从而提高铸件质量。

4）分型面应尽量选择平面，并且尽量采用水平分型面。这样，可以简化造型工艺，容易保证铸件质量。

5）分型面的选择应尽量方便砂芯的定位和安放。

（2）浇注位置 铸件的浇注位置是指浇注时铸件在砂型中的空间位置，浇注位置与前面介绍的分型面的确定一般是同时考虑的，这两者选择合理，可大大提高铸件质量和生产率。确定铸件的浇注位置，应尽量保证造型工艺和浇注工艺的合理性，确保铸件质量符合规定要求，减少铸件清理的工作量。确定铸件浇注位置时，应尽量做到：

1）铸件上的重要表面和较大的平面应放置于型腔的下方，以保证其性能和表面质量。

2）应保证金属液能顺利进入型腔并且能充满型腔，避免产生浇不足、冷隔等现象。

3）应保证型腔中的金属液凝固顺序为自下而上，以便于补缩。

6. 浇注系统和冒口

（1）浇注系统 为保证铸件质量，金属液需按一定的通道进入型腔，金属液流入型腔的通道称为浇注系统。典型的砂型铸造浇注系统包括浇口杯、直浇道、横浇道、内浇道，如图 5-16 所示。浇注时，金属液的流向：浇包→浇口杯→直浇道→横浇道→内浇道→型腔。如果浇注系统不合理，可能使铸件产生气孔、砂眼、缩孔、裂纹和浇不足等缺陷。浇注系统应在造型前设计好，在造型过程中做出。

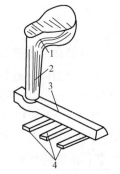

图 5-16 浇注系统的组成

1—浇口杯 2—直浇道

3—横浇道 4—内浇道

1）浇注系统的组成。

① 浇口杯（外浇口）。其主要作用是便于浇注，缓和来自浇包中金属液的压力，使之平稳地流入直浇道，最常用的浇口杯为漏斗形，这种浇口杯的特点是形状简单、制造方便，缺点是容积小，浇注大铸件时，会产生漩涡。

② 直浇道。其主要作用是对型腔中的金属液产生一定的压力，使金属液更容易充满型腔。直浇道的垂直高度越高，金属液流动的速度就越快，并且对型腔内的金属液产生的压力就越大，就越容易将型腔中的各部分充满。但直浇道也不宜太高，否则金属液的速度和压力过大，会把型腔表面冲坏而影响铸件质量。

③ 横浇道。横浇道连接着直浇道和内浇道，它的主要作用是把直浇道流过来的金属液送到内浇道，并且起到挡渣和减缓金属液流速的作用。由于内浇道不能挡渣，所以横浇道的挡渣作用更显重要。横浇道是水平方向的，熔渣在其中较容易向上浮起。常见的横浇道截面为高梯形。

④ 内浇道。内浇道是金属液直接流入型腔的通道，它的主要作用是控制金属液流入型腔的速度和方向。内浇道的形状、位置以及金属液的流入方向，对铸件质量影响都很大。内浇道的截面形状有扁梯形、三角形、圆形和半圆形等。扁梯形内浇道是最常用的一种内浇道，它的特点是高度低而宽度大，大多开设在横浇道的底部，这样浮在金属液上层的熔渣就不易进入型腔。内浇道的开设应注意以下几点：

a. 内浇道不应开在铸件的重要部位，因为靠近内浇道处的金属液冷却较慢，组织较疏松，晶粒粗大，力学性能较差。

b. 内浇道中金属液流动的方向不要正对着砂型和型芯，以防止其冲击型腔壁或型芯，从而产生砂眼、粘砂缺陷，如图 5-17 所示。

c. 对于一些大型的薄壁铸件，由于金属液不易流动，凝固时间短，所以应多开内浇道，使金属液能够迅速、平稳地流入型腔。

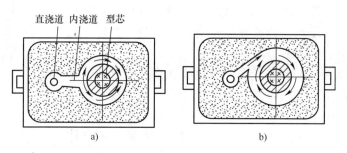

图 5-17　内浇道的开设方向

a）不正确　b）正确

从清理铸件方便的角度考虑，为防止清理内浇道时敲坏铸件，内浇道与铸件连接部位应有缩颈，清理内浇道时，在缩颈处断裂，如图 5-18 所示。

2）浇注系统的类型。内浇道的位置对铸件质量影响很大，因为随着内浇道位置的不同，金属液流入型腔的方式就不同，则金属液在型腔中的流动情况和温度分布情况也随之不同。如图 5-19 所示，根据内浇道中金属液流入型腔的方式，可将浇注系统分为：

① 顶注式。顶注式浇注系统适用于高度不太高，形状不太复杂的铸件。这类浇注系

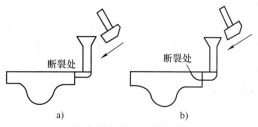

图 5-18　内浇道与铸件连接部位应有缩颈

a）正确　b）不正确

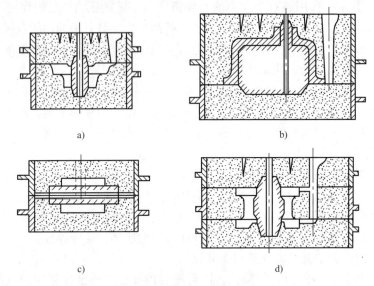

图 5-19 浇注系统类型
a）顶注式 b）底注式 c）中注式 d）多层式

统的优点是金属液直接从顶部很快进入型腔，特别适用于薄壁铸件的金属液充满；缺点是由于金属液直接从高处落下，容易对型腔壁直接产生冲击力，破坏砂型，形成砂眼。顶注式浇注系统最简单的形式如图 5-20 所示，浇注系统只有浇口杯和直浇道，没有横浇道和内浇道，金属液经直浇道直接进入型腔，这种形式比较适用于小型铸件。

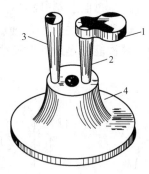

图 5-20 简单形式的顶注式
浇注系统
1—浇口杯 2—直浇道
3—出气孔 4—铸件

② 底注式。底注式浇注系统是把金属液从型腔底部引入型腔，这样增加了造型操作的难度。由于金属液不是直接从直浇道进入型腔的，而是经过一个缓冲过程，所以对型腔的冲击力较小。并且金属液面是从下向上慢慢升高的，故型腔中的气体较容易从出气孔或冒口中排出。但对于壁厚比较薄且尺寸又比较大的铸件，容易产生浇不足的缺陷。底注式浇注系统适用于大型且壁比较厚、形状较复杂的铸件。

③ 中注式。中注式浇注系统是把金属液从型腔中部引入型腔，它的特点介于顶注式浇注系统和底注式浇注系统之间。一般情况下是把内浇道开在分型面上，这样操作比较方便。

④ 多层式（阶梯式）。有些铸件的高度很大，若用顶注式浇注系统，可能产生较大的冲击力，金属液也不能平稳流动；若用底注式浇道，易产生浇不足现象。在这种情况下，可采用多层式浇注系统进行浇注，它兼有顶注式浇注系统、底注式浇注系统和中注式浇注系统的优点，金属液自下而上顺序注入和充满型腔，适用于高大的铸件和较为复杂的铸件。

（2）冒口 在铸件的生产过程中，进入型腔的金属液在冷却过程中要产生体积收缩，如果没有金属液及时补充这一收缩，则在铸件最后凝固部位会形成空洞，这种空洞称为缩孔。不过，通过工艺方法可以把缩孔移到冒口里面而实现补缩。冒口是砂型中与型腔相通并用来储存金属液的空腔，金属液用于补充铸件冷却凝固引起的收缩，以消除缩孔。铸件形成后，它变成与铸件相连但无用的部分，清理铸件时，应将冒口除去回炉，如图5-21 所示。冒口应设在铸件厚壁处，即最后凝固的部位，且应比铸件凝固得晚，冒口与铸件被补缩部位之间的通道应畅通。冒口应较易于从铸件上除去。冒口除具有补缩的作用外，还有出气和集渣作用。

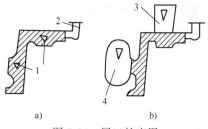

图 5-21　冒口的应用

a) 铸件中的缩孔　b) 用明冒口和暗冒口补缩
1—缩孔　2—浇注系统　3—明冒口
4—暗冒口

　　常用的冒口分为明冒口和暗冒口。明冒口一般设在铸件顶部，它使型腔与大气相通。浇注时，若从明冒口看到金属液冒出，表明金属液已充满型腔。其优点是型腔内气体易于排出，可方便地向冒口中补加金属液和保温剂，清理铸件时，除去冒口也比较容易；缺点是冒口高度随砂箱高度的增大而增大，消耗的金属液比较多，外界的杂物易通过明冒口进入型腔。暗冒口在铸型内部，其优点是散热面小，补缩效果比明冒口好，金属液消耗少，多用于中、小型铸件。冒口的形状对补缩效果影响非常大，目前使用较多的是圆柱形冒口。

5.3　铸造合金的熔炼与浇注

　　铸造合金的熔炼是一个比较复杂的物理化学过程。熔炼时，既要控制金属液的温度，又要控制其化学成分；在保证质量的前提下，应尽量减少能源和原材料的消耗，减小劳动强度，降低环境污染。比较常用的铸造合金是铸铁、铸钢、铸造铝合金和铸造铜合金，其中铸铁由于原材料丰富、价格便宜、铸造性能好、力学性能能满足一般要求而得到广泛应用。在一般工业生产和常用机器中，铸铁件占铸件总量的80％以上。

5.3.1　铸铁的熔炼

　　熔炼铸铁的主要设备是电炉，应用最广泛。目前我国大多数生产厂家是用电炉来熔炼铁液，操作简便，维护也不太复杂；可连续化铁、熔炼，生产效率高。

1. 金属炉料

　　金属炉料主要包括新生铁（即高炉生铁）、回炉铁（主要是从铸件上清理下来的浇口和冒口、报废铸件和回收的废旧铸件等）、废钢（主要是废旧钢材和切削加工钢材而产生的切屑）和铁合金（硅铁、锰铁等）。高炉生铁和回炉铁是炉料的主要部分，加入适量低碳的废钢可以调整铁液的含碳量，铁合金用于调整或补偿铁液的合金含量。

2. 熔剂

　　在铁液中加入熔剂，可以降低炉渣的熔点，提高炉渣的流动性，使其易于与铁液分离而浮到表面，从而顺利地从出渣口排出。比较常用的熔剂是石灰石（$CaCO_3$）和萤石（CaF_2）。熔剂的加入量一般是焦炭用量的 $1/5 \sim 1/3$。

5.3.2 铸钢及其熔炼

与铸铁相比，铸钢铸造性能比较差，如钢液流动性比铁液流动性差，铸钢的收缩率比铸铁要大得多。应用最广泛的是中碳铸钢。熔炼铸钢常用的是电弧炉和感应电炉。电弧炉炼钢是利用插入炉膛内的石墨电极通电后与金属炉料间发生电弧放电，产生热量而使炉料熔化的；同时利用各种冶金反应对钢液进行化学成分调整和脱氧、脱硫的操作。感应电炉的坩埚用耐火材料制成，感应器用易导电材料制成。当感应器中有交流电通过时，炉料产生感应电流并熔化。常用的感应电炉分为工频炉和中频炉两种，工频炉使用工业电源的频率（50Hz），中频炉使用的电源频率通常为 500~2500Hz。工频炉可直接使用工业电流，不需要变频设备，故投资较少。

5.3.3 浇注

1. 浇注工具

浇注的主要工具是浇包，按浇包容量可分为：

（1）端包 其容量大约为 20kg，用于浇注小铸件。其特点是适合一人操作，使用方便、灵活，不容易伤着操作者。

（2）抬包 其容量为 50~100kg，适用于浇注中小型铸件，至少要有两人操作，使用也比较方便，但劳动强度大。

（3）吊包 其容量在 200kg 以上，用起重机装运进行浇注，适用于浇注大型铸件。吊包有一个操纵装置，浇注时，能倾斜一定的角度，使金属液流出。这种浇包可减轻工人劳动强度，改善生产条件，提高劳动生产率。

2. 浇注工艺

（1）浇注方法与操作 浇注是指把熔炼后符合要求的金属液注入铸型的过程。浇注过程是在造型、造芯、合型、开炉熔炼金属液后进行的，若浇注方法不当，也会引起多种铸造缺陷。浇注操作的主要过程如下：

1）做好准备工作。铸型应尽量靠近熔化炉并集中整齐排放，铸型之间的人行道和运输线路应保持畅通，要有足够的操作空间；注意室内通风，操作者应穿戴好劳保用具；准备好浇注工具并清理干净，浇注工具要保持干燥，以免引起金属液飞溅；估算出一个铸型所需金属液的量和一批铸型所需金属液的总量。

2）浇注时，金属液流应对准浇口杯，浇包高度要适宜。要一次浇满铸型，不能断续浇注，以防铸件产生冷隔现象。浇注时，应保持浇口杯充满金属液，否则熔渣会进入型腔。若型腔内金属液沸腾，应立即停止浇注，用干砂盖住浇口。型腔充满金属液后，应稍等一会儿，再在浇口杯内补浇一些金属液，在上面盖上干砂以保温，防止铸件出现缩孔和缩松。

3）铸件凝固后，要及时卸除压箱铁和箱卡，以减少铸件收缩阻力，防止产生裂纹。

（2）浇注温度 金属液浇注温度的高低，应根据合金的种类、生产条件、铸造工艺、铸件技术要求而定。如果浇注温度选择不当，就会降低铸件的质量，影响其力学性能。一般而言，若浇注温度过低，金属液的流动性就差，杂质不易清除，容易产生浇不足、冷隔和夹渣等缺陷；但若金属液温度过高，会使铸件晶粒变粗，容易产生缩孔、缩松和粘砂等缺陷，甚至会使铸件化学成分发生变化。常用铸造合金的浇注温度见表5-1。

表 5-1　常用铸造合金的浇注温度

合 金 名 称	浇注温度/℃		
	壁厚 22mm 以下	壁厚 22～32mm	壁厚 32mm 以上
灰铸铁	1360	1330	1250
铸钢	1475	1460	1445
铝合金	700	660	620

确定浇注温度应从以下几方面进行综合考虑：

1）一般情况下，熔点高的合金，其浇注温度就高。

2）浇注薄壁零件时，要求金属液有较好的流动性，浇注温度应适当提高。

3）对于铝合金等非铁合金，由于它们的晶粒大小对铸件力学性能的影响较大，并容易形成裂纹和吸气等缺陷，故宜用较低的浇注温度，但也不宜过低。

（3）浇注速度　浇注速度快慢对铸件质量影响也较大。若浇注速度较快，金属液能更顺利地进入型腔，减少了金属液的氧化时间，使铸件各部分温度均匀、温差缩小，从而减少铸件的裂纹和变形，同时也提高了劳动生产率，但缺点是高速冲下来的金属液容易溅出伤人或冲坏砂型；若浇注速度较慢，铸件各部分的温差加大，容易使铸件产生裂纹和变形，也容易产生浇不足、冷隔、夹渣、砂眼等缺陷，并降低劳动生产率。所以应根据铸件的具体情况，合理选择浇注速度。通常，浇注开始时，浇注速度应慢些，以减少金属液对型腔的冲击，有利于型腔中的气体排出；然后浇注速度应加快，以防止冷隔和浇不足；浇注要结束时，浇注速度应减慢，以防止发生抬箱现象。浇注速度由操作者根据经验而定。

5.4　特种铸造

砂型铸造因其适应性强、灵活性大、经济性好，得到了广泛的应用，但也存在以下缺点：铸件质量不高，如铸件尺寸精度低、表面较粗糙、内在组织不够致密、不能浇注薄壁件等；铸型只能使用一次，因此造型工作量大、生产效率低；铸造工艺过程复杂，工作条件较差。针对这些问题，人们通过改变造型材料或方法，以及改变浇注方法和凝固条件等，从而发展出了一系列的特种铸造方法。

5.4.1　熔模铸造

熔模铸造又称失蜡铸造。它是一种精密铸造方法，但其本质还是类似于砂型铸造，只是模样材料和造型方法与砂型铸造有所不同。熔模铸造的工艺过程如图 5-22 所示。

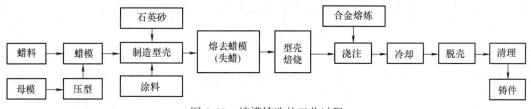

图 5-22　熔模铸造的工艺过程

　　熔模铸造的模样是用易熔材料（如蜡料）制成，常用蜡料是由50%石蜡和50%硬脂酸混合而成的。压型是用来制造蜡模的工艺装备。熔模铸造的造型方法：将蜡模浸上涂料，取出后在其表面粘附上一层石英砂，再浸入硬化剂溶液使其硬化，如此重复多次而形成较厚的硬壳；然后熔去蜡模，所制成的铸型称为型壳。

　　熔模铸造适用于各种铸造合金，尤其适用于高熔点合金和难切削加工合金的复杂铸件的生产。其铸件尺寸精度和表面质量较高。

5.4.2　金属型铸造

　　将金属液浇注到金属材料制成的铸型中获得铸件的方法，称为金属型铸造。由于金属铸型能重复使用成百上千次，甚至上万次，故又称永久型铸造。金属型一旦做好，则铸造的工艺过程实际上就是浇注、冷却、取出和清理铸件，从而大大地提高了生产效率，也不占用太多的生产场地，并且易于实现机械化和自动化生产。

　　制作金属型的材料一般为铸铁和钢。金属型在浇注前先要预热，还应在型腔和浇道中喷刷涂料，这样可以保护金属型表面，并使铸件表面光洁。由于金属型无退让性，因此铸件宜早些取出，否则会产生很大的内应力，甚至裂纹。金属型比砂型散热速度快，故金属液的浇注温度应稍高于砂型铸造的浇注温度，以免产生浇不足等缺陷。

　　与砂型铸件相比，金属型铸件尺寸精确、表面光洁，加工余量小；且组织细密，提高了铸件的强度和硬度。金属型铸造适用于大批量生产的非铁合金，如铝合金、铜合金等的铸件，有时也用于铸铁件和铸钢件；一般不用于大型、薄壁和较复杂铸件的生产。

5.4.3　压力铸造和低压铸造

1. 压力铸造

　　压力铸造是在高压（5～150MPa）下把金属液以较高的速度压入金属铸型，并且在高压下凝固而获得铸件的方法，简称压铸。压力铸造所用的设备称为压铸机，它为金属液提供充型压力，多为活塞压射。压力铸造的铸型称为压铸型，它安装在压铸机上，主要由定型、动型和铸件顶出机构等部分组成。压力铸造的工艺过程如图5-23所示。

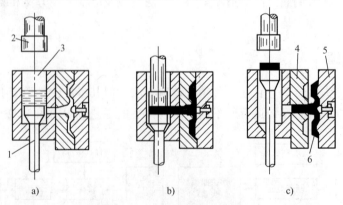

图5-23　压力铸造的工艺过程
a）合型并压入金属液　b）加压　c）开型取出铸件
1—下活塞　2—上活塞　3—压缩室　4—定型　5—动型　6—铸件

压力铸造的铸件尺寸精度高，表面粗糙度值小，加工余量小，甚至可不经机械加工而直接使用；可铸出薄壁、带有小孔的复杂铸件；铸件组织细密，强度较高。由于是高压高速浇注，铸件冷却快，故压力铸造具有比其他铸造方法更高的生产率。压力铸造主要用于各类非铁合金中、小型铸件的大批量生产。

2. 低压铸造

它是在气体压力（0.02 ~ 0.06MPa）作用下，使处于密封容器内的金属液自下向上沿升液管和浇道平稳地进入上面的铸型中，并在此压力下凝固而获得铸件的铸造方法。因与压力铸造相比，其金属液充型压力较低，故称低压铸造。低压铸造的特点是：金属液充型过程较平稳并且容易控制，从而避免了冲刷铸型和飞溅等现象发生；铸件组织比较致密，合格率高；劳动强度低，容易实现机械化和自动化。

低压铸造所用设备简单，所生产铸件的尺寸可较大，铸型可用金属型也可用砂型。主要适用于铝合金或镁合金铸件等的生产。

复习思考题

1. 为什么铸造广泛应用于生产各种尺寸和形状复杂的铸件？
2. 型砂应具备什么性能？对铸造质量有何影响？
3. 砂型和型芯的性能、作用、制作方法有何不同？
4. 型砂中为什么要加入粘结剂？型腔内壁上涂料的作用是什么？
5. 铸件浇注前，需做哪些准备工作？
6. 铸铁和铸钢的化学成分、铸造性能、力学性能和用途有什么不同？
7. 手工造型的常用方法有哪些？
8. 铸铁的主要化学成分有哪些？哪些成分是有益的？哪些成分是有害的？
9. 在图 5-24 所示零件上，画出分型面、加工余量、铸造圆角、起模斜度、型芯和浇注系统。

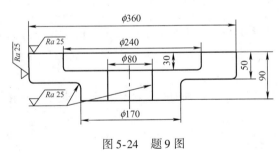

图 5-24　题 9 图

第6章 锻压成形

【教学目的和要求】

1. 熟悉锻压生产工艺过程、特点和应用。

2. 了解坯料的加热、碳素钢的锻造温度范围和常见的加热缺陷，了解锻件的冷却方法。

3. 掌握自由锻基本工序的特点，了解轴类和盘套类锻件自由锻的工艺过程，了解锻件的冷却及常见锻造缺陷。

4. 掌握简单自由锻件的操作技能，并能对自由锻件初步进行工艺分析。

5. 了解模锻和胎模锻的工艺特点及应用。

6. 了解锻造和冲压生产所用设备（如空气锤、压力机等）的结构、工作原理和使用方法。

7. 了解压力机、冲模和常见冲压缺陷，熟悉冲压基本工序。

【锻压成形安全技术】

1. 穿戴好工作服等防护用品。

2. 检查所用的工具是否安全、可靠；手工锻时，还应经常注意检查锤头是否有松动。

3. 钳口形状必须与坯料断面形状、尺寸相符，以便将其夹牢，并在下砧铁中央放平、放正、放稳坯料，先轻打后重打。

4. 手钳或其他工具的柄部应靠近身体的侧旁，不许将手指放在钳柄之间，以免伤害身体。

5. 踩踏杆时，脚跟不许悬空，以便稳定地操纵踏杆，保证操作安全。

6. 锤头应做到"三不打"，即工模具或锻坯未放稳不打，过烧或已冷的锻坯不打，砧铁上没有锻坯不打。

7. 锤头工作时，严禁将手伸入锤头行程中，必须及时清除干净砧座上的氧化皮。

8. 不要在锻造时易飞出毛刺、料头、火星、铁渣的危险区停留，不要直接用手去触摸锻件和钳口。

9. 两人或多人配合操作时，应分工明确，要听从掌钳者的统一指挥。

6.1 锻压成形概述

锻压成形是在加压设备及工模具的作用下，使金属坯料或铸锭产生局部或全部的塑性变形，以获得一定形状、尺寸和质量的锻件的加工方法，即锻造，如图6-1所示。

用于锻造的金属必须具有良好的塑性，以便在锻造时容易产生永久变形而不破裂。钢、铜、铝及其合金大多具有良好的塑性，是常用的锻造材料；而铸铁的塑性很差，在外力作用下极易破裂，因此，不能进行锻造。

锻造后的金属组织致密、晶粒细化，还具有一定的锻造流线，从而使其力学性能得以提高。因此，凡承受重载、冲击载荷的机械零件，如机床主轴、发动机曲轴、连杆、起重机吊

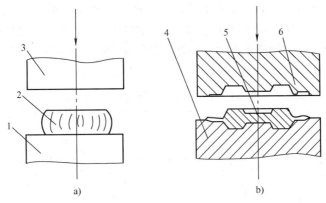

图 6-1　锻造示意图

a）自由锻　b）模锻

1—下砧铁　2—锻件　3—上砧铁　4—下模　5—模锻件　6—上模

钩、齿轮等多以锻件为毛坯。另外，采用锻造获得的零件毛坯，可以减少切削加工量，提高生产效率和经济效益。

锻造是通过压力机、锻锤等设备或工模具对金属施加压力来实现的。锻造的基本方法有自由锻造和模锻两种，以及由两者结合而派生出的胎模锻。一般锻件的生产工艺：下料→加热→锻造→冷却→热处理→清理→检验→合格锻件。

6.2　锻造工艺

6.2.1　坯料的加热

1. 加热目的和要求

除少数具有良好塑性的金属可在常温下锻造外，大多数金属都应加热后锻造成形。

锻造时，将金属加热，能降低其变形抗力，提高其塑性，并使内部组织均匀，以便达到用较小的锻造力来获得较大的塑性变形而不破裂的目的。

一般来说，金属加热温度越高，金属的强度和硬度越低，塑性也就越高；但温度不能太高，温度太高会产生过热或过烧，使锻件成为废品。

金属锻造时，允许加热的最高温度，称为始锻温度。金属在锻造过程中，热量逐渐散失，温度下降。金属温度降低到一定程度后，不但锻造费力，而且易开裂，所以必须停止锻造，重新加热。金属停止锻造的温度称为终锻温度。

2. 锻造温度范围

锻造温度范围是指金属开始锻造的温度（始锻温度）到锻造终止的温度（终锻温度）之间的温度间隔。

（1）始锻温度的确定原则　金属在加热过程中不产生过热、过烧缺陷的前提下，尽可能地取高一些。这样便扩大了锻造温度的范围，以便有充裕的时间进行锻造，减少加热次数，提高生产率。

（2）终锻温度的确定原则 在保证金属停锻前有足够塑性的前提下，终锻温度应取低一些，以便停锻后能获得较细密的内部组织，从而获得较好性能的锻件。但终锻温度过低，金属难以继续变形，易出现锻裂现象和损伤锻造设备。

常用金属材料的锻造温度范围见表 6-1。

表 6-1 常用金属材料的锻造温度范围

种　类	牌号举例	始锻温度/℃	终锻温度/℃
低碳钢	20、Q235A	1200～1250	700
中碳钢	35、45	1150～1200	800
高碳钢	T8、T10A	1100～1150	800
合金钢	30Mn2、40Cr	1200	800
铝合金	2A12	450～500	350～380
铜合金	HPb59－1	800～900	650

金属加热的温度可用仪表来测定，但在实际生产中，一般凭经验，通过观察被加热锻件的火色来判断。碳素钢的加热温度与火色的对应关系见表 6-2。

表 6-2 碳素钢的加热温度与火色的对应关系

火色	黄白	淡黄	黄	淡红	樱红	暗红	赤褐
加热温度/℃	1300	1200	1100	900	800	700	600

6.2.2 自由锻

只用简单的通用工具，或在锻造设备的上、下砧铁间，直接使金属材料经多次锻打并逐步塑性变形而获得所需的几何形状和内部质量的锻件，这种方法称为自由锻。自由锻又可分为手工自由锻（简称手工锻）和机器自由锻（简称机锻）。

自由锻使用简单工具，操作灵活，但锻件精度较低，生产率不高，劳动强度较大，适合于单件小批量生产以及大型锻件的生产。

1. 自由锻设备和工具

（1）自由锻设备 自由锻设备分为两类：一类是以冲击力使金属材料产生塑性变形的称为锻锤，如空气锤、蒸汽-空气自由锻锤等；另一类是以静压力使金属材料产生塑性变形的液压机，如水压机、油压机等。

1）空气锤。空气锤的结构由锤身、传动部分、落下部分、操纵配气机构及砧座等几部分组成，如图 6-2 所示。

电动机 7 通过减速机构 6 及曲柄-连杆机构 16，带动压缩缸 3 内的压缩活塞 15 做上下往复运动。当压缩活塞向下运动时，压缩空气经过操纵机构的下旋阀 18 进入工作缸 1 内工作活塞 14 的下部，将锤杆 13 提起；压缩活塞向上运动时，压缩空气通过上旋阀 17 进入工作活塞的上部，使锤杆向下运动，实现对坯料的锻打。如此往复循环，就产生锤杆的往复上下运动，借助其冲击力对坯料进行锻打。

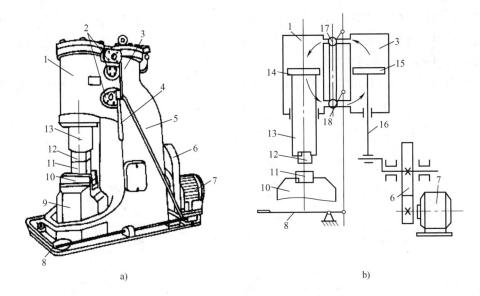

图 6-2　空气锤

a) 外形图　b) 工作原理图

1—工作缸　2—旋阀　3—压缩缸　4—手柄　5—锤身　6—减速机构　7—电动机　8—脚踏杆　9—砧座　10—砧垫
11—下砧铁　12—上砧铁　13—锤杆　14—工作活塞　15—压缩活塞　16—曲柄-连杆机构　17—上旋阀　18—下旋阀

　　空气锤是以落下部分（包括工作活塞、锤杆和上砧铁，也可合称为锤头）的总质量来表示其规格大小的。国产的空气锤规格从 65～750kg，锻锤产生的冲击力（N）大小一般是落下部分质量（kg）的 10000 倍。

　　空气锤的基本操作是，接通电源后，通过脚踏杆 8 或手柄 4 操纵上、下旋阀，可使空气锤实现空转、锤头上悬、锤头下压、连续打击和单次打击五种动作。这五种动作可适应不同的生产需要。

　　① 空转：操纵手柄 4，使锤头靠自重停在下砧铁上，此时电动机及传动部分空转，锻锤不工作。

　　② 锤头上悬：改变手柄 4 的位置，使锤头保持在上悬位置，这时可做辅助性工作，如放置锻件、检查锻件尺寸、清除氧化皮等。

　　③ 锤头下压：操纵手柄 4，使锤头向下压紧锻件，这时可进行弯曲或扭转等操作。

　　④ 连续打击：先使手柄 4 处于锤头上悬位置，踏下脚踏杆 8，使锤头做上、下往复运动，进行连续锻打。

　　⑤ 单次打击：操纵脚踏杆 8，使锤头由上悬位置进到连续打击位置，再迅速退回到上悬位置，使锤头打击后又迅速回到上悬位置，形成单次打击。

　　连续打击和单次打击打击力的大小是通过踏脚杆转角大小来控制的。

　　操作空气锤前，应检查锤杆、砧铁、砧垫等有无损伤、裂纹或松动。锻造过程中，锻件、冲子、剁刀等工具必须放平放正，以防飞出伤人。

　　2）蒸汽-空气自由锻锤。蒸汽-空气自由锻锤也是自由锻中较为常见的设备。它利用 0.6～0.9MPa 压力的蒸汽或压缩空气驱动锤头做上、下往复运动，并进行打击。它主要由锤身、气缸、落下部分和砧座等部分组成。所不同的是，机架结构及各部分尺寸皆比空气锤要大，锤头行程长，落下部分质量大，锻造打击力大，但需要配备蒸汽锅炉或空气压缩机等辅助设备。其规格也是以锤的落下部分的质量来表示的。常用的规格为500~5000kg，可锻50~700kg的中型锻件或较大型锻件。

（2）自由锻工具　自由锻常用的工具有锤子、摔模、压肩切割工具、冲子、漏盘、弯曲垫模、手钳等，如图6-3~图6-8所示。

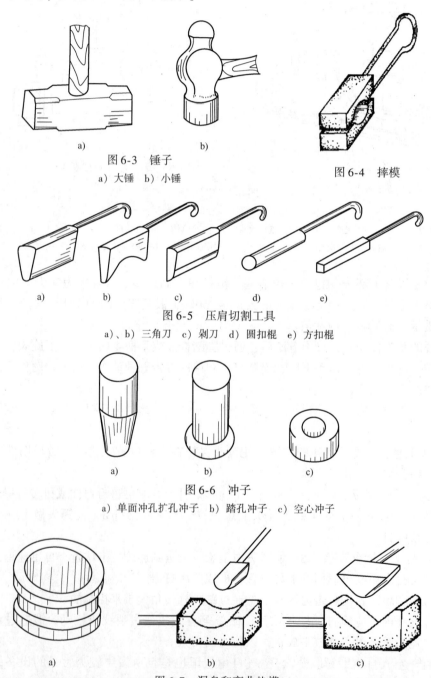

图6-3　锤子

a）大锤　b）小锤

图6-4　摔模

图6-5　压肩切割工具

a）、b）三角刀　c）剁刀　d）圆扣棍　e）方扣棍

图6-6　冲子

a）单面冲孔扩孔冲子　b）踏孔冲子　c）空心冲子

图6-7　漏盘和弯曲垫模

a）漏盘　b）弯曲垫模　c）弯曲垫模

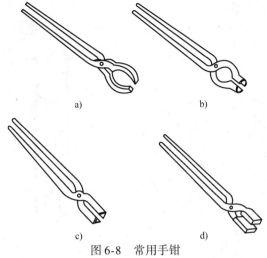

图 6-8 常用手钳

a）圆钳 b）圆口钳 c）方口虎钳 d）平口虎钳

2. 自由锻的基本工序及其操作

自由锻的基本工序有镦粗、拔长、冲孔、弯曲、切割、错移和扭转等。自由锻有手工自由锻和机器自由锻两种锻造方式。

（1）手工自由锻 手工自由锻是靠人力和手工工具使金属变形的，常用于小批量的小型锻件生产。由于其生产率极低，实际生产中较少使用。

手工自由锻由掌钳工和打锤工共同操作。掌钳工左手握钳，以夹持、移动和翻转工件；右手握锤子，指挥打锤工的操作。工件的变形量小时，掌钳工也可用锤子直接锻打工件。

打锤工站在铁砧的外侧，按指挥用大锤打击工件。打锤工的位置不要正对工件的轴线，以免工件或工具意外打飞，碰伤自己。

掌钳工和打锤工必须密切配合，掌钳工夹牢和放稳工件后提起锤子，表示要打锤工准备工作；掌钳工要求大锤在工件的某部位轻打或重打，就用锤子在欲锻的部位轻打（或重打）；掌钳工认为不需大锤锻打，就将锤子平放在砧面上，或用其他规定动作向打锤工表示，这时打锤工便应立即停止打锤。

1）镦粗。镦粗是使坯料横截面积增大、高度减小的锻造工序。镦粗可分为全镦粗（图 6-9a）、局部镦粗（图 6-9b）和垫环镦粗（图 6-9c）三种。

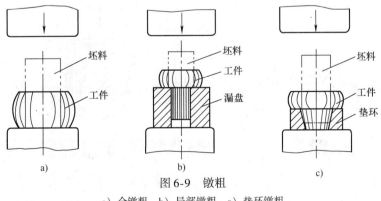

图 6-9 镦粗

a）全镦粗 b）局部镦粗 c）垫环镦粗

镦粗的操作方法及注意事项如下：

① 镦粗的坯料高度 h 与其直径 d 之比应小于2.5，否则会镦弯（图6-10）。

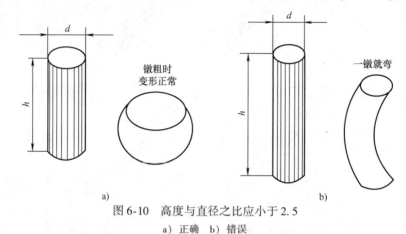

a) b)

图6-10 高度与直径之比应小于2.5

a) 正确 b) 错误

② 镦粗部分必须加热均匀，否则锻件变形不均匀，产生畸形，某些塑性差的材料还可能会镦裂。

③ 坯料的端面往往切得不平或与坯料轴线不垂直，因此，开始镦粗时应先用锤子轻击坯料端面，使端面平整并与坯料的轴线垂直，以免镦粗时镦歪。

④ 镦粗时，锻打力要重且正（图6-11a），否则工件会锻成细腰形。若不及时纠正，还会锻出夹层。如果锤打得不正，锤击力的方向与工件轴线不一致，则工件就会镦歪或镦偏（图6-11c）。工件镦歪后应及时纠正，一般通过带打法纠正，如图6-12和图6-13所示。带打法是指沿弧线轨迹对锻件进行锤打的方法。

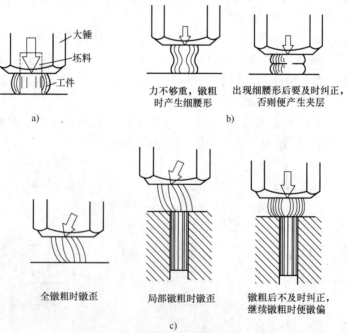

图6-11 镦粗时用力要重且正

a) 力要重且正 b) 力正，但不够重 c) 力重，但不正

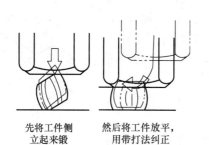

先将工件侧 然后将工件放平，
立起来锻 用带打法纠正

图 6-12　全镦粗时镦歪的纠正

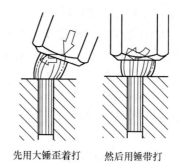

先用大锤歪着打 然后用锤带打

图 6-13　局部镦粗时镦歪的纠正

2）拔长。拔长是使坯料横截面减小、长度增加的锻造工序。

拔长的操作方法及注意事项如下：

① 拔长的工件，其所选的原材料直径应比工件的最大截面尺寸稍大，以保证有足够的金属弥补加热氧化损耗。

② 对于局部拔长的工件，或需分段逐步拔长的较长工件，应只加热拔长的部位，以减少金属的氧化损耗。

③ 局部拔长时，应在拔长前先压肩，以便作出平行和垂直于拔长方向的过渡部分。例如，圆截面的工件可用窄平锤压肩，方法如图 6-14 所示。

窄平锤
工件
铁砧

图 6-14　圆截面工件的压肩

④ 拔长的方法。矩形截面的工件是放在砧面上直接用大锤拔长的。操作时，要防止产生菱形（图 6-15），并不断翻转工件，即锻打一面后，翻转 90°锻打另一面，如此反复直至锻至所需尺寸。锻打时，注意控制工件的宽度与厚度比要小于2.5，否则翻转 90°后，锻打时会产生夹层。拔长后的平面用方锤修整。

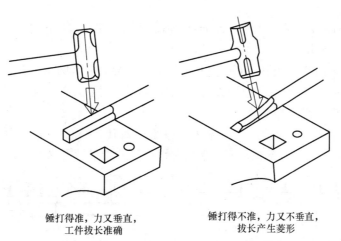

锤打得准，力又垂直，　　　　　锤打得不准，力又不垂直，
工件拔长准确　　　　　　　　　拔长产生菱形

a)　　　　　　　　　　　　　　b)

图 6-15　矩形截面工件的拔长

a）正确　b）错误

圆形截面的坯料可用摔模拔长，如图6-16所示。因摔模弧面的直径比坯料的直径小，因此开始拔长时，锻打的锤击力不宜太大，否则，摔模就会在工件表面上压出过深的槽，在修整后留下压痕。在拔长和修整过程中，应不断转动工件。若不用摔模，则应先将坯料锻成方形截面后，再进行拔长，当拔长到方形的边长接近工件所要求的直径时，将方形锻成八角形，最后倒棱滚打成圆形。

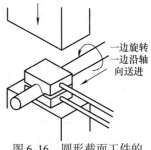

图6-16 圆形截面工件的拔长和修整

3）冲孔。冲孔是用冲子在坯料上冲出通孔或不通孔的锻造工序。

冲孔前，一般应先将坯料镦粗，使高度减小，横截面增加，尽量减少冲孔的深度及避免冲孔时坯料的胀裂。冲孔的坯料应加热到允许的最高温度，而且均匀热透，以便在冲子冲入后，坯料仍保持有足够的温度和良好的塑性，以防止工件冲裂或损坏冲子，冲完后，冲子也易于拔出。

冲通孔应分步进行，首先放正冲子，试冲；然后冲浅坑，撒煤粉；当冲至工件厚度达2/3时，翻转工件，冲透。试冲是为了保证孔的位置正确；冲浅坑时撒煤粉是为了使冲子易于从冲出的深孔中拔出；冲至工件厚度达2/3后，翻转工件，从反面冲通，这样可避免在孔的周围冲出飞边。冲孔过程中，冲子要经常蘸水冷却，以免受热退火变软。

4）弯曲。采用一定方法将坯料弯成规定外形的锻造工序称为弯曲。弯曲时，只需加热坯料的待弯部分，若加热部分过长，可先把不弯的部分蘸水冷却，然后再弯。

弯曲一般在铁砧的边缘或砧角上进行。弯曲的方法很多，如用锤子打弯、用叉架弯曲等。

5）切割。将坯料切断或劈开坯料的锻造工序称为切割。

切割时，工件放在砧面上，用錾子錾入一定的深度，然后将工件的錾口移到铁砧边缘錾断。若工件受切口形状限制，不宜移到铁砧边缘时，则应在砧面上放一铁片承托工件，以免切断时錾伤砧面。

6）扭转。使坯料一部分对另一部分绕着轴线旋转一定角度的锻造工序称为扭转。扭转应注意以下事项：

① 受扭部分表面必须光滑，断面全长应均匀，交界处应有圆角过渡，以免扭裂。

② 受扭部分应加热到金属允许的较高的始锻温度，并且加热均匀。

③ 扭转后，应缓慢冷却或热处理。

7）错移。错移是将坯料的一部分相对另一部分错开，但两部分轴线仍保持平行的锻造工序。错移前，应先在错移部位压肩，然后再锻打错开，最后再修整，如图6-17所示。

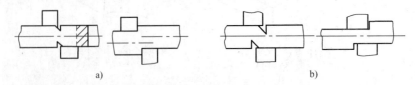

a)   b)

图6-17 错移

a）一个平面内错移　b）两个平面内错移

（2）机器自由锻　机器自由锻是利用机器产生的冲击力或压力使金属产生变形的。与手工自由锻相比，机器自由锻的劳动强度小，效率高，能锻各种大小规格的锻件，广泛应用于实际生产中。

机器自由锻的基本工序与手工自由锻相似，只是使金属变形所需的动力主要由机器提供。

1）镦粗。机器自由锻镦粗时，坯料的镦粗部分的高度与直径之比也应小于 2.5。操作时还应注意，锤头砧铁的工作面因经常磨损而变得不平整，因此每锻击一次，应立即将工件绕其轴线转动一下，以便获得均匀的变形，而不致镦偏或镦歪。

2）拔长。

① 方形截面工件的拔长。

a. 压肩。局部拔长时，要先压肩，方法如图 6-18 所示。

b. 锻打。锻打时，工件每次向砧铁上送进量应为砧铁宽度的 30%～70%。超过砧铁宽度的 80% 时，工件不易锻造变形，且金属易向宽的方向伸展，降低拔长的效率。

锻打时，还应注意每次打击的压下量应等于或小于进给量，避免产生夹层。

拔长时，工件应放平并不断翻转，使工件在拔长过程中经常保持近于方形。一般坯料的翻转方法如图 6-19a 所示；大

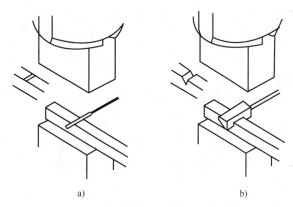

图 6-18　方料的压肩
a）先用小直径扣棍压出痕　b）再用适当形状的压铁压出肩来

型坯料的拔长是先锻平工件的一面，再翻转 90°锻另一面，反复拔长，如图 6-19b 所示。但在锻打工件的每一面时，应注意工件的宽度与厚度之比应小于 2.5，以防止夹层产生。

c. 修整。修整方形或矩形截面的工件时，应沿下砧铁的长度方向进给，以增加工件与砧铁间的接触面积。

② 圆截面坯料的局部拔长。先用压肩摔模压肩。拔长时，也应先锻方至边长等于要求的圆直径，再将工件打成八方，然后用摔模摔成圆形。这种方法拔长的效率高，而且可

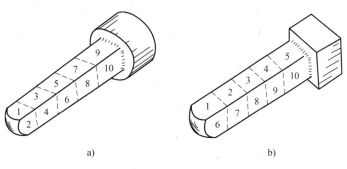

图 6-19　拔长的操作方法
a）一般坯料　b）大型坯料

避免工件端部呈喇叭形或出现内部裂纹和夹层。圆截面的工件在拔长后直接用摔模修整。

3）冲孔。分双面冲孔和单面冲孔，单面冲孔适用于坯料较薄的工件，双面冲孔适用于坯料较厚的工件，如图 6-20 所示。当需冲的孔径较大时（一般大于 400mm），可用空心冲头冲孔。

4）切割。切割方截面坯料时，先用剁刀截入工件至快断时，将工件翻转 180°，再用

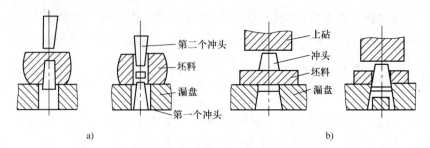

图 6-20 实心冲头冲孔

a) 双面冲孔 b) 单面冲孔

小剁刀将工件断开。切割圆截面坯料时，应在砧铁上放上剁垫，然后将工件放在剁垫上，用剁刀沿工件圆周逐渐截入剁断。

5) 弯曲。在空气锤上进行弯曲时，用锤的上砧铁将工件压在锤砧的下砧铁上，将欲弯的部分露出，然后由人工用锤将工件打弯，如图 6-21a 所示；也可在弯曲垫模中弯曲，如图 6-21b 所示。

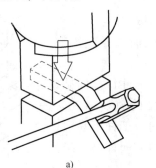
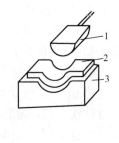

图 6-21 弯曲

a) 用锤打弯 b) 在弯曲垫模中弯曲

1—模芯 2—锻坯 3—垫模

3. 典型锻件自由锻工艺示例

1) 手工自由锻典型示例见表 6-3 和表 6-4。

表 6-3 螺母锻造工艺过程

锻件名称	螺 母	工艺类别	手工自由锻
材 料	低碳钢	始锻温度	1250℃
加热火次	1~2 次	终锻温度	800℃
锻 件 图		毛 坯 图	

序 号	工序名称	工序简图	工具名称
1	镦粗		尖嘴钳
2	冲孔		尖嘴钳、圆冲子、漏盘、抱钳

（续）

序 号	工序名称	工序简图	工 具 名 称
3	打六方		圆嘴钳、圆冲子、六角槽垫、方（或窄）平锤、样板
4	倒锥面		尖嘴钳、窝子

表6-4 羊角锤锻造工艺过程

锻件名称	羊 角 锤	工 艺 类 别	手工自由锻
材 料	中 碳 钢	始锻温度	1100℃
加热火次	2~3次	终锻温度	850℃

锻 件 图	坯 料 图

序 号	工序名称	工序简图	工 具 名 称
1	冲孔		尖嘴钳、方冲子、漏盘、方平锤（修整用）
2	打八方		方口钳、窄平锤、钢直尺、尖嘴钳、方平锤（修整用）
3	切割		方口钳、錾子、钢直尺
4	错移		方口钳、窄平锤

（续）

序 号	工序名称	工序简图	工具名称
5	拔长		方口钳、尖嘴钳、方平锤（修整用）
6	切割（劈料）	铁皮	方口钳、錾子

2）机器自由锻典型示例见表6-5。

表 6-5　齿轮坯自由锻工艺过程

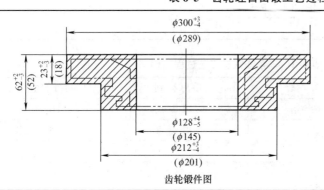

锻件材料：45 钢
生产数量：2020 件
规格：$\phi120\times220$
设备：750kg 空气锤

齿轮锻件图

序 号	工序名称	简 图	操作方法	使用工具
1	镦粗	$\phi160$ / 124	为除去氧化铁皮，用平砧镦粗至 $\phi160\,\mathrm{mm}\times124\,\mathrm{mm}$	火钳
2	垫环局部镦粗	$\phi288$ / 40 / $\phi160$	由于锻件带有单面凸肩，坯料直径比凸肩直径小，采用垫环局部镦粗	火钳、镦粗垫环
3	冲孔	$\phi80$	双面冲孔	火钳、$\phi80\,\mathrm{mm}$ 冲子
4	冲头扩孔	$\phi128$	扩孔分两次进行，每次径向扩孔量分别为 25mm、23mm	火钳、$\phi105\,\mathrm{mm}$ 和 $\phi128\,\mathrm{mm}$ 冲子
5	修整	$\phi212$ / 62 / $\phi128$ / $\phi300$ / 23	边旋转边轻打至外圆 $\phi300^{+3}_{-4}\,\mathrm{mm}$ 后，轻打平面至 $62^{+2}_{-3}\,\mathrm{mm}$	火钳、冲子、镦粗漏盘

6.2.3　锻件的冷却

正确地加热和合理地锻造，可以获得较高质量的锻件。但不适当的锻后冷却，会使锻件产生翘曲，表面硬度提高，甚至产生裂纹，使锻件报废。所以锻件锻后的正确冷却是锻造工艺中一道很重要的工序。

锻件的冷却有三种方式，即空冷、坑冷和炉冷。

（1）空冷　将锻后的锻件散放于空气中冷却。此方法最简便，冷却速度快，适用于低碳钢的小型锻件。锻件散放时，要注意行人与周围环境的安全。

（2）坑冷　将锻后的锻件放于有干砂的坑内或堆在一起冷却。此方法冷却速度大大低于空冷，适用于中碳钢的中小型锻件。

（3）炉冷　将锻后的锻件立即放入加热炉内，随炉一起冷却。此方法冷却速度最慢，通过调节炉温，可控制冷却速度，通常适用于高碳钢锻件。

此外，为了使金属获得所需的组织和性能，一般在机械加工前，需对锻件进行热处理，如退火、正火等。

复习思考题

1. 与铸造相比，锻造在成形原理、工艺方法、特点和应用上有何不同？

2. 简述空气锤的工作原理。

3. 锻造前，金属坯料加热的作用是什么？加热温度是不是越高越好？为什么？可锻铸铁加热后是否也可以锻造？为什么？

4. 锻坯加热产生氧化有何危害？氧化皮的多少与哪些因素有关？减少或防止锻坯氧化和脱碳的措施有哪些？

5. 自由锻有什么特点？

6. 何谓镦粗？锻件的镦歪、镦斜及夹层是怎么产生的？应如何防止和纠正？

7. 坯料是在圆形截面下还是在方形截面下进行镦粗为好？为什么？

8. 何谓拔长？加大拔长的送进量是否可以加速锻件的拔长过程？为什么？送进量过小又会造成什么危害？

9. 锻造中哪些情况下要求先压肩？

10. 冲孔前，一般为什么都要进行镦粗？一般的冲孔件（除薄锻件外）为什么都采用双面冲孔的方法？双面冲孔的操作要点有哪些？

11. 实心圆截面光轴及空心光环锻件应选用哪些锻造工序进行锻造？

12. 空气锤的"三不打"指的是什么？为什么要有这样"三不打"的要求？

第7章 焊接成形

【教学目的和要求】

1. 熟悉焊接成形生产工艺过程、特点和应用。

2. 了解焊条的组成及作用，了解酸性焊条和碱性焊条的性能特点，熟悉结构钢焊条的牌号。

3. 了解焊条电弧焊电源的种类和主要技术参数、焊条、焊接接头形式、坡口形式及不同空间位置的焊接特点。

4. 熟悉焊接成形工艺参数及其对焊接质量的影响，了解常见的焊接成形缺陷，了解典型焊接结构的生产工艺过程。

5. 了解气焊设备、气焊火焰、焊丝及焊剂的作用。

6. 了解其他常用焊接成形方法（埋弧自动焊、气体保护焊、电阻焊、钎焊等）的特点和应用。

【焊接成形安全技术】

1. 焊条电弧焊的安全操作

（1）防止触电　操作前应检查焊机是否接地，焊钳、电缆和绝缘鞋是否绝缘良好，不允许赤手接触导电部分等。

（2）防止弧光伤害和烫伤　焊接时，必须戴好手套、面罩、护脚套等防护用品，不得用眼直接观察电弧。工件焊完后，应用手钳夹持，不允许直接用手拿。除渣时，应防止焊渣烫伤。

（3）保证设备安全　焊钳严禁放在工作台上，以免短路烧坏焊机。发现焊机或线路发热烫手时，应立即停止工作。焊接现场不得堆放易燃易爆物品。

2. 气焊的安全操作

1）操作前，应戴好防护眼镜和手套。

2）点火前，应检查气路各连接处是否畅通，有无堵塞现象。如有堵塞，应排除堵塞。

3）氧气瓶及各个气路部分均不得沾染油脂，以防燃烧爆炸。

4）严格按规定程序进行点火及关闭气焊设备操作。

5）如发生回火现象，应立即关闭乙炔阀，然后关闭氧气阀；待回火熄灭后，将焊嘴用水冷却，然后打开氧气阀，吹去焊炬内的烟灰后，再重新点火使用。

7.1 焊接成形概述

焊接成形是通过加热或加压，或两者并用，并且用或不用填充材料，使工件达到原子结合的一种加工方法。焊接不仅可以使金属材料永久地连接起来，而且也可以使某些非金属材料达到永久连接的目的，如玻璃、塑料等。

74

焊接成形是现代工业中用来制造或修理各种金属结构和机械零件、部件的主要方法之一。作为一种永久性连接的加工方法，它已基本取代铆接工艺。与铆接相比，它具有节省材料，减小结构质量，简化加工与装配工序，接头密封性好，能承受高压，易于实现机械化、自动化、提高生产率等一系列特点。焊接工艺已被广泛应用于造船、航空航天、汽车、矿山机械、冶金、电子等工业部门。

焊接的种类很多，按焊接过程的工艺特点和母材金属所处的表面状态不同，通常把焊接方法分为熔焊、压焊和钎焊三大类。

（1）熔焊　通过一个集中的热源，产生足够高的温度，将工件接合处局部加热到熔化状态，凝固冷却后形成焊缝而完成焊接的方法。

（2）压焊　焊接过程中不论对工件加热与否，都必须通过对工件施加一定的压力，使两个接合面紧密接触，促进原子间产生结合作用，以获得两个工件牢固连接的焊接方法。

（3）钎焊　采用比工件熔点低的金属材料作为钎料，将工件和钎料加热到高于钎料熔点，且低于工件熔点的温度，利用液态钎料润湿母材，填充接头间隙，并与母材相互扩散，实现连接工件的方法。

常用焊接方法的具体分类如下：

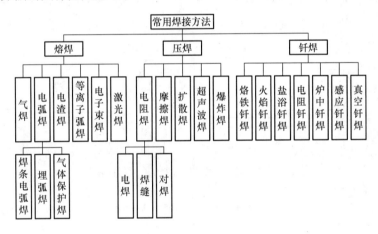

7.2　电弧焊

电弧焊包括焊条电弧焊、埋弧焊和气体保护焊。它是利用电弧产生的热量使工件接合处的金属成熔化状态，互相融合，冷凝后结合在一起的一种焊接方法。这种方法的电源可以用直流电，也可以用交流电。它所需设备简单，操作灵活，是生产中使用最广泛的一种焊接方法。

7.2.1　电弧焊原理与焊接过程

1. 焊接电弧

焊接电弧是在具有一定电压的两电极间，在局部气体介质中产生的强烈而持久的放电现象。产生电弧的电极可以是焊丝、焊条或钨棒以及工件等。焊接电弧如图 7-1 所示。

引燃电弧后，弧柱中就充满了高温电离气体，放出大量的热能和强烈的光。电弧的热量与焊接电流和电弧电压的乘积成正比，电流越大，电弧产生的总热量就越大。一般情况下，电弧热量在阳极区产生的较多，约占总热量的43%；阴极区因放出大量的电子，消耗了一部分能量，所以产生的热量较少，约占总热量的36%；其余21%左右的热量是由电弧中带电微粒相互摩擦而产生的。焊条电弧焊只有65%～85%的热量用于加热和熔化金属，其余的热量则损失在电弧周围和飞溅的金属液滴中。

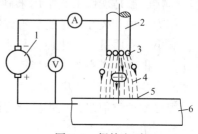

图 7-1　焊接电弧
1—电焊机　2—焊条　3—阴极区
4—弧柱　5—阳极区　6—工件

电弧中阳极区和阴极区的温度因电极材料性能（主要是电极熔点）不同而有所不同。用钢焊条焊接钢材时，阳极区温度约为2600K，阴极区温度约为2400K，电弧中心区温度较高，可达到6000～8000K，因气体种类和电流大小而异。使用直流弧焊电源时，当工件厚度较大，要求较大热量、迅速熔化时，宜将工件接电源正极，焊条接负极，这种接法称为正接法；当要求熔深较小，焊接薄钢板及非铁金属时，宜采用反接法，即将焊条接正极，工件接负极，如图7-2所示。

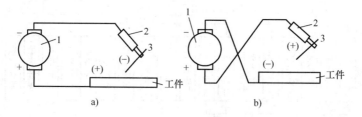

图 7-2　直流弧焊电源时的正接与反接
a）正接　b）反接
1—弧焊整流器　2—焊钳　3—焊条

如果焊接时使用的是交流电焊机，因为电极每秒钟正负变化达100次之多，所以两极加热温度一样，都在2500K左右，因而不存在正接和反接的区别。

2. 电弧焊焊接过程

由于焊条（或焊丝）与工件之间是具有电压的，当它们相互接触时，相当于电弧焊电源短接，由于接触点很大，短路电流很大，则产生了大量电阻热，使金属熔化，甚至蒸发、汽化，引起强烈的电子发射和气体电离。这时，再把焊条（或焊丝）与工件之间拉开一段距离（3～4mm），这样，由于电源电压的作用，在这段距离内，形成很强的电场，又促使电子发射产生；同时，会加速气体的电离，使带电粒子在电场作用下，向两极定向运动。电弧焊电源不断地供给电能，新的带电粒子不断得到补充，形成连续燃烧的电弧。

电弧热使工件和焊芯（或焊丝）发生熔化形成熔池。为了防止或减轻周围有害气体或介质对熔池金属的侵害，必须对熔池进行保护。在焊条电弧焊中，这是通过焊条药皮的作用来实现的。电弧热使焊条的药皮熔化和分解，药皮熔化后与液态金属发生物理化学反应，所形成的熔渣不断从熔池中浮起，对熔池加以覆盖保护；药皮受热分解产生大量 CO_2、CO 和 H_2 等保护气体，围绕在电弧周围并笼罩住熔池，防止了空气中氧和氮的侵入。在埋弧焊和气体保护焊中，则是通过采用焊剂和保护气体等来对熔池进行保护的。

当电弧向前移动时，工件和焊条（焊丝）不断熔化汇成新的熔池。原来的熔池则不断冷却凝固，构成连续的焊缝。焊条电弧焊的焊接过程如图 7-3 所示。

焊缝质量由很多因素决定，如工件基体金属和焊条的质量、焊前的清理程序、焊接时电弧的稳定情况、焊接参数、焊接操作技术、焊后冷却速度以及焊后热处理等。

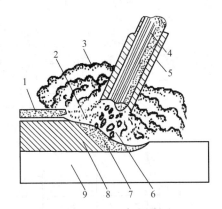

图 7-3 焊条电弧焊的焊接过程

1—固态渣壳　2—液态熔渣　3—气体
4—焊条芯　5—焊条药皮　6—金属熔滴
7—熔池　8—焊缝　9—工件

7.2.2 焊接接头与焊接位置

1. 焊接接头形式

常用的焊接接头形式有对接接头、角接接头、T 形接头及搭接接头四种，如图 7-4 所示。选择焊接接头形式，应从产品结构、受力条件及加工成本等方面考虑。对接接头受力比较均匀，是最常见的接头形式，重要的受力焊缝应尽量选用。搭接接头因两部分工件不在同一平面，受力时将产生附加弯矩，而且金属消耗量也大，一般应避免采用；但搭接接头不需要开坡口，装配时尺寸要求不高，对某些受力不大的平面连接与空间构架，采用搭接接头可节省工时。角接接头与 T 形接头受力情况都比对接接头复杂，但接头呈直角或一定角度连接时，必须采用这种接头形式。

2. 坡口形式

对厚度在 6mm 以下的工件进行焊接时，一般可不开坡口直接焊成，即 I 形坡口。但当工件的厚度大于 6mm 时，为了保证焊透，接头处应根据工件厚度预制出各种形式的坡口。常用的坡口形式及角度如图 7-4 所示。Y 形坡口和 U 形坡口用于单面焊，其焊接性较好，但焊后角变形较大，焊条消耗量也大些。双 Y 形坡口双面施焊，受热均匀，变形较小，焊条消耗量较小，但有时受结构形状限制。U 形坡口根部较宽，允许焊条深入，容易焊透，但因坡口形状复杂，一般只在重要的受动载的厚板结构中采用。双单边 V 形坡口（K 形坡口）主要用于 T 形接头和角接接头的焊接结构中。

3. 焊接位置

在实际生产中，一条焊缝可以在空间不同的位置施焊，按焊缝在空间所处的位置，可分为平焊、立焊、横焊和仰焊四种，如图 7-5 所示。平焊操作方便，劳动条件好，生产率高，焊缝质量容易保证，是最合适的位置；立焊、横焊位置次之；仰焊位置最差。

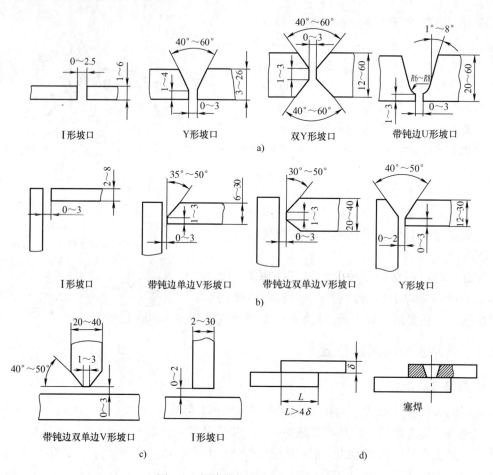

I形坡口　　　　Y形坡口　　　　双Y形坡口　　带钝边U形坡口

a)

I形坡口　　带钝边单边V形坡口　带钝边双单边V形坡口　　Y形坡口

b)

带钝边双单边V形坡口　　　I形坡口　　　　　　　　　　　塞焊

c)　　　　　　　　　　　　　　　　　　　　　　　d)

图 7-4　焊接接头形式与坡口形式

a）对接接头　b）角接接头　c）T 形接头　d）搭接接头

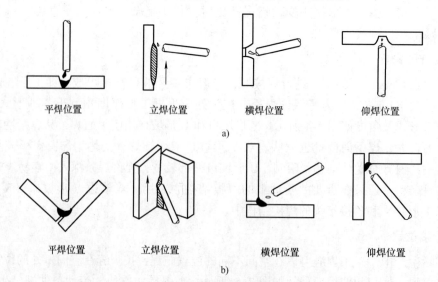

平焊位置　　　　立焊位置　　　　横焊位置　　　　仰焊位置

a)

平焊位置　　　　立焊位置　　　　横焊位置　　　　仰焊位置

b)

图 7-5　焊缝的空间位置

a）对接接头　b）角接接头

7.2.3 焊条电弧焊

焊条电弧焊是用手工操作焊条进行焊接的电弧焊方法，是目前最常用的焊接方法之一。

1. 焊条电弧焊设备与工具

（1）电弧焊对弧焊电源的要求

1）合适的外特性。焊接电源输出电压与输出电流之间的关系，称为焊接电源的外特性。焊条电弧焊时，为了保证电弧的稳定燃烧和引弧容易，电源的外特性必须是下降的，如图 7-6 所示。图中 U_0 为电焊机的空载电压，I_0 为短路电流。下降的外特性不但能保证电弧稳定燃烧，而且能保证在短路时不会产生过大的电流，从而起到保护电焊机不被烧坏的作用。

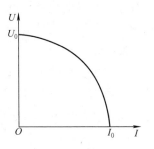

图 7-6　电焊机的
下降外特性曲线

2）适当的空载电压。从容易引燃电弧和电弧稳定燃烧的角度考虑，要求电焊机的空载电压越高越好，但过高的空载电压将危及焊工的安全。因此，从安全角度考虑，又必须限制电焊机的空载电压。我国生产的电焊机，直流电焊机的空载电压不高于 90V，交流电焊机的空载电压不高于 85V。

3）良好的动特性。焊接时，为了适应各种不同的工件和各种焊接位置，有时要变化电弧的长短，为了不使电弧因拉长而熄灭，则要求焊接电流和电压也要随着电弧的长短变化而变化，这就是弧焊电源的动特性。动特性良好的电焊机，引弧容易，电弧燃烧稳定，电弧突然拉长也不易熄灭，飞溅物少。

4）可以灵活调节焊接参数。为了适应各种焊接工作的需要，焊接电源的输出电流应能在较宽范围调节，一般最大输出电流应为最小输出电流的 4～5 倍以上。电流的调节应方便灵活。

（2）弧焊电源　焊条电弧焊所使用的弧焊电源有交流和直流两大类。

1）交流弧焊电源。交流弧焊电源是一种特殊的降压变压器。该弧焊电源的特性：引弧后，随着电流的增加，电压急剧下降；而当焊条与工件短路时，则短路电流并不很大。它能提供很大的焊接电流，并可根据需要进行调节。空载时，弧焊电源的电压为 60～70V；当电弧稳定时，电压会下降到正常的工作电压范围内，即 20～30V。

弧焊变压器的焊接电流调节分为粗调和细调两种。粗调是通过改变线圈的抽头接法来调节的；细调是通过转动调节手柄来实现的。

2）直流弧焊电源。直流弧焊电源分为弧焊发电机、弧焊整流器和弧焊逆变器三种。

① 弧焊发电机实际上是一种直流发电机，在电动机或柴油机的驱动下，直接发出焊接所需的直流电。弧焊发电机结构复杂、效率低、能耗高、噪声大，目前已逐渐被淘汰。

② 弧焊整流器是一种通过整流元件（如硅整流器或晶闸管桥等）将交流电变为直流电的弧焊电源。弧焊整流器具有结构简单、坚固耐用、工作可靠、噪声小、维修方便和效率高等优点，已被大量应用。常用的弧焊整流器的型号有 ZX3 - 160、ZX5 - 250 等。其中，3 和 5 分别为动线圈式和晶闸管式；160 和 250 为额定电流（单位为 A）。

③ 弧焊逆变器是一种新型、高效、节能的直流焊接电源，它是将交流电整流后，又将直流变成中频交流电，再经整流后，输出所需的焊接电流和电压。弧焊逆变器具有电流波动

小、电弧稳定、重量轻、体积小、能耗低等优点，已得到越来越广泛的应用。它不仅可用于焊条电弧焊，还可用于各种气体保护焊、等离子弧焊、埋弧焊等多种弧焊方法。弧焊逆变器有 ZX7 – 315 等型号。其中，7 为逆变式；315 为额定电流（单位为 A）。

（3）焊条电弧焊工具　焊条电弧焊工具主要有焊钳、面罩、护目玻璃等。焊钳用来夹紧焊条和传导电流；护目玻璃用来保护眼睛，避免强光及有害紫外线的损害。辅助工具有尖头锤、钢丝刷、代号钢印等。

2. 焊条

焊条电弧焊使用的焊条是由焊芯和药皮两部分组成的，如图 7-7 所示。焊芯是一根金属棒，它既作为焊接电极，又作为填充焊缝的金属，药皮则用于保证焊接顺利进行并使焊缝具有一定的化学成分和力学性能。

图 7-7　焊条的结构
1—药皮　2—焊芯　3—焊条夹持部分

（1）焊芯　焊芯是组成焊缝金属的主要材料，它的化学成分和非金属夹杂物的多少将直接影响焊缝的质量。焊芯的直径即为焊条直径，最小为 1.6mm，最大为 8mm，常用焊条的直径和长度规格见表 7-1。

表 7-1　常用焊条的直径和长度规格

焊条直径/mm	2.0~2.5	3.2~4.0	5.0~5.8
焊条长度/mm	250~300	350~400	400~450

（2）药皮　焊芯的外部涂有药皮，它是由矿物质、有机物、铁合金等的粉末和水玻璃（粘结剂）按一定比例配制而成的，其作用是便于引弧及稳定电弧，保护熔池内的金属不被氧化及弥补被烧损的合金元素以提高焊缝的力学性能。药皮粘涂在焊芯上经烘干后使用。

（3）焊条的种类及型号　按药皮类型不同，电焊条可分为酸性焊条和碱性焊条两类。药皮成分以酸性氧化物（SiO_2、TiO_2、Fe_2O_3）为主的焊条，称为酸性焊条，常用的酸性焊条有钛钙型焊条等。使用酸性焊条时，电弧较稳定，适应性强，适用于交、直流弧焊电源，但是焊缝的力学性能一般，抗裂性较差。药皮以碱性氧化物（CaO、FeO、MnO、Na_2O）为主的焊条，称为碱性焊条，常用的碱性焊条其药皮是以碳酸盐和氟石为主的低氢型焊条。碱性焊条引弧困难，电弧不够稳定，适应性较差，仅适用于直流弧焊电源；但是焊缝的力学性能和抗裂性能较好，适用于较重要的或力学性能要求较高的工件的焊接。另外，根据被焊金属的不同，电焊条还可分为碳钢焊条、不锈钢焊条、铸铁焊条、铜及铜合金焊条、铝及铝合金焊条等。

3. 焊接工艺

为了获得质量优良的焊接接头，必须选择合理的焊接参数。焊条电弧焊的焊接参数包括焊条直径、焊接电流、焊接速度和电弧长度等。

（1）焊条直径 焊条直径主要取决于工件的厚度。影响焊条直径的其他因素还有接头形式、焊接位置和焊接层数等。平焊对接时，焊条直径的选择见表7-2。

表7-2 焊条直径的选择

工件厚度/mm	<4	4~12	>12
焊条直径/mm	2~3.2	3.2~4	>4

（2）焊接电流 应根据焊条的直径来选择焊接电流。焊接低碳钢时，焊接电流和焊条直径的关系可由下列经验公式确定，即

$$I = (30 \sim 55)d$$

式中，I 为焊接电流（A）；d 为焊条直径（mm）。

实际工作时，还要根据工件厚度、焊条种类、焊接位置等因素来调整焊接电流的大小。焊接电流过大时，熔宽和熔深增大，飞溅增多，焊条发红发热，使药皮失效，易造成气孔、焊瘤和烧穿等缺陷；焊接电流过小时，电弧不稳定，熔宽和熔深均减小，易造成未熔合、未焊透及夹渣等缺陷。选择焊接电流的原则：在保证焊接质量的前提下，尽量采用较大的焊接电流，并配以较大的焊接速度，以提高生产率。焊接电流初步确定后，要经过试焊，检查焊缝质量和缺陷，才能最终确定。

（3）焊接速度 焊接速度指焊条沿焊接方向移动的速度，它直接关系焊接生产率。为了获得最大的焊接速度，应在保证质量的前提下，采用较大的焊条直径和焊接电流。初学者要注意避免焊接速度太快。

（4）电弧长度 电弧长度指焊芯端部与熔池之间的距离。电弧过长时，燃烧不稳定，熔深减小，并且容易产生缺陷。因此，操作时应采用短电弧，一般要求电弧长度不超过焊条直径。

4. 焊条电弧焊操作技术

（1）引弧 焊条电弧焊常用的引燃电弧方法有两种，如图7-8所示。

1）敲击法（图7-8a）：该方法不会损坏工件表面，是生产中常用的引弧方法，但是引弧的成功率较低。

2）摩擦法（图7-8b）：该方法操作方便，引弧效率高，但是容易损坏工件表面，故较少采用。

引弧时，若发生焊条与工件粘在一起，可将焊条左右摇动后拉开。焊条的端部如存有药皮时，会妨碍导电，所以在引弧前应将其敲去。

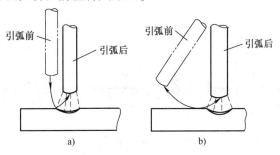

图7-8 引弧方法

a）敲击法 b）摩擦法

（2）焊条角度与运条方法 焊接操作中，必须掌握好焊条的角度和运条的基本动作，如图 7-9 和图 7-10 所示。

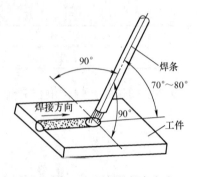

图 7-9 平焊的焊条角度

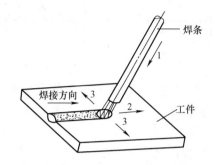

图 7-10 运条的基本动作
1—向下送进 2—沿焊接方向移动 3—横向移动

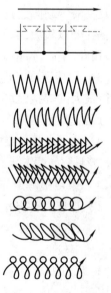

如图 7-10 所示，运条时，焊条有 1、2、3 三个基本运动，这三个动作组成各种形式的运条，如图 7-11 所示。实际操作时，不可限于这些图形，而要根据熔池形状和大小灵活调整运条动作。焊薄板时，焊条可做直线移动；焊厚板时，焊条除做直线移动外，同时还要有横向移动，以保证得到一定的熔宽和熔深。

（3）焊缝的收尾 焊缝收尾时，焊缝末尾的弧坑应当填满。通常是将焊条压近弧坑，在其上方停留片刻，将弧坑填满后，再逐渐抬高电弧，使熔池逐渐缩小，最后拉断电弧。其他常见的焊缝收尾方法如图 7-12 所示。

1）划圈收尾法。利用手腕动作做圆周运动，直到弧坑填满后再拉断电弧。

2）反复断弧收尾法。在弧坑处，连续反复地熄弧和引弧，直到填满弧坑为止。

3）回焊收尾法。当焊条移到收尾处，即停止移动，但不熄弧，仅适当地改变焊条的角度，待弧坑填满后，再拉断电弧。

图 7-11 运条方法

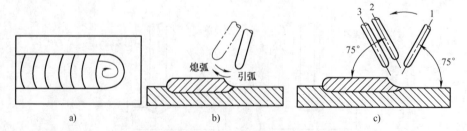

图 7-12 焊缝收尾法
a）划圈收尾法 b）反复断弧收尾法 c）回焊收尾法

7.2.4 其他电弧焊方法

1. CO₂ 气体保护焊

CO_2 气体保护焊是以 CO_2 作为保护气体的一种电弧焊方法。它用可熔化的焊丝作为电极，以自动或半自动方式进行焊接；目前，以半自动焊应用较多。

与其他焊接方式相比，CO_2 气体保护焊的优点：在 CO_2 气体的保护下，电弧的穿透力强，熔深大，焊丝的熔化率高，所以其生产率可比焊条电弧焊高 1~3 倍；同时，CO_2 气体来源广，价格低，能耗少，故焊接成本低；CO_2 气体保护焊是明弧焊，可以清楚地看到焊接过程，如同焊条电弧焊一样灵活，适合各种位置的焊接。

2. 氩弧焊

氩弧焊是用惰性气体氩气作为保护气体的一种气体保护电弧焊，又可分为熔化极氩弧焊和非熔化极氩弧焊两种。

非熔化极氩弧焊用钨-铈合金棒作为电极，又称钨极氩弧焊，如图 7-13 所示。在钨极氩弧焊中，电极不熔化，需另外用焊丝作为填充金属。钨极氩弧焊的焊接过程稳定。由于氩气的保护效果好，氩气不与任何金属反应，故钨极氩弧焊更适合于易氧化金属、不锈钢、高温合金、钛及钛合金以及难熔金属（如钼、铌、锆等）材料的焊接。

钨极氩弧焊的设备配置主要有焊接电源、焊枪、供气系统、焊接控制装置等部分。当冷却不充分而需要水冷时，还可备有供水系统。氩弧焊机按电源性质不同，有直流氩弧焊机、交流氩弧焊机和脉冲氩弧焊机三种类型。

由于钨极的载流能力有限，电弧的功率受到一定的限制，所以焊缝的熔深较浅、焊接速度较慢，钨极氩弧焊一般仅适用于焊接厚度小于 6mm 的工件。目前，钨极氩弧焊广泛用于飞机制造、石油化工及纺织等工业中。

为了适应厚件的焊接，在钨极氩弧焊的基础上，发展了熔化极氩弧焊，如图 7-14 所示。在熔化极氩弧焊中，焊丝既是电极，又是填充金属。熔化极氩弧焊允许采用大电流，因而工件熔深较大，焊接速度快，生产率高，变形小。它可用于铝及铝合金、铜及铜合金、不锈钢、高合金钢等材料的焊接。

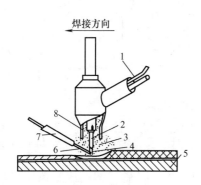

图 7-13 钨极氩弧焊

1—电流导体 2—非熔化钨极 3—保护气体
4—电弧 5—铜垫板 6—焊接填充丝
7—焊接填充丝导管 8—气体喷嘴

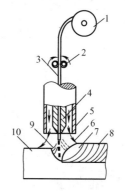

图 7-14 熔化极氩弧焊

1—焊丝盘 2—送丝滚轮 3—焊丝 4—导电嘴
5—保护气体喷嘴 6—保护气体 7—熔池 8—焊缝金属
9—电弧 10—母材

3. 埋弧焊

埋弧焊有半自动焊和自动焊两大类，通常所说的埋弧焊均指后者。埋弧自动焊的焊接参数可以自动调节，是一种高效率的焊接方法。它可以采用大的焊接电流，熔深大，不开坡口一次可焊透 20 ~ 25mm 的钢板，而且焊缝接头质量高，成形美观，力学性能好，很适合于中、厚板的焊接，但不适于薄板焊接，在造船、锅炉、化工设备、桥梁及冶金机械制造中获得广泛应用。它可焊接的钢种包括碳素结构钢、低合金钢、不锈钢、耐热钢及复合钢材等。但是，埋弧焊只适于平焊位置对接和角接的平、直、长焊缝或较大直径的环焊缝。

7.3 气焊

气焊是利用气体火焰作为热源，并使用焊丝来充当填充金属的焊接方法。气焊通常使用的气体是乙炔（可燃气体）和氧气（助燃气体），乙炔在纯氧中的燃烧温度可达 3150℃，其他可燃气体还有丙烷（液化石油气）等。

与电弧焊相比，气焊热源的温度较低，热量分散，焊接热影响区约为电弧焊的三倍，焊接变形严重，接头质量不高，生产率低。但是气焊火焰温度易于控制，操作简便，灵活性强，无需电能。气焊适宜于焊接 3mm 以下的低碳钢薄板、铸铁、铜、铝等非铁金属及其合金等。

7.3.1 气焊设备

气焊所用设备主要有乙炔发生器或乙炔瓶、氧气瓶、减压器、回火防止器和焊炬等，如图 7-15 所示。

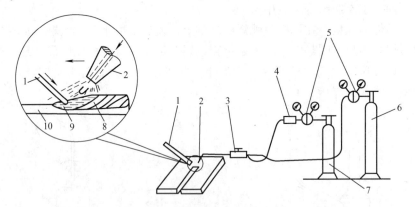

图 7-15 气焊原理及设备连接示意图

1—焊丝 2—焊嘴 3—焊炬 4—回火防止器 5—减压器 6—氧气瓶 7—乙炔瓶
8—焊缝 9—熔池 10—工件

焊炬又称焊枪，是气焊的主要工具之一。焊炬的作用是将氧气和乙炔气按比例均匀混合，然后从焊嘴喷出，点火后形成氧乙炔焰。各种型号的焊炬均备有 3 ~ 5 个不同规格的焊嘴，以便焊接不同厚度工件时进行更换。按气体混合方式不同，焊炬分为射吸式和等压式两种，其中射吸式焊炬（图 7-16）应用较为广泛。

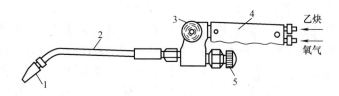

图 7-16　射吸式焊炬

1—焊嘴　2—混合管　3—乙炔阀门　4—手柄　5—氧气阀门

7.3.2　气焊工艺与操作

1. 气焊火焰

氧乙炔焰由三个部分组成，即焰心、内焰和外焰。控制氧气和乙炔气的体积比（其体积以 $V_氧$ 与 $V_{乙炔}$ 表示），可得到以下三种不同性质的火焰，如图 7-17 所示。

（1）中性焰（$V_氧/V_{乙炔}=1.1\sim1.2$）　中性焰又称正常焰。火焰各部分温度分布如图 7-18 所示，其内焰的温度达 3000～3150℃。所以，焊接时，熔池和焊丝的端部应位于焰心前 2～4mm。中性焰适用于低碳钢、中碳钢、合金钢及铜合金的焊接。

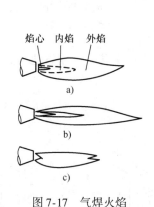

图 7-17　气焊火焰

a) 中性焰　b) 碳化焰　c) 氧化焰

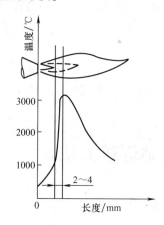

图 7-18　中性焰的温度分布

（2）碳化焰（$V_氧/V_{乙炔}<1.0$）　碳化焰中氧气偏少而乙炔气过多，故燃烧不完全。碳化焰的火焰长度大于中性焰，温度稍低，最高温度为 2700～3000℃。碳化焰的内焰中有过多的 CO，具有一定的还原作用。碳化焰适用于高碳钢、铸铁和硬质合金等材料的焊接。碳化焰焊接其他材料时，会使焊缝金属增碳，变得硬而脆。

（3）氧化焰（$V_氧/V_{乙炔}>1.2$）　氧化焰中氧气较多，燃烧较剧烈。氧化焰的火焰长度较短，但温度可达 3100～3300℃。氧化焰对熔池有氧化作用，一般不采用，仅适于黄铜的焊接。

2. 焊丝和焊剂

气焊时，使用不带涂料的焊丝作为焊缝的填充金属，并根据工件的厚度来选择焊丝直径，根据不同的工件分别选择低碳钢、铸铁、铜、铝等焊丝。焊接时，焊丝在气体燃烧火焰的作用下熔化成滴状，过渡到焊接熔池中，形成焊缝金属。气焊对焊丝有以下要求：保证焊缝金属的化学成分和性能与母材金属相当，所以有时就直接从母材上切下条料作为焊丝；焊丝表面光洁，无油脂、锈斑和油漆等污物；具有良好的工艺性能，流动性适中，飞溅小。

气焊有时还需加焊剂，焊剂相当于电焊条的药皮，用来溶解和清除工件上的氧化膜，并在熔池表面形成一层熔渣，保护熔池不被氧化，排除熔池中的气体、氧化物及其他杂质，改善熔池金属的流动性等，从而获得优质接头。

3. 气焊操作方法

（1）点火、调节火焰与熄火　点火前，先微开氧气阀门，再打开乙炔阀门，然后点燃火焰。开始时的火焰应该是碳化焰，然后逐步打开氧气阀门，将碳化焰调节成中性焰。熄火时，应先关闭乙炔阀门，后关闭氧气阀门。

（2）平焊的操作　气焊时，一般用左手拿焊丝，右手拿焊炬，两手动作应协调，沿焊缝向左或向右焊接。焊嘴轴线的投影应与焊缝重合，同时要注意掌握好焊炬与工件的夹角 α，如图 7-19 所示，工件越厚，α 越大。在焊接开始时，为了较快地加热工件和迅速形成熔池，α 应大些；正常焊接时，一般保持 α 为 $30° \sim 50°$；当焊接结束时，α 应适当减小，以保证更好地填满弧坑和避免焊穿。

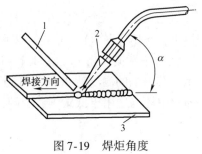

图 7-19　焊炬角度
1—焊丝　2—焊嘴　3—工件

焊接时，应先将工件熔化形成熔池，然后再将焊丝适量地熔入熔池内，形成焊缝。焊炬移动的速度以能保证工件熔化，并使熔池具有一定的形状为准。

7.4　其他焊接方法

7.4.1　电渣焊

电渣焊是利用电流通过液体熔渣所产生的电阻热来进行焊接的方法。根据所使用的电极形状不同，电渣焊可分为丝极电渣焊、板极电渣焊和熔嘴电渣焊等。

电渣焊的焊接过程如图 7-20 所示。焊接电源的两极分别接在电极和工件上，焊接开始时先引弧，利用电弧热将焊剂熔化形成渣池，随着渣池液面升高将电弧淹没熄灭，电流通过渣池时，产生大量的电阻热，将渣池加热到很高的温度（不低于 2000K）。高温的渣池把热量传送给电极和工件，使它们与熔渣接触的部分熔化，电极熔化后的熔滴下沉至下部，与熔化的工件形成熔池，熔渣则浮

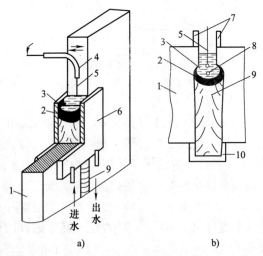

进水　出水

a)　　　　　　b)

图 7-20　电渣焊的焊接过程
1—工件　2—金属熔池　3—渣池　4—导电嘴
5—焊丝　6—强迫成形装置　7—引出板
8—金属熔滴　9—焊缝　10—引弧板

在上面。电渣焊时，焊缝处于竖直或接近竖直的位置，焊丝不断送进，渣池和熔池不断升高，熔池底部温度逐渐降低，并在冷却成形滑块的强制作用下凝固形成焊缝。焊接过程中，渣池中的熔渣会产生剧烈的涡流，故整个渣池的温度较均匀。

7.4.2　电阻焊

电阻焊是利用强电流通过工件接头的接触面及邻近区域产生的电阻热把工件加热到塑性状态或局部熔化状态，再在压力作用下形成牢固接头的一种压焊方法。这种焊接方法是电阻热起着最主要的作用，故称电阻焊。根据焊接接头的形式可将其分为点焊、缝焊和对焊三种基本方法，如图 7-21 所示。

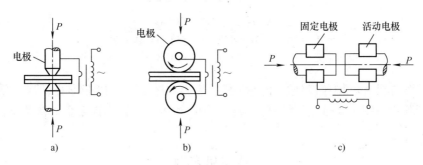

图 7-21　电阻焊的基本形式

a）点焊　b）缝焊　c）对焊

7.4.3　钎焊

钎焊是采用熔点比工件低的钎料作为填充金属，加热时钎料熔化而将工件连接起来的焊接方法。钎焊的过程：将表面清理好的工件以搭接形式装配在一起，把钎料放在接头间隙附近或接头间隙之间；当工件与钎料被加热到稍高于钎料熔点的温度后，钎料熔化（此时工件不熔化），借助毛细管作用，钎料被吸入并充满固态工件间隙，液态钎料与工件金属相互扩散溶解，冷凝后即形成钎焊接头。根据钎料熔点的不同，钎焊可分为硬钎焊与软钎焊两类。钎料熔点在 450℃ 以上、接头强度在 200MPa 以上的称为硬钎焊。属于这类的钎料有铜基钎料、银基钎料和镍基钎料等。钎料熔点在 450℃ 以下、接头强度较低的钎焊称为软钎焊。这种钎焊只用于焊接受力不大、工作温度较低的工件。其常用的钎料是锡铅合金，所以通称锡焊。

在钎焊过程中，一般都需要使用熔剂，即钎剂。其作用：清除被焊金属表面的氧化膜及其他杂质，改善钎料流入间隙的性能（即润湿性），保护钎料及工件不被氧化。因此，它对钎焊质量影响很大。软钎焊时，常用的钎剂为松香或氯化锌溶液。硬钎焊钎剂的种类较多，主要由硼砂、硼酸、氟化物、氯化物等组成，应根据钎料种类选择使用。

7.4.4　等离子弧焊接

不受外界条件约束的电弧称之为自由电弧。自由电弧在压缩喷嘴的作用下，弧柱区的横截面受到压缩，即成为等离子弧。与自由电弧相比，等离子弧的能量密度和温度显著增大。弧柱中心温度可达 18000～24000K。等离子弧焊就是利用高能量的等离子弧进行焊接的，如

图7-22所示。等离子弧焊接时，电极周围的气体被电弧电离而形成等离子，它有一定的保护作用。同时，等离子弧焊时，还采用惰性气体（如氩气等）保护熔池不受污染。

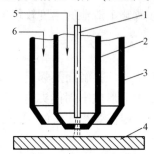

图7-22 等离子弧焊接

1—电极 2—压缩喷嘴 3—保护气罩 4—工件
5—等离子气 6—保护气体

等离子弧焊具有焊接速度快、生产率高、热影响区小、焊接变形小、焊接质量高等优点。等离子弧焊适用于高熔点、易氧化的合金钢、不锈钢、镍和镍合金、钛及钛合金等零件的焊接。

复习思考题

1. 简述电弧焊和气焊的安全操作技术要求。
2. 常用焊条电弧焊电源有哪几种？说明你在实习中使用的焊条电弧焊电源的主要参数。
3. 画出焊条电弧焊操作时焊接设备的线路连接示意图，说明各组成部分的名称。
4. 焊条分为几个部分？各部分有何作用？
5. 焊条电弧焊的工艺规范包括哪些内容？应该怎样选择？
6. 画简图表示气焊操作时所用设备及连接情况，说明所用设备的名称和作用。
7. 气焊火焰分哪几种？怎样区别？怎样获得？各种火焰分别适合于何种材料？
8. 钎焊时，钎料和钎剂的作用是什么？
9. 电弧焊、气焊、电阻焊和钎焊有哪些不同？

第3篇 切削加工训练与实践

第8章 车削加工

【教学目的和要求】

1. 了解车床的型号、熟悉卧式车床的组成、运动、传动系统及用途，并能正确操作。

2. 掌握车外圆、车端面、钻孔和车孔的方法。

3. 了解车槽、车断及锥面、成形面、螺纹的车削方法。

4. 了解轴类、盘套类零件装夹方法的特点及常用附件的结构和用途。

5. 能正确使用常用的刀具、量具及夹具。

6. 能独立加工一般的零件，具有一定的操作技能和车工工艺知识。

【车削加工安全技术】

1. 穿戴合适的工作服，女同学长发要压入帽内，严禁戴手套操作。

2. 开机前要认真检查机床的运动部位以及电气开关是否在安全可靠的位置。

3. 工件和刀具装夹要牢固可靠，床面上不准放工具、夹具、量具及其他物件。

4. 工作时，头不可离工件太近，以防飞屑伤眼，必要时需戴防护目镜。

5. 车床开动时，不得测量工件，不得用手触摸工件，不得用手直接清除切屑，停车时不得用手去制动转动的卡盘。禁止在车床开动过程中变换主轴转速。

6. 自动横向或纵向进给时，严禁床鞍或中滑板超过极限位置，以防滑板脱落或撞卡盘而发生人身、设备安全事故。

7. 工作结束后，关闭电源、清除切屑、清洁机床、加油润滑，保持工作环境整洁，做到文明实训。

8.1 车削加工概述

车削是机械加工的主要工艺之一，是在车床上利用工件的旋转运动和刀具的连续移动来加工工件的。车削时，工件的旋转为主运动，车刀的移动为进给运动。车刀可做纵向、横向或斜向的直线进给运动加工不同的表面。

车床的加工范围很广，主要加工各种回转表面，其中包括端平面、外圆、内圆、锥面、螺纹、回转成形面、回转沟槽以及滚花等，如图8-1所示。卧式车床加工尺寸公差等级可达IT8~IT7，表面粗糙度 Ra 值可达 $1.6\mu m$。

机器中带有回转表面的零件很多，因此，车床在机械制造业中应用广泛，需求量很大。

无论是在大批量生产，还是在单件小批量生产以及机械维护修理方面，车削加工都占有重要的地位。车床的种类很多，常见的有卧式车床、转塔车床、立式车床、自动及半自动车床、数控车床等。其中，卧式车床应用最广。

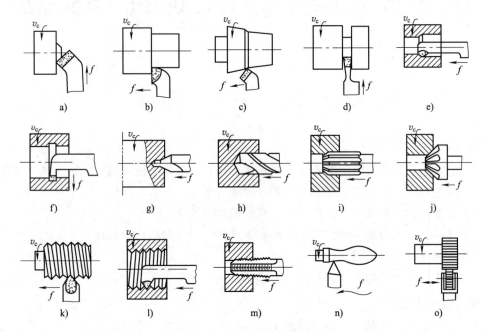

图 8-1　车床的加工范围

a) 车端面　b) 车外圆　c) 车外锥面　d) 车槽、车断　e) 车孔　f) 车内槽　g) 钻中心孔　h) 钻孔
i) 铰孔　j) 锪锥孔　k) 车外螺纹　l) 车内螺纹　m) 攻螺纹　n) 车成形面　o) 滚花

8.2　卧式车床

图 8-2 所示为 CA6140 卧式车床外形。在编号 CA6140 中，C 表示车床类；A 表示第一次改进；61 表示卧式车床；40 表示床身上最大工件回转直径的 1/10，即最大工件回转直径为 400mm。

CA6140 卧式车床主要由床身、床头箱、进给箱、溜板箱、床鞍、刀架、尾座及床腿等部分组成。

刀架用来夹持车刀并使其做纵向、横向或斜向进给运动，由床鞍（又称大刀架、大拖板）、中滑板（又称中刀架、中拖板、横刀架）、转盘、小滑板（又称小刀架、小拖板）和方刀架组成，如图 8-3 所示。床鞍与溜板箱连接，带动车刀可沿床身导轨做纵向移动。中滑板沿床鞍上面的导轨做横向移动。转盘用螺栓与中滑板紧固在一起。松开螺母，转盘可在水平面内扳转任意角度。小滑板沿转盘上面的导轨做短距离移动。将转盘扳转某一角度后，小滑板便可带动车刀做相应的斜向移动，用于车削锥面。方刀架用于夹持刀具，可同时夹持四把车刀。

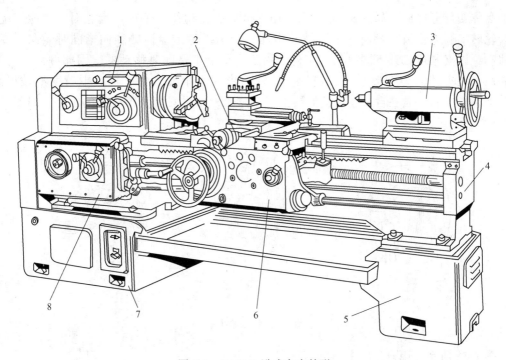

图 8-2　CA6140 卧式车床外形

1—主轴箱　2—刀架系统　3—尾座　4—床身　5—右床腿　6—溜板箱　7—左床腿　8—进给箱

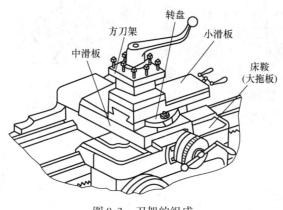

图 8-3　刀架的组成

8.3　卧式车床操作要点

8.3.1　工件的安装

在卧式车床上安装工件时应使被加工表面的回转中心与车床主轴的回转中心重合，以保证工件的正确位置；同时还要将工件夹紧，以承受切削力，保证车削时的安全。卧式车床最常用的夹具是自定心卡盘。

自定心卡盘如图 8-4a 所示。其结构主要由三个卡爪、三个小锥齿轮、一个大锥齿轮和卡盘体四部分组成，如图8-4b所示。当三爪扳手转动任一个小锥齿轮时，均能带动大锥齿轮转动，大锥齿轮背面的平面螺纹带动三个卡爪沿卡盘体的径向槽同时做向心或离心移动，以夹紧或松开不同直径的工件。由于三个卡爪是同时移动的，因此可自行对中，主要用来装夹截面为圆形、正三边形、正六边形的中小型工件。其对中精度不是很高，为0.05~0.15mm。若在自定心卡盘上换上三个反爪，即可安装直径较大的工件，如图8-4c所示。

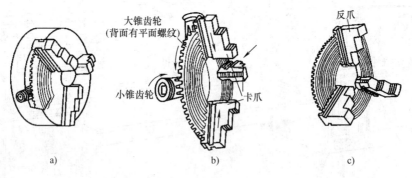

图8-4 自定心卡盘

图8-5a所示是用自定心卡盘的正爪安装小直径工件。安装时先轻轻拧紧卡爪，低速开动车床观察工件端面是否摆动（即工件端面是否与主轴轴线基本垂直），然后再牢牢地夹紧工件。安装过程中需注意在满足加工条件的情况下，尽量减小伸出量。图8-5b所示是用自定心卡盘的反爪安装直径较大的工件，安装过程中需用小锤轻敲工件使其贴紧卡爪的台阶面。

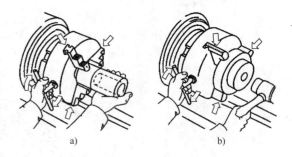

图8-5 用自定心卡盘安装工件

8.3.2 车刀的安装

车刀须正确牢固地安装在刀架上，如图8-6所示。车刀安装正确与否，直接影响车削能否顺利进行和工件的加工质量。装夹车刀时必须注意以下几点：

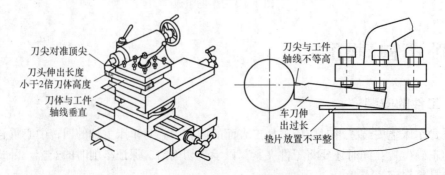

图8-6 车刀的安装

1）车刀装夹在刀架上的伸出部分应尽量短，以增强其刚性。伸出长度为刀柄厚度的1~1.5 倍。车刀下面垫片的数量要尽量少（一般为 1~2 片），并与刀架边缘对齐，且至少用两个螺钉平整压紧，以防振动。

2）车刀刀尖应与工件中心等高。车刀刀尖高于工件轴线时，会使车刀的实际后角减少，车刀副后刀面与工件之间的摩擦增大；车刀刀尖低于工件轴线时，会使车刀的实际前角减小，切削阻力增大；刀尖不对中心，在车至端面中心时会留有凸头。使用硬质合金车刀时，若忽视这一点，车到工件中心处会使刀尖崩碎。通常采用下列方法使车刀刀尖对准工件中心：

① 根据车床的主轴中心高，用金属直尺测量安装高度装刀。

② 根据机床尾座顶尖的高低装刀。

③ 将车刀靠近工件端面，目测判断车刀的高低，然后夹紧车刀，试车端面，再根据端面的中心来调整车刀。

安装好工件和车刀后，一定要检查工件的加工极限位置，即将刀具摇到工件加工表面的极限位置上，用手转动主轴，检查卡盘、拨盘、卡箍与刀具、中滑板等有无碰撞或干涉的可能，以避免车刀走到加工极限位置附近时发生安全事故。

8.3.3　刻度盘及其手柄的使用

车削工件时要准确、迅速地控制背吃刀量，必须熟练使用中滑板和小滑板的刻度盘。

中滑板刻度盘装在横向丝杠轴的端部，中滑板和横向丝杠的螺母紧固在一起。当中滑板手柄带着刻度盘转动一周时，丝杠也转一周，这时螺母带着中滑板移动一个螺距。所以中滑板移动的距离（单位为 mm）可根据刻度盘上的格数来计算，即

$$刻度盘每转 1 格中滑板移动的距离 = \frac{丝杠螺距}{刻度盘格数}$$

加工外表面时，车刀向工件中心移动为进刀，远离中心为退刀；加工内表面时，则相反。

由于丝杠与螺母之间有间隙，进刻度时必须慢速地将刻度盘转到所需的格数，如图 8-7a所示；如果发现刻度盘手柄摇过了头而需将车刀退回时，绝不能直接退回，如图 8-7b 所示；这时必须向相反方向摇动半周左右，消除丝杠螺母的间隙，再摇到所需要的格数，如图 8-7c所示。

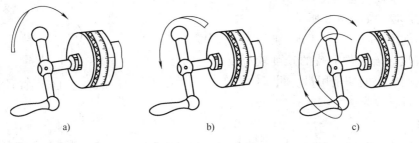

a)　　　　　　　　b)　　　　　　　　c)

图 8-7　进刻度的方法

a)、c) 正确　b) 错误

小滑板刻度盘的原理及其使用方法和中滑板刻度盘相同。小滑板刻度盘主要用于控制工件长度方向的尺寸。与加工圆柱面不同的是，小滑板的移动量就是工件长度的切削量。

8.3.4 车削步骤

在车床上安装工件和车刀以后即可开始车削加工。加工中必须按照如下步骤进行。

1）开动车床对零点。确定刀具与工件的接触点，作为进给的起点，对零点时必须开动车床，因为这样不仅可以找到刀具与工件最高处的接触点，而且也不易损坏车刀。

2）沿进给反方向移出车刀。

3）按给定的进给量进给。

4）开始切削。

如需再切削，可将车刀沿进给反方向移出，再按给定的背吃刀量进行切削。如不再切削，则应先将车刀沿给定的背吃刀量的反方向退出，脱离工件的已加工表面，再沿进给反方向退出车刀。

8.3.5 粗车和精车

车削一个零件，往往需要经过多次进给才能完成。为了提高生产效率，保证加工质量，生产中常把车削加工分为粗车和精车（零件精度要求高需要磨削时，车削分为粗车和半精车）。

1. 粗车

粗车的目的是尽快从工件上切去大部分加工余量，使工件接近最后的形状和尺寸。粗车要给精车留有合适的加工余量，而尺寸精度和表面质量则要求较低，粗车后尺寸公差等级一般为 IT14 ~ IT11，表面粗糙度 Ra 值一般为 50 ~ 12.5μm。

实践证明，加大背吃刀量不仅可以提高生产率，而且对车刀寿命影响不大。因此，粗车时应优先选用较大的背吃刀量，根据需要可适当加大进给量，最后选用中等或中等偏低的切削速度。

在 CA6140 卧式车床上使用硬质合金车刀粗车时，切削用量的选用范围：背吃刀量 a_p 取 2 ~ 4mm；进给量 f 取 0.15 ~ 0.40mm/r；切削速度 v_c 因工件材料不同而略有不同，切削钢时取 50 ~ 70m/min，切削铸铁时可取 40 ~ 60m/min。

粗车铸件时，因工件表面有硬皮，如果背吃刀量过小，刀尖容易被硬皮碰坏或磨损。因此第一刀的背吃刀量应大于硬皮厚度，如图 8-8 所示。

选择切削用量时，取决于加工时工件的刚度和工件装夹的牢固程度。若工件夹持的长度较短或表面凹凸不平时，则应选用较小的切削用量。粗车给精车（或半精车）留的加工余量一般为 0.5 ~ 2mm。

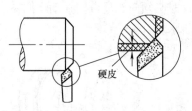

硬皮

图 8-8 粗车铸件的背吃刀量

2. 精车

精车的目的是要保证零件的尺寸精度和表面粗糙度等要求，尺寸公差等级可达 IT8 ~ IT7，表面粗糙度 Ra 值可达 1.6μm。

精车时，完全靠刻度盘确定背吃刀量来保证工件的尺寸精度是不够的，因为刻度盘和丝杠的螺距均有一定误差，往往不能满足精车的要求。必须采用试切的方法来保证工件精车的尺寸精度。现以图8-9所示的车外圆为例，说明试切的方法与步骤。

图8-9a～e所示为试切的一个循环。如果尺寸合格，就以该背吃刀量车削整个表面；如果未到尺寸，就要自图8-9f所示步骤起重新进刀、切削、度量，如果试车尺寸小了，必须按图8-9c所示的方法加以纠正继续试切，直到试切尺寸合格以后才能车削整个表面。

精车的另一个突出问题是保证加工表面的表面粗糙度要求。减小表面粗糙度Ra值的主要措施如下：

1）选择几何形状合适的车刀。采用较小的副偏角κ_r'，或刀尖磨有小圆弧均能减小残留面积，使Ra值减小。

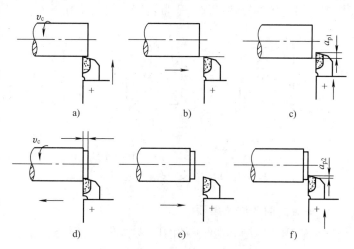

图8-9 试切的方法与步骤

a）开车对刀 b）向右退出车刀 c）横向进刀a_{p1} d）切削1～2mm

e）退刀测量 f）未到尺寸，再进刀a_{p2}

2）选用较大的前角γ_o，并用磨石把车刀的前面和后面打磨得光一些，使Ra值减小。

3）合理选择精车时的切削用量。生产实践证明，车削钢件时较高的切削速度（$v_c >$100m/min）或较低的切削速度（$v_c < 5$m/min）都可获得较小的Ra值。采用低速切削时，生产率较低，一般只有在刀具材料为高速钢或精车小直径工件时才采用。选用较小的背吃刀量对减小Ra值较为有利。但背吃刀量过小（$a_p = 0.03 \sim 0.05$mm），因工件上原有凹凸不平的表面不能完全切除而达不到要求。采用较小的进给量可使残留面积减小，因而有利于减小Ra值。精车的切削用量选择范围推荐：背吃刀量a_p取$0.3 \sim 0.5$mm（高速精车）或$0.05 \sim 0.10$mm（低速精车），进给量f取$0.05 \sim 0.20$mm/r，用硬质合金车刀高速精车钢件切削速度v_c取$100 \sim 200$m/min，高速精车铸件取$60 \sim 100$m/min。

4）合理使用切削液也有助于减小表面粗糙度值。低速精车钢件使用乳化液，低速精车铸铁件多用煤油。

8.4 车削加工工艺

8.4.1 车端面

对工件端面进行车削的方法称为车端面。

1. 端面的车削方法

车端面时常用45°车刀从工件外向中心进给车削，如图8-10a所示。直径较小的端面常用右偏刀进行车削。当偏刀从外向中心进给时，用副切削刃进行切削，背吃刀量较大时容易扎刀，使工件端面产生凹面，如图8-10b所示。如果从中心向外进给切削时，则由主切削刃进行切削，不会产生凹面，如图8-10c所示。对于直径较大的端面常用左偏刀由外向中心进行切削，切削条件较好，加工质量较高，如图8-10d所示。

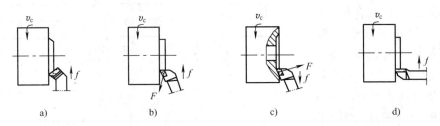

图8-10 车端面的几种情况

a) 45°车刀车端面 b) 右偏刀从外向中心车端面 c) 右偏刀从中心向外车端面 d) 左偏刀车端面

2. 车端面时的注意事项

1）车刀的刀尖应对准工件的回转中心，否则会在端面中心留下凸台。

2）由于工件中心处的线速度较低，为使整个端面获得较好的表面质量，车端面的转速比车外圆的转速要高一些。

3）车削直径较大的端面时应将床鞍锁紧在床身上，以防因床鞍移动而产生让刀现象。

8.4.2 车外圆及台阶

常用的外圆车刀和车外圆的方法如图8-11所示。尖刀主要用于车没有台阶或台阶不大的外圆，并可倒角；弯头车刀用于车外圆、端面、倒角和有45°斜台阶的外圆；主偏角为90°的右偏刀，车外圆时背向力（径向力）很小，常用于车细长轴和有直角台阶的外圆。精车外圆时，车刀的前面、后面均需用磨石磨光。

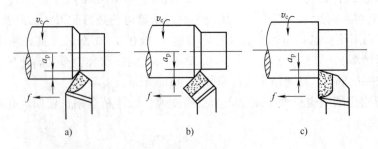

图8-11 车外圆

a) 尖刀车外圆 b) 45°弯头车刀车外圆 c) 右偏刀车外圆

台阶的车削实际上是车外圆和车端面的综合。其车削方法与车外圆没有显著的区别，但在车削时需要兼顾外圆的尺寸精度和台阶长度。

车削高度为5mm以下的低台阶时，可在车外圆时同时车出，如图8-12所示。由于台阶面应与工件轴线垂直，所以必须用90°右偏刀车削。装刀时要使主切削刃与工件轴线垂直。

车削高度为 5mm 以上的直角台阶时，装刀时应使主偏角大于 90°，然后分层纵向进给车削，如图 8-13a 所示。在末次纵向进给后，车刀横向退出，车出 90°台阶，如图 8-13b 所示。

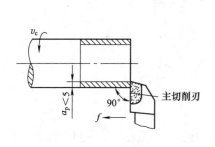

图 8-12 车削低台阶

偏刀主切削刃和工件轴线约成
95°，分多次纵向进给车削

a)

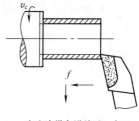

在末次纵向进给后，车刀
横向退出，车出90°台阶

b)

图 8-13 车削高台阶

通常控制台阶长度尺寸的方法如下：

（1）刻线法 用车刀刀尖在台阶所在位置处刻出细线痕迹，然后再车削。

（2）用床鞍纵向进给刻度盘控制台阶长度 CA6140 卧式车床床鞍进给刻度盘 1 格等于 1mm，可根据台阶长度计算出刻度盘应转过的格数。

（3）用小滑板刻度盘控制长度 对于台阶长度尺寸要求较高且长度较短时，可用小滑板刻度盘控制其长度。

8.4.3 孔加工

1. 钻孔

在车床上钻孔如图 8-14 所示，先把工件装夹在卡盘上，钻头安装在尾座套筒的锥孔内。钻孔前先车平端面，调整好尾座位置并紧固于床身上，然后起动车床，摇动尾座手柄使钻头慢慢进给，为了排出切屑，需要经常退出钻头。钻削钢料要不断注入切削液。钻孔进给不能过快，以免折断钻头，一般钻头越小，进给量越小，但切削速度可加大。

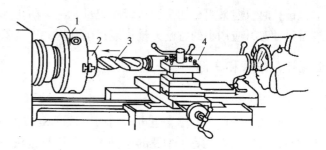

图 8-14 在车床上钻孔
1—卡盘 2—工件 3—钻头 4—尾座

2. 铰孔

为了提高孔的精度和减小表面粗糙度值，常用铰刀对钻孔或扩孔后的工件进行精加工。铰刀分为机用铰刀和手用铰刀两种，机用铰刀为锥柄，手用铰刀为直柄，如图 8-15 所示。铰孔的加工孔尺寸公差等级可达 IT7 ~ IT6，加工表面粗糙度 Ra 值为 $1.6 ~ 0.4\mu m$。

铰孔加工余量很小，刀齿容屑槽很浅，因而铰刀的齿数比较多，刚性和导向性好，工作更平稳。铰刀只能修正孔的形状精度、提高孔径尺寸精度和减小表面粗糙度值，不能修正孔轴线的歪斜。

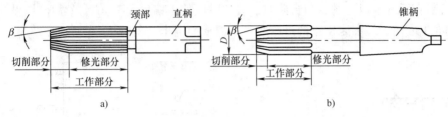

图 8-15 铰刀的结构

a）手用铰刀 b）机用铰刀

3. 镗孔

在车床上车孔也称镗孔。镗孔是对钻、铸或锻出的孔的进一步加工，以达到图样上的技术要求，如图 8-16 所示。

在车床上镗通孔与车削外圆基本相同，只是横向进刀和退刀方向相反。但是因刀杆直径比外圆车刀要细得多，而且伸出很长，因此往往因刀杆刚性不足而引起振动，所以背吃刀量和进给量都要比车外圆时小些，切削速度也要小 10%～20%。镗不通孔时，由于排屑困难，所以进给量应更小些。镗孔刀尽可能选择粗壮的刀杆，刀杆装在刀架上时，伸出长度只要略大于孔的深度即可，这样可减少因刀杆太细太长而引起

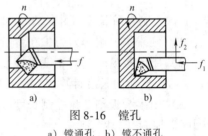

图 8-16 镗孔

a）镗通孔 b）镗不通孔

的振动。装刀时，刀杆中心线必须与进给方向平行，刀尖应对准工件中心，精车或车小孔时可略装高一点。

镗孔时，应采用试切法调整背吃刀量。为了防止因刀杆细长所造成的锥度，当孔径接近最后尺寸时，应用小的背吃刀量重复车削几次，以消除锥度。

8.4.4 车槽和车断

1. 车槽

在车床上既可车外槽，也可车内槽，如图 8-17 所示。车削精度不高或宽度较窄的矩形沟槽时，可以用刀宽等于槽宽的车槽刀，采用直进法一次车出，如图 8-17a 所示；精度要求较高或比较宽的沟槽，可采用左右进刀法切削，并在槽的两侧留一定的精车余量，然后根据槽深、槽宽精车至尺寸，如图 8-17b 所示；车内沟槽与车外沟槽方法相似，只是采用内沟槽刀，如图 8-17c 所示。车削较小的圆弧形槽，一般用成形车刀车削；车削较大的圆弧形槽，可用双手控制法车削，用样板检查修整。车削较小的梯形槽，一般用成形车刀；车削较大的梯形槽，通常先车直槽，然后用梯形刀车削至要求尺寸。

2. 车断

车断要用车断刀。车断刀的形状与车槽刀相似，如图 8-18 所示，车断工作一般在卡盘上进行，避免用顶尖安装工件。车断处应尽可能靠近卡盘。安装车断刀时，刀尖必须与工件中心等高，否则车断处将留有凸台，且易损坏刀头，如图 8-19 所示。在保证刀尖能车到工件中心的前提下，车断刀伸出刀架之外的长度应尽可能短些。手动进给时，进给要均匀，在即将车断时一定要放慢进给速度，以防刀头折断。

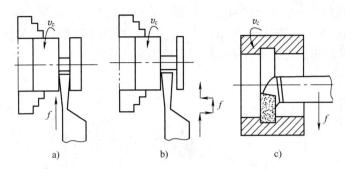

图 8-17　车槽

a）直进法车外沟槽　b）左右进刀法切外沟槽　c）车内沟槽

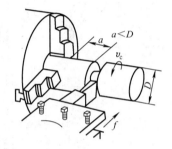

图 8-18　在卡盘上车断

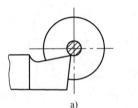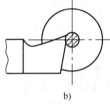

图 8-19　车断刀刀尖应与工件中心等高

a）车断刀安装过低，刀头易压断

b）车断刀安装过高，刀具后面顶住工件，不易切削

8.4.5　车锥面

在机器中除采用内外圆柱面作为配合表面外，还常采用内外圆锥面作为配合面。例如，尾座套筒的锥孔与顶尖和钻头锥柄的配合等。内外圆锥面配合具有配合紧密、拆装方便、多次拆装仍能保持精确的定心作用等优点，因此，锥面广泛应用于定位准确、传递一定转矩和经常拆卸的配合件上。

1. 圆锥面各部分的名称、代号及计算公式

图 8-20 所示为圆锥面的基本参数，其中，K 为锥度，α 为圆锥角（$\alpha/2$ 称为圆锥斜角），D 为大端直径，d 为小端直径，L 为圆锥的轴向长度。它们之间的关系为

图 8-20　圆锥面的基本参数

$$K = \frac{D - d}{L} = 2\tan\frac{\alpha}{2}$$

当 $\alpha/2 < 6°$ 时，$\alpha/2$ 可用下列近似公式进行计算，即

$$\frac{\alpha}{2} \approx 28.7° \frac{D - d}{L}$$

2. 车锥面的方法

车锥面的方法有三种：小滑板转位法、尾座偏移法和宽刀法。

（1）小滑板转位法 小滑板转位法车锥面如图 8-21 所示。根据零件的圆锥角 α，把小滑板下面的转盘顺时针或逆时针扳转 $\alpha/2$ 后再锁紧。当用手缓慢而均匀地转动小滑板手柄时，刀尖则沿着锥面的素线移动，从而加工出所需要的锥面。

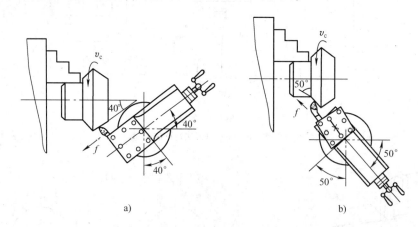

图 8-21 小滑板转位法车锥面

a）车右锥面 b）车左锥面

小滑板转位法车锥面操作简便，可加工任意锥角的内外锥面，但加工长度受小滑板行程的限制（CA6140 卧式车床小滑板行程为 100mm），不能自动进给，需手动进给，劳动强度较大，表面粗糙度 Ra 值为 $6.3 \sim 3.2\mu m$。小滑板转位法主要用于单件小批量生产中，车削精度较低和长度较短的内外锥面。

（2）尾座偏移法 尾座主要由尾座体和底座两部分组成，如图 8-22a 所示。底座用压板和固定螺钉紧固在床身上，尾座体可在底座上做横向位置调节。当松开固定螺钉而拧动两个调节螺钉时，即可使尾座体在横向移动一定的距离，如图 8-22b 所示。

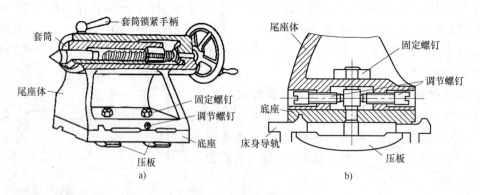

图 8-22 尾座

a）尾座的结构 b）尾座体可以横向调节

尾座偏移法车锥面如图 8-23a 所示，工件安装在前后顶尖之间，将尾座体相对底座在横向向前或向后偏移一定的距离 S，使工件回转轴线与车床主轴轴线的夹角等于工件圆锥斜角 $\alpha/2$，即使圆锥面的素线与车床主轴轴线平行，当刀架自动或手动纵向进给时即可车出所需的锥面。

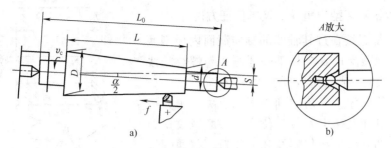

图 8-23　尾座偏移法车锥面

若工件总长为 L_0 时，尾座偏移量 S 的计算公式为

$$S = \frac{D-d}{2L}L_0 = L_0\frac{K}{2}$$

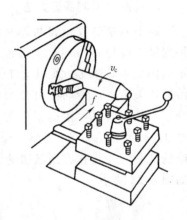

　　尾座偏移法最好使用球顶尖，使顶尖与中心孔保持良好的接触状态，球顶尖如图 8-23b 所示。尾座偏移法只适用于在双顶尖上加工较长轴类工件的外锥面，且圆锥斜角 $\alpha/2 < 8°$；由于能自动进给，表面粗糙度 Ra 值可达 $6.3 \sim 1.6\mu m$，多用于单件和成批生产。

　　（3）宽刀法　宽刀法（又称样板刀法）车锥面如图 8-24 所示。切削刃必须平直，与工件轴线的夹角应等于锥面的圆锥斜角 $\alpha/2$，工件和车刀的刚度要好，否则容易引起振动。表面粗糙度取决于车刀切削刃的刃磨质量和加工时的振动情况，表面粗糙度 Ra 值一般可达 $6.3 \sim 3.2\mu m$。宽刀法只适宜车削较短的锥面，生产率高，在成批生产特别是大批大量生产中用得较多。宽刀法多用于车削外锥面，如果孔径较大，车孔刀又有足够的刚度，也可车削锥孔。

图 8-24　宽刀法车锥面

8.4.6　车螺纹

　　在机械产品中，带螺纹的零件应用广泛。例如车床主轴与卡盘的连接，方刀架上螺钉对车刀的紧固，丝杠与螺母的传动等。螺纹的种类很多，按牙型分有三角形螺纹、梯形螺纹、锯齿形螺纹和矩形螺纹等，如图 8-25 所示。其中米制三角形螺纹（又称普通螺纹）应用最广。

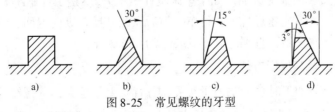

图 8-25　常见螺纹的牙型

a）矩形螺纹　b）三角形螺纹　c）梯形螺纹　d）锯齿形螺纹

1. 牙型角 α 和牙型半角 $\alpha/2$ 及其保证方法

牙型角 α 是螺纹在过其轴线的轴向截面内牙型两侧面的夹角。牙型半角 $\alpha/2$ 是某一牙侧面与螺纹轴线的垂线之间的夹角。普通螺纹牙型角 $\alpha = 60°$。

螺纹牙型角和牙型半角准确与否，取决于车刀刃磨后的形状及其在车床上安装的位置。刃磨螺纹车刀时，应使切削部分的形状与螺纹牙型相符，普通螺纹车刀刀尖角应刃磨成 $60°$，并使前角 $\gamma_。= 0°$。安装螺纹车刀时，刀尖必须与工件中心等高，且刀尖的角平分线与工件轴线垂直。为此，常用对刀样板安装螺纹车刀，如图 8-26 所示。

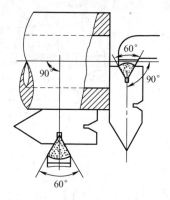

图 8-26　螺纹车刀的形状及对刀方法

2. 螺距 P 及其保证方法

螺距 P 是螺纹相邻两牙对应点之间的轴向距离。要获得准确的螺距，车螺纹时必须保证工件每转一周，车刀准确而均匀地沿纵向移动一个螺距 P 的值，如图 8-27 所示。因此，车螺纹必须用丝杠带动刀架纵向移动，而且要求主轴与丝杠之间保持一定的传动比关系，该传动比由交换齿轮和进给箱中的传动齿轮保证，在车床设计时已计算确定。加工前只要根据工件的螺距值，按进给箱上铭牌所指示的交换齿轮 z_1、z_2、z_3、z_4 的齿数及进给箱各手柄应处的位置调整机床即可。在正式车螺纹前还应试切。选择正确的螺距规并将它放到试切的螺纹工件表面上，使螺纹的螺距符合螺距规相应的螺距，如图 8-28 所示。

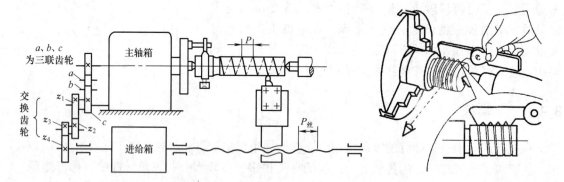

图 8-27　车螺纹传动示意图　　　　　　　　图 8-28　用螺距规检查螺纹的螺距

车螺纹时，牙型需经多次进给才能完成。每次进给都必须落在第一次进给车出的螺纹槽内，否则就会"乱扣"而成为废品。如果车床丝杠螺距 $P_丝$ 不是工件螺距 P 的整数倍，则一旦闭合对开螺母后，就不能随意打开，每车一刀后只能开反车纵向退回，然后按给定的背吃刀量开正车进行下一次进给，直到螺纹车到要求的尺寸为止。

3. 中径 $d_2(D_2)$ 及其保证方法

螺纹中径的大小与加工时总背吃刀量有关，总背吃刀量越大，外螺纹的中径 d_2 就越小，内螺纹的中径 D_2 就越大。为了获得准确的中径，必须准确控制切削过程中多次进给的总背吃刀量。一般根据螺纹的牙型高度（普通螺纹牙型高度约为 $0.54P$）由中滑板刻度盘控制，最后用螺纹量规检测保证。螺纹量规如图 8-29 所示。

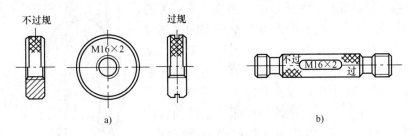

图 8-29　螺纹量规
a）螺纹环规　b）螺纹塞规

车削左、右旋螺纹如图 8-30 所示，其主要区别是车刀纵向移动的方向不同。因此，在车床主轴至丝杠的传动系统中应有一个换向机构，使丝杠得以改变旋向，即可车削左旋螺纹。

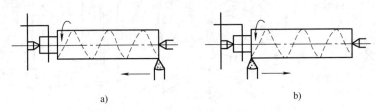

图 8-30　左、右旋螺纹的车削运动
a）车削右旋螺纹　b）车削左旋螺纹

8.4.7　滚花

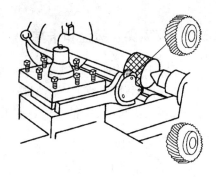

图 8-31　滚花

某些工具和机器零件的握持部分，如车床刻度盘以及螺纹量规等，为了便于手握和增加美观，常在表面上加工出各种不同的花纹。

滚花是在车床上利用滚花刀挤压工件，使其表面产生塑性变形而形成花纹的一种工艺方法。图 8-31 所示是用网纹滚花刀滚制网状花纹。滚花的径向挤压力很大，因此加工时工件的转速要低，并供给充足的切削液。

8.5　车床附件

在车床上需根据工件的不同形状、尺寸和加工数量选用不同的安装方法及附件。车床上安装工件常用的附件除自定心卡盘（见 8.3 节）外，还有单动卡盘、顶尖等。

8.5.1 单动卡盘

单动卡盘的结构如图 8-32 所示，有四个互不相关的卡爪 1、2、3、4，每个卡爪的后面有一个半瓣的内螺纹与螺杆 5 啮合，螺杆 5 的一端有方孔。当四爪扳手转动一根螺杆时，这根螺杆带动与之相啮合的卡爪单独向卡盘中心靠拢或离开。由于单动卡盘的四个卡爪是独立移动的，为使工件上加工表面的轴线与车床主轴的回转轴线一致，如图 8-33a 所示，在安装工件时必须进行仔细找正。划线盘用于毛坯面的找正或按划线找正，其找正精度较低，如图 8-33b 所示。百分表用于已加工表面的找正，其找正精度较高，如图 8-33c 所示。

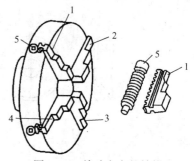

图 8-32 单动卡盘的结构
1、2、3、4—卡爪 5—螺杆

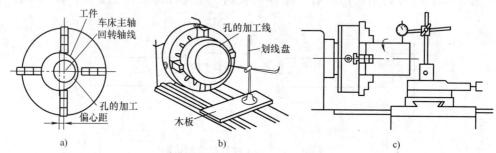

图 8-33 用单动卡盘时工件的找正
a）单动卡盘装夹工件 b）用划线盘找正 c）用百分表找正

8.5.2 双顶尖、拨盘和卡箍

在车床上加工轴类工件时，一般采用双顶尖、拨盘和卡箍安装工件，如图 8-34 所示。把轴安装在前后顶尖之间，主轴旋转，通过拨盘和卡箍带动工件旋转。有时在自定心卡盘上夹持一段棒料，车出 60° 锥面代替前顶尖，用自定心卡盘代替拨盘，如图 8-35 所示。

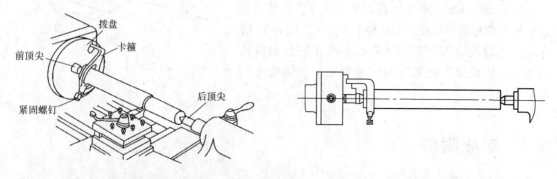

图 8-34 用双顶尖安装工件　　　　图 8-35 用自定心卡盘代替拨盘

前后顶尖的作用是支承工件，确定工件旋转中心并承受刀具作用在工件上的切削力，常用的顶尖有固定顶尖和回转顶尖两种，如图 8-36 所示。

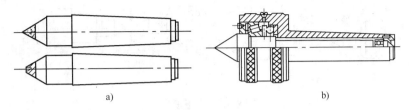

图 8-36 顶尖

a) 固定顶尖 b) 回转顶尖

前顶尖插在主轴锥孔内，如图 8-37 所示，并随主轴和工件一起旋转，与工件无相对运动，不发生摩擦，故用固定顶尖。后顶尖装在尾座套筒内，高速车削时为了防止后顶尖与工件中心孔之间由于摩擦发热烧损或破坏顶尖和中心孔，常使用回转顶尖。这种顶尖把顶尖与工件中心孔的滑动摩擦改成顶尖内部轴承的滚动摩擦，因此能承受很高的转速。

用双顶尖安装轴类工件的步骤如下：

（1）在轴的两端钻中心孔 常用中心孔的形状有普通中心孔和双锥面中心孔，如图 8-38 所示。中心孔的 60°锥面和顶尖的锥面相配合，前面的小圆柱孔是为了保证顶尖与锥面紧密接触，同时储存润滑油。双锥面中心孔的 120°锥面称为保护锥面，用于防止 60°锥面被碰坏。

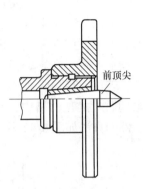

图 8-37 前顶尖的安装

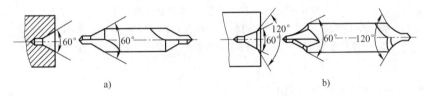

图 8-38 中心孔和中心钻

a) 加工普通中心孔 b) 加工双锥面中心孔

中心孔多用中心钻在车床上钻出，加工前要先把轴的端面车平。图 8-39 所示为在车床上钻中心孔的情形。

（2）安装并找正顶尖 顶尖是依靠其尾部锥柄与主轴或尾座套筒的锥孔配合而定位的。安装时要先擦净锥孔和顶尖锥柄，然

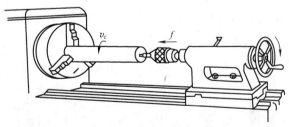

图 8-39 在车床上钻中心孔

后对正撞紧，否则影响定位的准确度。找正时将尾座移向主轴箱，检查前后两顶尖的轴线是否重合，如图 8-40 所示。若前后顶尖在水平面内不重合，车出的外圆将产生锥度误差。

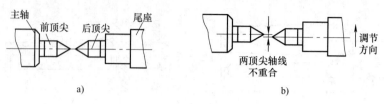

图 8-40 找正顶尖

a）两顶尖轴线必须重合 b）横向调节尾座使两顶尖轴线重合

（3）安装工件 先在轴的一端安装卡箍，安装方法如图 8-41 所示。若夹在已精加工过的表面上，则应垫上开缝的小套或薄铜皮以免夹伤工件。在轴的另一端中心孔处涂上黄油，若用回转顶尖则不必涂黄油。将卡箍的尾部插入拨盘的槽中，在双顶尖上安装轴类工件的方法如图 8-42 所示。

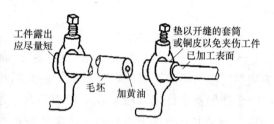

图 8-41 在轴类工件上安装卡箍

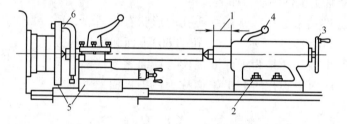

图 8-42 在双顶尖上安装轴类工件的方法

1—调整套筒伸出长度 2—将尾座固定 3—调节工件与顶尖松紧程度 4—锁紧套筒
5—刀架移至车削行程左端，用手转动拨盘，检查是否会碰撞 6—拧紧卡箍

8.6 车削加工操作实训

8.6.1 轴类零件的车削加工

实训1：心轴

1. 技术要求

按照图样要求加工图 8-43 所示零件。

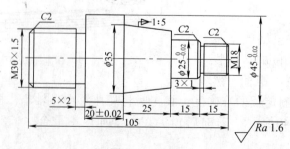

图 8-43 心轴

1）未注倒角 C1。

2）不允许使用锉刀、砂布等修整工件。

3）未注尺寸公差等级按 IT12 加工。

2. 准备要求

（1）材料和设备准备

序　号	名　称	规 格 型 号	数　量
01	试件	45 钢 φ48mm×115mm	1 根/人
02	车床	CA6140	1 台/人
03	卡盘扳手	与车床相同	1 副/车床
04	刀架扳手	与车床相同	1 副/车床

（2）工具和量具准备

序　号	名　称	规 格 型 号	数　量
01	90°车刀	与车床相应	自定
02	45°车刀	与车床相应	自定
03	车槽刀	3mm 和 5mm	自定
04	螺纹车刀	60°	自定
05	中心钻	A3	自定
06	顶尖	相应车床	自定
07	游标卡尺	0～150mm（0.02mm）	1 把
08	千分尺	0～25mm、25～50mm	各 1 套
09	螺纹环规	M18、M30×1.5	各 1 副
10	游标万能角度尺	0～320°（2′）	自定

3. 操作步骤

（1）加工左端

1）用游标卡尺检测来料尺寸，尺寸为 φ48mm×115mm。

2）用自定心卡盘夹持毛坯外圆，留长 55mm；用 90°车刀粗、精车端面及外圆 φ45mm，长 50mm。

3）车削螺纹部分外圆尺寸至 φ29.85mm，长 30mm，倒角 C2。

4）车退刀槽 5mm×2mm。

5）按进给箱铭牌上标注的螺距调整手柄相应的位置。

6）粗、精车普通螺纹 M30×1.5 符合图样要求。

7）按图样要求进行检验。

（2）加工右端

1）用自定心卡盘夹持已加工好的 φ45mm 外圆，找正夹紧。

2）车端面，并保证总长 105mm。

3）车外圆 ϕ35.8mm，长55mm。

4）粗车 ϕ25mm 外圆，长30mm。

5）车削螺纹部分外圆尺寸至 ϕ17.9mm，长15mm，倒角 C2。

6）逆时针转动小滑板 $\alpha/2$，粗、精车圆锥面至尺寸。

7）精车 ϕ25mm 外圆至尺寸。

8）车退刀槽3mm×1mm。

9）粗、精车普通螺纹 M18 符合图样要求。

10）按图样要求进行检验。

实训2：锤子柄（图8-44）

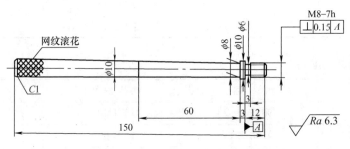

图8-44 锤子柄

操作步骤：

1）用自定心卡盘夹持 ϕ14mm 圆钢露出10mm，车平端面。

2）用自定心卡盘夹持 ϕ14mm 圆钢露出165mm，钻中心孔。

3）安装顶尖，顶住工件。

4）分两次车削外圆至 ϕ10mm，长155mm。

5）用偏刀划线，长度分别为75mm、60mm、3mm、12mm。

6）用滚花刀滚花，从距右端面75mm向左，保证总长150mm。

7）车圆锥面大端 ϕ10mm，小端 ϕ8mm，长度60mm。

8）车退刀槽3mm×1mm。

9）车 M8 外圆至 ϕ7.8mm，长度12mm。

10）测量150mm长，去顶尖切断，左端倒角。

8.6.2 套类零件的车削加工

1. 技术要求

按照图样要求加工图8-45所示零件。

1）未注倒角 C1。

2）不允许使用锉刀、砂布等修整工件。

3）未注尺寸公差等级按 IT12 加工。

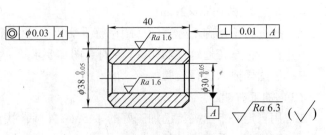

图8-45 导向套

2. 准备要求

（1）材料和设备准备

序　号	名　称	规格型号	数　量
01	试件	45 钢，ϕ42mm×60mm	1 根/人
02	车床	CA6140	1 台/人
03	卡盘扳手	相应车床	1 副/车床
04	刀架扳手	相应车床	1 副/车床

（2）工具和量具准备

序　号	名　称	规格型号	数　量
01	90°车刀	与车床相应	自定
02	45°车刀	与车床相应	自定
03	内孔车刀	ϕ25mm 孔	自定
04	中心钻	3mm	自定
05	钻头	ϕ25mm	自定
06	游标卡尺	0～150mm（0.02mm）	1 把
07	千分尺	0～25mm、25～50mm	1 套
08	内径量表	18～35mm	1 套

3. 加工步骤

1）车端面。卡盘夹持 ϕ42mm 外圆，车削长度 >40mm，车削端面，钻中心孔。

2）钻 ϕ25mm 通孔。

3）粗、精车 ϕ38mm 外圆至尺寸要求，保证车削长度 >40mm，倒角。

4）车 ϕ30mm 内孔至尺寸要求，倒角，切断，保证长度为 41mm。

5）车端面至总长。

6）内外圆倒角。

复习思考题

1. 卧式车床的主要组成部分有哪些？各起什么作用？

2. 在卧式车床上安装工件、安装刀具及开动车床操作时应注意哪些事项？

3. 卧式车床的主运动与进给运动各是什么？

4. 什么是切削用量？其单位是什么？车床主轴的转速是否为切削速度？

5. 为什么要开动车床对刀？

6. 试切的目的是什么？结合实际操作说明试切的步骤。

7. 在切削过程中进刻度时，若刻度盘手柄摇过了几格怎么办？为什么？

8. 为什么要对工件进行加工极限位置检查？如何检查？

9. 当改变车床主轴转速时，车刀的移动速度是否改变？进给量是否改变？

10. 车左旋螺纹时，用什么方法改变车刀的纵向移动方向？

11. 卧式车床上能加工哪些表面？各使用什么刀具？各需要什么样的运动？

12. 车锥面的方法有哪些？各适用于什么条件？

13. 自定心卡盘为什么能自动对中？其自动对中精度是多少？

14. 单动卡盘为什么四个卡爪不能同时靠拢与分开？

第9章 铣削加工

【教学目的和要求】

1. 熟悉铣削加工的加工方法和铣削的工艺特点。

2. 了解常用铣床的组成、运动和用途，了解其常用刀具和附件的结构、用途及简单分度的方法。

3. 熟悉常用铣刀的组成和结构，熟悉铣刀的主要类型及其作用。

4. 掌握铣床的操作要领和简单零件的铣削加工。

【铣削加工安全技术】

1. 工作时应穿好工作服，并扎紧袖口，女同学必须戴好工作帽，不得戴手套操作机床。

2. 多人共用一台机床时，只能一人操作，严禁两人同时操作，以防意外发生，并注意他人的安全。

3. 开动机床前必须检查手柄位置是否正确，检查旋转部分与机床周围有无碰撞或不正常现象，并对机床加注油润滑。

4. 工件、刀具和夹具必须装夹牢固。

5. 加工过程中不能离开机床，不能测量正在加工的工件或用手摸工件，不能用手清除切屑，应用刷子进行清除。

6. 严禁开动铣床变换铣床转速，以免发生设备和人身安全事故。

7. 发现机床运转有不正常现象时，应立即停机，关闭电源，报告实训指导人员。

8. 工作结束后，关闭电源，清除切屑，擦拭机床、工具、量具和其他辅具，加油润滑，清扫地面，保持良好的工作环境。

9.1 铣削加工概述

在铣床上用铣刀加工工件的过程称为铣削。铣削是金属切削加工中常用的方法之一。铣削主要用于加工各种平面、沟槽和成形面等，还可以进行钻孔和镗孔。

9.1.1 铣削运动和铣削用量

铣削运动分主运动和进给运动，铣削时刀具做快速的旋转运动为主运动，工件做缓慢的直线运动为进给运动。通常将铣削速度、进给量、铣削深度和铣削宽度称为铣削用量三要素，如图9-1所示。

1. 铣削速度 v_c

铣削速度即为铣刀最大直径处的线速度，可表示为

$$v_c = \pi Dn/1000$$

式中，D 为铣刀切削刃上的最大直径（mm）；n 为铣刀转速（r/min）；v_c 为铣刀最大直径处的线速度（m/min）。

在铣床铭牌上所标出的主轴转速，即每分钟主轴带动铣刀旋转的转数，单位为 r/min。铣削时，一般通过选择一定的铣刀转速 n 来获得所需要的铣削速度 v_c。生产中根据刀具材

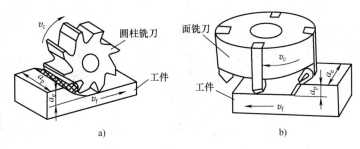

图 9-1 铣削运动及铣削用量
a）在卧式铣床上铣平面 b）在立式铣床上铣平面

料、工件材料，选择合适的切削速度，计算出铣刀转速 n，再从机床所具有的转速中进行选定。

2. 进给量

铣削进给量有以下三种表示方式：

（1）进给速度 v_f(mm/min) 每分钟内，工件相对铣刀沿进给方向移动的距离称为进给速度，也称为每分钟进给量。

（2）每转进给量 f(mm/r) 铣刀每转过一转时，工件相对铣刀沿进给方向移动的距离为每转进给量。

（3）每齿进给量 f_z(mm/z) 铣刀每转过一个齿时，工件相对铣刀沿进给方向移动的距离为每齿进给量。

三种进给量之间的关系如下

$$v_f = fn = f_z z n$$

式中，n 为铣刀转速（r/min）；z 为铣刀齿数。

铣床铭牌上所标出的进给量，采用的是进给速度。

3. 铣削深度 a_p 和铣削宽度 a_e

铣削深度 a_p 指平行于铣刀轴线方向上切削层的厚度，单位为 mm。铣削宽度 a_e 是指垂直于铣刀轴线方向与切削层的宽度，单位为 mm。

9.1.2 铣削加工范围及特点

1. 铣削加工范围

铣削通常在卧式铣床和立式铣床上进行。铣削主要用来加工各类平面、沟槽和成形面。利用万能分度头还可以进行分度工作。有时也可以在铣床上进行钻孔、镗孔加工。常见的铣削加工如图 9-2 所示。

铣削加工的工件尺寸公差等级一般可达 IT10～IT8，表面粗糙度 Ra 值一般为 6.3～1.6μm。

2. 铣削特点

1）铣削时，由于铣刀是旋转的多齿刀具，每个刀具是间歇进行切削的，切削刃的散热条件好，可提高切削速度，故生产率高。

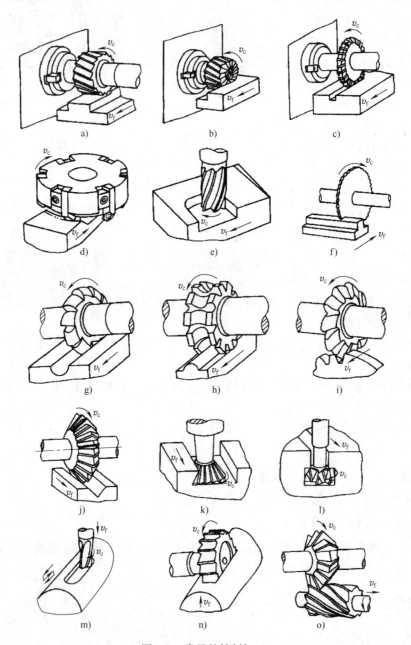

图 9-2 常见的铣削加工

a) 圆柱铣刀铣平面 b) 套式面铣刀铣台阶面 c) 三面刃铣刀铣直角槽 d) 面铣刀铣平面 e) 立铣刀铣凹平面
f) 锯片铣刀切断 g) 凸半圆铣刀铣凹圆弧面 h) 凹半圆铣刀铣凸圆弧面 i) 齿轮铣刀铣齿轮
j) 角度铣刀铣 V 形槽 k) 燕尾槽铣刀铣燕尾槽 l) T 形槽铣刀铣 T 形槽 m) 键槽铣刀铣键槽
n) 半圆键槽铣刀铣半圆键槽 o) 角度铣刀铣螺旋槽

2）铣刀的种类很多，铣削的加工范围很广。

3）由于铣刀刀齿的不断切入和切出，使切削力不断发生变化，易产生冲击和振动。

9.2 铣床

铣床的种类很多，最常用的是万能卧式铣床和立式铣床。这两类铣床适用性强，主要用于单件、小批生产中加工尺寸不太大的工件。此外，还有龙门铣床、工具铣床。近年来又出现了数控铣床，它具有适应性强、加工精度高、生产效率高、劳动强度低等明显的优点。下面简要介绍立式铣床。

立式铣床的主要特点是主轴轴线与工作台台面垂直。立式铣床上能装夹镶有硬质合金刀片的面铣刀进行高速铣削，因而生产率高，应用广泛。

X5032 立式铣床的外形如图 9-3 所示。

在编号 X5032 中，X 表示铣床类；5 表示立式铣床；0 表示立式升降台铣床；32 表示工作台宽度的 1/10（即工作台宽度为 320mm）。

X5032 的旧型号为 X52（由于其结构陈旧，刚性差，热变形大，操作不便，已被淘汰）。

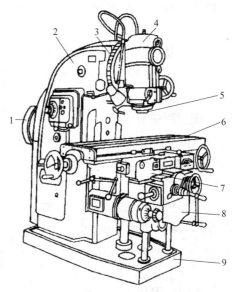

图 9-3 X5032 立式铣床

1—电动机 2—床身 3—主轴头架旋转刻度
4—主轴头架 5—主轴 6—工作台
7—横向工作台 8—升降台 9—底座

9.3 铣刀

9.3.1 铣刀的种类

铣刀的种类很多，按其装夹方式的不同可分为带孔铣刀和带柄铣刀两大类。采用孔装夹的铣刀称为带孔铣刀（图 9-4），一般用于卧式铣床。采用柄部装夹的铣刀称为带柄铣刀，有锥柄和直柄两种形式（图 9-5），多用于立式铣床。常用铣刀的形状和用途如下：

1. 圆柱铣刀

如图 9-4a 所示。圆柱铣刀主要用其圆柱面的刀齿铣削平面。

2. 三面刃铣刀和锯片铣刀

如图 9-4b、c 所示。三面刃铣

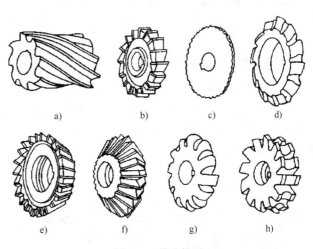

图 9-4 带孔铣刀

a）圆柱铣刀 b）三面刃铣刀 c）锯片铣刀 d）模数铣刀
e）单角铣刀 f）双角铣刀 g）凸半圆弧铣刀
h）凹半圆弧铣刀

刀主要用于加工不同宽度的直角沟槽、小平面和台阶面等。锯片铣刀主要用于切断工件或铣削窄槽。

3. 成形铣刀

如图9-4d、g、h所示。成形铣刀主要在卧式铣床上加工各种成形面，如凸圆弧、凹圆弧、齿轮等。

4. 角度铣刀

如图9-4e、f所示。角度铣刀具有各种不同的角度，用于加工各种角度的沟槽和斜面等。

5. 镶齿面铣刀

如图9-5a所示。其刀体上通常装有硬质合金刀片，刀杆伸出部分短，刚性好，可用于平面的高速铣削。

6. 立铣刀

如图9-5b所示。它是一种带柄铣刀，有直柄和锥柄两种，用于铣削端面、斜面、沟槽和台阶面等。

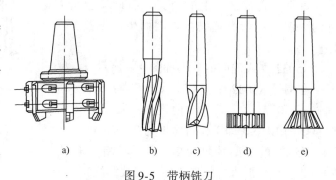

7. 键槽铣刀和T形槽铣刀

如图9-5c、d所示。键槽铣刀专门用于加工封闭式键槽。T形槽铣刀专门用于加工T形槽。

图9-5 带柄铣刀

a）镶齿面铣刀 b）立铣刀 c）键槽铣刀
d）T形槽铣刀 e）燕尾槽铣刀

8. 燕尾槽铣刀

如图9-5e所示。燕尾槽铣刀专门用于加工燕尾槽。

9.3.2 铣刀的装夹

1. 带孔铣刀的装夹

带孔铣刀多用在卧式铣床上，使用刀杆装夹，如图9-6所示。装夹时，刀杆锥体一端插入机床主轴前端的锥孔中，并用拉杆穿过主轴将刀杆拉紧，以保证刀杆与主轴锥孔紧密配合；然后将铣刀和套筒的端面擦净套在刀杆上，铣刀应尽可能靠近主轴，以增加刚性，避免刀杆发生弯曲，影响加工精度；在拧紧刀杆、压紧螺母之前，必须先装好吊架，以防刀杆弯曲变形。

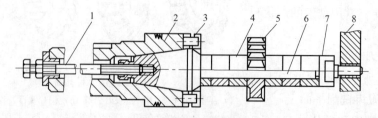

图9-6 带孔铣刀的装夹

1—拉杆 2—主轴 3—端面键 4—套筒 5—铣刀 6—刀杆 7—螺母 8—吊架

2. 面铣刀的装夹

面铣刀一般中间带有圆孔，通常将铣刀装在短刀轴上，再将刀轴装入机床的主轴上，并用拉杆螺钉拉紧，如图 9-7 所示。

3. 带柄铣刀的装夹

对于直径为 12 ~ 50mm 的锥柄铣刀，根据铣刀锥柄尺寸（一般为 2 ~ 4 号莫氏锥度），选择合适的过渡套筒，将各配合面擦净，装入机床主轴孔中，用拉杆拉紧（图 9-8a）；对于直径为 3 ~ 20mm 的直柄立铣刀，可用弹簧夹头装夹（图 9-8b），铣刀的直柄插入弹簧套内，旋紧螺母，压紧弹簧套的端面，使弹簧套的外锥面受压而缩小孔径，从而夹紧直柄铣刀。

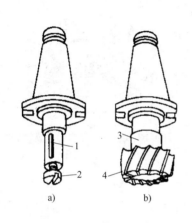

图 9-7　面铣刀的装夹

a）短刀杆　b）装夹在短刀杆上的面铣刀

1—键　2—拉杆螺钉　3—垫套　4—铣刀

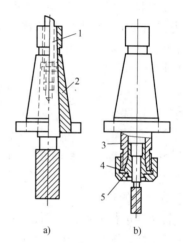

图 9-8　带柄铣刀的装夹

a）锥柄铣刀的装夹　b）直柄铣刀的装夹

1—拉杆　2—变锥套　3—夹头体　4—螺母　5—弹簧套

9.4　铣床附件及工件的装夹

9.4.1　铣床附件

铣床的主要附件有机用虎钳、回转工作台和分度头等。

1. 机用虎钳

机用虎钳主要由底座、钳身、固定钳口、活动钳口、钳口铁以及螺杆等组成。工作时先找正机用虎钳在工作台上的位置，然后再夹紧工件。找正机用虎钳的方法如图 9-9 所示。找正的目的是保证固定钳口与工作台台面的垂直度和平行度。

2. 回转工作台

回转工作台的内部有一副蜗轮蜗杆。手轮与蜗杆同轴连接，回转台与蜗轮连接。转动手轮，通过蜗杆传动，使回转台转动。回转台周围有 0° ~ 360°刻度，可用来观察和确定回转台位置。回转台中央的孔可以装夹心轴，用于找正和方便地确定工件的回转中心。

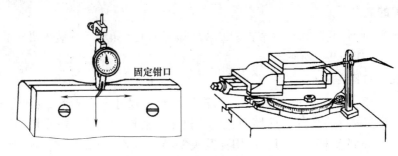

图 9-9　用百分表校正机用虎钳

回转工作台一般用于零件的分度和非整圆弧面的加工。图 9-10 所示为在回转工作台上铣圆弧槽的情况，工件装夹在回转工作台上，铣刀旋转，缓慢地摇动手轮，使回转工作台带动工件进行圆周进给，铣削圆弧槽。

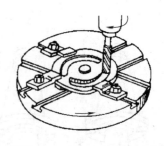

图 9-10　在回转工作台上铣圆弧槽

3. 分度头

在铣削加工中，铣削六方、齿轮、花键键槽等工件时，要求工件每铣过一个面或一个槽之后，转过一个角度，再铣下一个面或下一个槽等，这种转角称为分度。分度头就是一种用来进行分度的装置，其中最常见的是万能分度头。

（1）万能分度头的功用　万能分度头是铣床的重要附件，其主要功用：① 对工件在水平、垂直和倾斜位置进行分度，如图 9-11 所示；② 铣削螺旋槽或凸轮时，能配合工作台的移动使工件连续旋转。图 9-12 所示为利用分度头铣削螺旋槽（图中 ω 为螺旋角）。

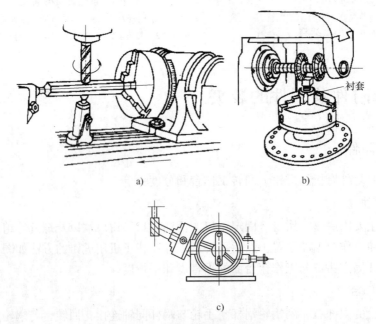

a)　　　　　　　　　　b)

c)

图 9-11　用分度头装夹工件

a）水平位置装夹　b）垂直位置装夹　c）倾斜位置装夹

（2）万能分度头的结构　万能分度头的结构如图 9-13 所示，在它的基座上装有回转体，分度头的主轴可随回转体在垂直平面内向上 90° 和向下 10° 范围内转动。主轴的前端常装有自定心卡盘或顶尖。分度时拔出定位销，转动手柄，通过蜗轮蜗杆带动分度头主轴旋转进行分度。当手柄转一圈时，通过传动比为 1∶1 的直齿圆柱齿轮副传动，使单头蜗杆也转一圈，由于蜗轮的齿数为 40，所以当蜗杆转一圈时，蜗轮带动主轴转 1/40 圈。若工件在整个圆周上的等分数为 z，则每分一个等分就要求分度头主轴转 1/z 圈，这时分度手柄所需转过的圈数 n 可由下列比例关系推得，即

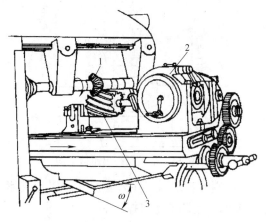

图 9-12　铣螺旋槽
1—铣刀　2—分度头　3—螺旋槽

$$1 : 40 = \frac{1}{z} : n \quad 即\ n = \frac{40}{z}$$

式中，n 为手柄转数；z 为工件等分数；40 为分度头定数。

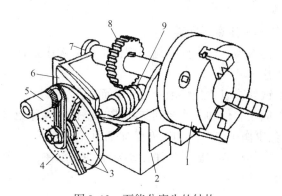

图 9-13　万能分度头的结构
1—自定心卡盘　2—基座　3—扇形夹　4—分度盘　5—手柄　6—回转体　7—分度头主轴　8—蜗轮　9—单头螺杆

9.4.2　工件的装夹

1. 机用虎钳装夹工件

用机用虎钳装夹工件时应注意下列事项：

1）工件的被加工面应高出钳口，必要时可用平行垫铁垫高工件（图 9-14）。

2）需将比较平整的表面紧贴固定钳口和垫铁，防止铣削时工件松动。工件与垫铁间不应有间隙，故需一面夹紧，一面用木锤或铜棒敲击工件上部（图 9-15）。夹紧后用手挪动工件下的垫铁，如有松动，说明工件与垫铁之间贴合不好，应该松开机用虎钳，重新夹紧。

3）为防止工件已加工表面被夹伤，往往在钳口与工件之间垫以软金属片。

4）为保证铣削工件的两平面垂直，将基准面靠向固定钳口，在工件和活动钳口之间放一圆棒，通过圆棒将工件夹紧，这样能使基准面与固定钳口很好地贴合，如图 9-16 所示。

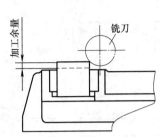

图 9-14 余量层高出钳口平面

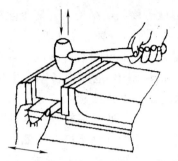

图 9-15 用平行垫铁装夹工件

5）刚性不足的工件需要撑实，以免夹紧力使工件变形。图 9-17 所示为框形工件的夹紧，中间采用调节螺钉撑实。

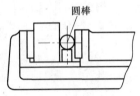

图 9-16 用圆棒夹持工件

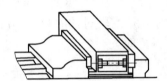

图 9-17 框形工件的夹紧

2. 压板螺栓装夹工件

用压板螺栓装夹工件时应注意下列事项：

1）压板的位置要安排得当，压点要靠近切削面，压力大小要合适。图 9-18 所示为各种正确与错误的压紧方法的比较。

2）压板必须压在垫铁处，以免工件因受夹紧力而变形。

3）夹紧毛坯面时，应在工件和工作台间垫铜皮或垫铁；夹紧已加工面时，应在压板和工件表面间垫铜皮，以免压伤工作台面和工件已加工面。

4）装夹薄壁工件，在其空心位置处要用活动支承件支承住，如图 9-19 所示；否则工件因受切削力易产生振动和变形。

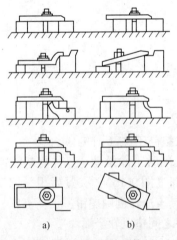

a)　　　　b)

图 9-18 压板螺栓的使用

a）正确 b）错误

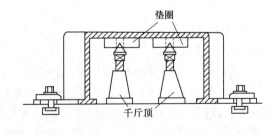

图 9-19 薄壁工件的装夹

118

5）工件夹紧后，要用划针复查加工线是否仍与工作台平行，避免工件在装夹过程中变形或走动。

3. 分度头装夹工件

分度头装夹工件的方法通常有以下几种：

1）用自定心卡盘和后顶尖夹紧工件（图 9-20a）。

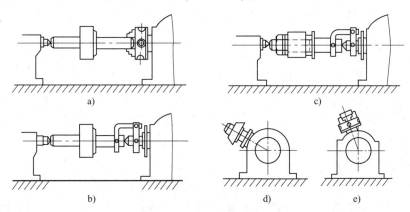

图 9-20　用分度头装夹工件的方法

a）一夹一顶　b）双顶尖顶工件　c）双顶尖顶心轴　d）心轴装夹　e）卡盘装夹

2）用前、后顶尖夹紧工件（图 9-20b）。

3）工件套装在心轴上，用螺母压紧，然后同心轴一起被装夹在分度头和后顶尖之间（图 9-20c）。

4）工件套装在心轴上，心轴装夹在分度头的主轴锥孔内，并可按需要使主轴倾斜一定的角度（图 9-20d）。

5）工件直接用卡盘夹紧，并可按需要使主轴倾斜一定的角度（图 9-20e）。

9.5　铣削的基本工作

9.5.1　铣平面

卧式铣床和立式铣床均可进行平面铣削。使用圆柱铣刀、三面刃圆盘铣刀、面铣刀和立铣刀都可以方便地进行水平面、垂直面及台阶面的加工，如图 9-21 所示。

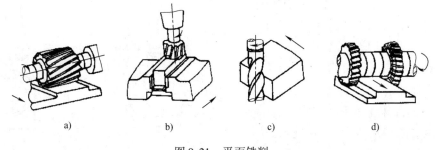

a）　　　　b）　　　　c）　　　　d）

图 9-21　平面铣削

在卧式铣床上，利用圆柱铣刀圆周上的切削刃铣削工件的方法，称为周铣。周铣可分为逆铣和顺铣两种，如图9-22所示。

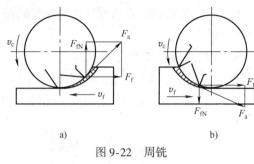

1. 逆铣

在铣刀和工件已加工面的切点处，铣刀切削刃的运动方向和工件的进给方向相反（图9-22a），称为逆铣。逆铣时，刀齿的负荷是逐渐增加的（切削厚度从零变到最大），刀齿切入有滑行现象，这样就增加了刀具磨

图9-22　周铣
a）逆铣　b）顺铣

损，增大了工件的表面粗糙度值。逆铣时，铣刀对工件产生了一个向上抬的垂直分力 F_{fN}，这对工件的夹固不利，还会引起振动。但铣刀对工件的水平分力 F_f 与工作台的进给方向相反，在水平分力的作用下，工作台丝杠与螺母间总是保持紧密接触而不会松动，丝杠与螺母的间隙对铣削没有影响。

2. 顺铣

铣刀和工件接触处的旋转方向和工件的进给方向相同（图9-22b），称为顺铣。顺铣时，每个刀齿的切削厚度从最大减小到零，因而避免了铣刀在已加工表面上的滑行过程，使刀齿的磨损减小。铣刀对工件的垂直分力 F_{fN} 将工件压向工作台，减少了工件振动的可能性，使铣削平稳。但铣刀对工件的水平分力 F_f 与工件的进给方向一致，由于工作台丝杠和固定螺母之间一般都存在间隙，易使铣削过程中的进给不均匀，造成机床振动甚至抖动，影响已加工表面质量，对刀具寿命不利，甚至会发生打坏刀具现象，这样就制约了顺铣在生产中的应用。因此，目前生产中仍广泛采用逆铣铣平面。

9.5.2　铣斜面

工件的斜面常用下面几种方法进行铣削。

1. 把工件倾斜所需的角度

此方法是将工件倾斜适当的角度，使斜面转到水平的位置，然后采用铣平面的方法来铣斜面。装夹工件的方法有四种：① 根据划线，用划针找平斜面（图9-23a）；② 在万能虎钳上装夹（图9-23b）；③ 使用倾斜垫铁装夹（图9-23c）；④ 使用分度头装夹（图9-23d）。

2. 把铣刀倾斜所需角度

该方法通常在装有万能铣头的卧式铣床或立式铣床上采用。将刀轴倾斜一定角度，工作台采用横向进给进行铣削，如图9-24所示。

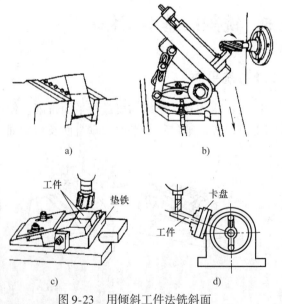

图9-23　用倾斜工件法铣斜面

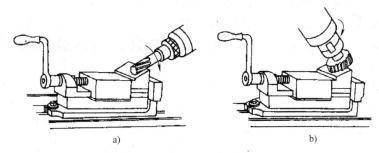

图 9-24　倾斜刀轴铣削斜面

a) 用带柄立铣刀　b) 用面铣刀

3. 用角度铣刀铣斜面

对于一些小斜面，可以用角度铣刀进行加工，如图 9-25 所示。

9.5.3　铣沟槽

在铣床上利用不同的铣刀可以加工键槽、直角槽、T 形槽、V 形槽、燕尾槽和螺旋槽等各种沟槽。这里仅介绍键槽和 T 形槽的加工过程。

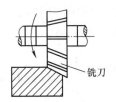

图 9-25　用角度铣刀铣斜面

1. 铣键槽

轴上的键槽有开口式和封闭式两种。工件的装夹方法很多，常用的如图 9-26 所示。每一种装夹方法都必须使工件的轴线与进给方向一致，并与工作台台面平行。封闭式键槽一般在立铣床上用键槽铣刀或立铣刀进行。铣削时，首先根据图样要求选择相应的铣刀，安装好刀具和工件后，要仔细地进行对刀，使工件的轴线与铣刀的中心平面对准，以保证所铣键槽的对称性，然后调整铣削的深度，进行加工。键槽较深时，需多次进给进行铣削。

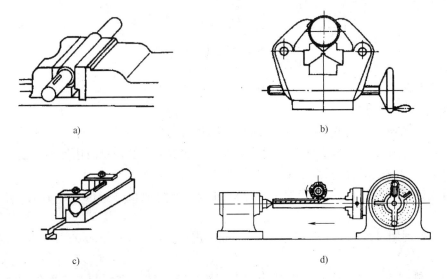

图 9-26　铣键槽时工件的装夹

a) 用机用虎钳装夹　b) 用抱钳装夹　c) 用 V 形块装夹　d) 用分度头装夹

用立铣刀加工封闭式键槽时，由于立铣刀端面中央无切削刃，不能向下进刀，因此必须预先在槽的一端钻一个下刀孔，才能用立铣刀铣键槽。

对于敞开式键槽，一般采用三面刃铣刀在卧式铣床上加工，如图9-26d所示。

2. 铣T形槽

加工T形槽必须先用立铣刀或三面刃铣刀铣出直角槽（图9-27a），然后在立式铣床上用T形槽铣刀铣出T形槽底槽（图9-27b），最后用角度铣刀铣出倒角（图9-27c）。

由于T形槽的铣削条件差，排屑困难，所以应经常清除切屑，切削用量应取小些，并加注足够的切削液。

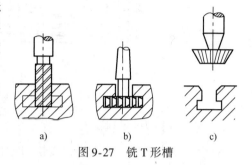

图9-27　铣T形槽

9.6　铣削加工操作实训

9.6.1　长方体零件的加工

在X6132万能卧式铣床上，采用圆柱铣刀铣削图9-28所示的工件，毛坯各加工尺寸余量为5mm，材料为HT200。

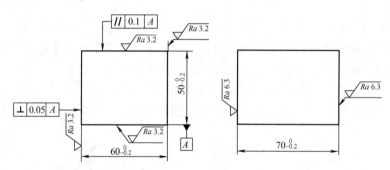

图9-28　方铁铣成六面

1. 铣削步骤

1）装夹并找正机用虎钳。

2）选择并装夹铣刀（选择 $\phi80\mathrm{mm} \times 80\mathrm{mm}$ 圆柱铣刀）。

3）选择铣削用量。根据表面粗糙度的要求，一次铣去全部余量而达到 $Ra3.2\mu m$ 是比较困难的，因此分粗铣和精铣两次完成。

① 粗铣铣削用量。取主轴转速 $n = 118\mathrm{r/min}$，进给速度 $v_\mathrm{f} = 60\mathrm{mm/min}$，铣削宽度 $a_\mathrm{e} = 2\mathrm{mm}$。

② 精铣铣削用量。取主轴转速 $n = 180\mathrm{r/min}$，进给速度 $v_\mathrm{f} = 37.5\mathrm{mm/min}$，铣削宽度 $a_\mathrm{e} = 0.5\mathrm{mm}$。

4）试切铣削。在铣平面时，先试铣一刀，然后测量铣削平面与基准面的尺寸和平行度，以及与侧面的垂直度。

5）铣削顺序。以 A 面为粗定位基准铣削 B 面（图 9-29a），保证尺寸 52.5mm；以 B 面定位基准铣削 A（或 C）面（图 9-29b），保证尺寸 62.5mm；以 B 和 A（或 C）面为定位基准铣削 C（或 A）面（图 9-29c），保证尺寸 $60_{-0.2}^{\ 0}$ mm；以 C（或 A）和 B 面为基准铣削 D 面（图 9-29d），保证尺寸 $50_{-0.2}^{\ 0}$ mm；以 B（或 D）为定位基准铣削 E 面（图 9-29e），保证尺寸 72.5mm；以 B（或 D）和 E 面为定位基准铣削 F 面（图 9-29f），保证尺寸 $70_{-0.2}^{\ 0}$ mm。

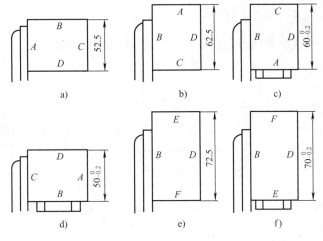

图 9-29　铣削六面体顺序

2. 质量分析

（1）铣削的尺寸不符合图样要求

1）调整铣削宽度时，将刻度盘摇错；手柄摇过头，直接回退，没有消除丝杠和螺母的间隙，使尺寸超差。

2）工件或垫铁平面没有擦净，使尺寸铣小。

3）看错图样上的标注尺寸，或测量错误。

（2）铣削表面的表面粗糙度不符合图样要求

1）进给量过大，或进给时中途停顿，产生"深啃"。

2）铣刀装夹不好，跳动过大，铣削不平稳。

3）铣刀不锋利，已磨损。

（3）垂直度和平行度不符合要求

1）固定钳口与工作台面不垂直，铣出的平面与基准面不垂直。这时应在固定钳口和工件基准面间垫纸或薄铜片，如图 9-30 所示。其中，图 9-30a 所示是当加工面与基准面间的夹角小于 90° 时，在上面垫纸或薄铜片；图 9-30b 所示是当加工面与基准面间的夹角大于 90° 时，在下面垫纸或薄铜片。以上方法只适用于单件小批量零件的加工。

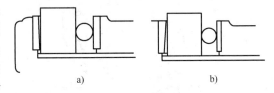

图 9-30　垫纸或薄铜片调整垂直度
a）垫钳口上部　b）垫钳口下部

2）铣端面时钳口没有找正好，铣出的端面与基准面不垂直。

3）垫铁不平行或垫铁与工件之间贴合不实，铣出的平面与基准面不垂直或不平行。

4）圆柱铣刀有锥度，铣出的平面与基准面不垂直或不平行。

3. 操作时的注意事项

1）及时用锉刀修整工件上的毛刺和锐边，但不要锉伤工件已加工表面。

2）用锤子轻击工件时，不要砸伤已加工表面。

3）铣钢件时应使用切削液。

9.6.2 键槽的加工

在立式铣床上铣削图9-31所示的封闭键槽。

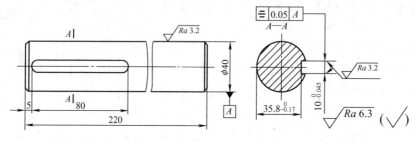

图9-31 封闭键槽

1. 铣削步骤

1）装夹并找正机用虎钳，固定钳口，使其与工作台纵向进给方向平行。

2）根据图样要求，选择键槽铣刀应小于$\phi 10mm$，用弹簧夹头装夹键槽铣刀。

3）选择铣削用量，取主轴转速$n = 475r/min$，铣削深度$a_p = 0.2 \sim 0.4mm$，手动进给。

4）试铣检查铣刀尺寸（先在废料上铣削）。

5）装夹并找正工件，为了便于对刀和检验槽宽尺寸，应使轴的端头伸出钳口以外。

6）对中心铣削，使铣刀中心平面与工件轴线重合。通常使用的对刀方法有：

① 切痕对中心法。装夹找正工件后，适当调整机床，使键槽铣刀中心大致对准工件的中心，然后开动机床使铣刀旋转，让铣刀轻轻接触工件，逐渐铣出一个宽度约等于铣刀直径的小平面，用肉眼观察使铣刀的中心落在小平面宽度中心上，再上升工件，在平面两边铣出两个小阶台（图9-32），使两边阶台高度一致，则铣刀中心平面通过了工件轴线，然后锁紧横向进给机构，进行铣削。

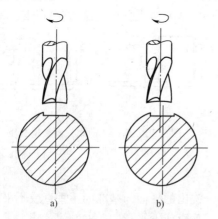

图9-32 判断中心是否对准

a）两边阶台一致　b）两边阶台不一致

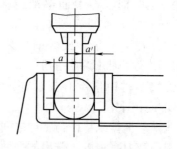

图9-33 测量对中心

② 用游标卡尺测量对中心。工件装夹后，用钻夹头夹持与键槽铣刀直径相同的圆棒，适当调整圆棒与工件的相对位置，用游标卡尺测量圆棒圆柱面与两钳口的距离（图9-33），若$a = a'$，则圆棒的中心平面与工件的轴线重合。

此外，精度要求不高时，也可采用素线对刀法，即刀具先在工件侧面素线上对出痕迹，然后刀具上升后向工件中心方向移动至工件半径加刀具半径距离之和的位置，此时完成刀具对中。

7）铣削时，多次垂直进给，如图9-34所示。

8）测量卸下工件。

2. 质量分析

（1）键槽的宽度尺寸不符合图样要求

1）没有经过试切检查铣刀尺寸就加工工件。

2）用键槽铣刀铣削，铣刀圆跳动过大，用三面刃铣刀铣削，铣刀轴向圆跳动过大，将键槽铣宽。

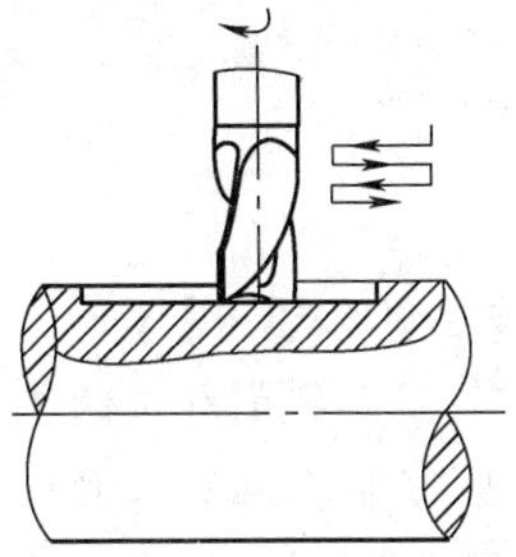

图 9-34　封闭式键槽的铣削

3）铣削时，铣削深度过大，进给过大，产生让刀现象，将键槽铣宽。

（2）键槽中心与工件轴线不对称

1）中心没有对准。

2）成批加工时，采用机用虎钳装夹，没有检查毛坯尺寸，因工件外圆直径的制造公差，影响了键槽的对称度。

3）扩刀铣削时，中心两边扩铣的余量不一致。

（3）键槽两侧与工件轴线不平行

1）用机用虎钳或 V 形块装夹工件时，机用虎钳或 V 形块没有找正好。

2）轴的外圆直径两端不一致，有大小头。

3. 操作时的注意事项

1）铣刀应装夹牢固，防止铣削时松动。

2）铣刀磨损后应及时刃磨或更换，以免铣出的键槽表面粗糙度不符合要求。

3）工作中不使用的进给机构应锁紧，工作完毕后再松开。

4）测量工件时应停止铣刀旋转。

5）铣削时用小毛刷清除切屑。

复习思考题

1. 铣削加工一般可以完成哪些工作？

2. 铣床的主运动是什么？进给运动是什么？

3. 顺铣和逆铣有何不同？实际应用情况怎样？

4. 试叙述一下铣床主要附件的名称和用途。

5. 铣一齿数 $z = 28$ 的齿轮，试用简单分度法计算出每铣一齿，分度头手柄应转过多少圈？（已知分度盘各孔数为 37、38、39、41、42、43）。

6. 铣床上工件的主要装夹方法有哪几种？

7. 铣轴上的键槽时，如何进行对刀？对刀的目的是什么？

第10章 刨削加工

【教学目的和要求】

1. 了解刨削加工的工艺特点及加工范围。

2. 了解刨削加工的设备、刀具的性能、用途和使用方法。

3. 掌握刨床的操作要领及其主要调整方法。

4. 掌握在牛头刨床上正确装夹刀具与工件的方法，完成刨削平面与垂直面的加工。

【刨削加工安全技术】

1. 开动机床前

1）擦去导轨面灰尘，往各导轨滑动面及油孔处加润滑油。

2）检查各手柄是否处于正常位置。

3）工件和刀具要夹紧。

4）工作台上不准放置其他工件或量具等。

2. 开动机床后

1）不准在机床运行过程中变速或做其他调整工作。

2）不准用手摸刨刀及其他运动部件。

3）不准在机床运行过程中度量尺寸。

4）工作时不准离开机床，要精神集中，并站在合适的位置上。

5）发现异常现象要立即停机。

3. 下班前

1）擦净机床，整理好工具和工件，清扫场地。

2）机床各手柄应回复到停止位置，将工作台摇到合适位置。

3）关闭电源。

4. 发生事故后

1）立即切断机床电源。

2）保护好现场。

3）及时向有关人员汇报，以便分析原因，总结经验教训。

10.1 刨削加工概述

刨削加工是在刨床上利用刨刀来加工工件的。刨削能加工的表面有平面（按加工时所处的位置又分为水平面、垂直面、斜面）、沟槽（包括直角槽、V形槽、T形槽、燕尾槽）和直线形成形面等。图10-1所示为牛头刨床加工零件举例。

刨削后两平面之间的尺寸公差等级可达IT9～IT8，表面粗糙度 Ra 值可达 $3.2～1.6\mu m$。

刨削加工可以在牛头刨床和龙门刨床上进行。牛头刨床多用于单件小批生产的中小型零件。牛头刨床刨削水平面时，刨刀的往复直线运动为主运动，工件的横向间歇移动为进给运动；牛头刨床刨削垂直面或斜面时，刨刀的往复直线运动为主运动，刨刀的垂向或斜向的间歇移动为进给运动。

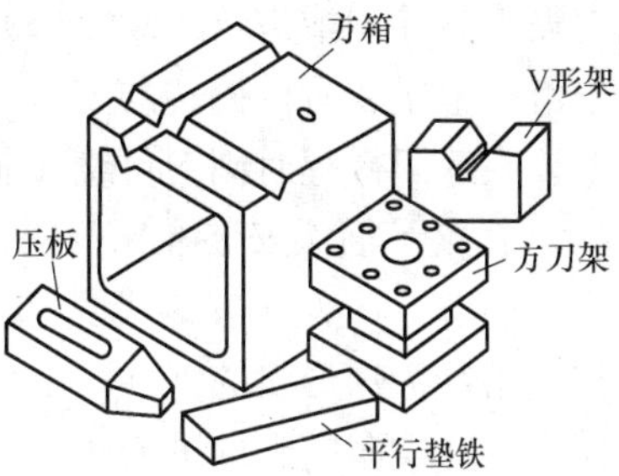

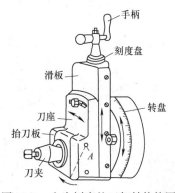

图 10-1　牛头刨床加工零件举例

10.2　牛头刨床

牛头刨床是刨削类机床中应用较广泛的一种。图 10-2 所示为 B6050 牛头刨床。在编号 B6050 中，B 表示刨床类；60 表示牛头刨床；50 表示刨削工件最大长度的 1/10，即最大刨削长度为 500mm。

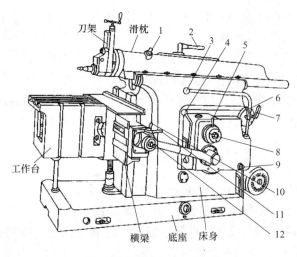

图 10-2　B6050 牛头刨床

1—滑枕位置调整方榫　2—滑枕锁紧手柄　3—离合器操纵手柄　4—工作台快动手柄　5—进给量调整手柄
6、7—变速手柄　8—行程长度调整方榫　9—变速到位方榫　10—工作台横向、垂向进给选择手柄
11—进给换向手柄　12—工作台手动方榫

10.2.1　B6050 牛头刨床的主要组成部分

B6050 牛头刨床主要由床身、滑枕、刀架、横梁、工作台和底座等组成。

（1）床身　它用于支承和连接刨床各部件，其顶面水平导轨供滑枕做往复运动用；前侧面垂直导轨供工作台升降用；内部装有传动机构。

（2）滑枕　其前端装有刀架，滑枕带动刨刀做往复直线运动。

（3）刀架　刀架用于夹持刨刀，刀架结构简图如图 10-3 所示。摇动刀架手柄，滑板可沿转盘上的导轨带

图 10-3　牛头刨床的刀架结构简图

动刨刀做上下移动或进给运动。松开转盘上的螺母，将转盘扳转一定角度后，可使刀架斜向进给。滑板上还装有可偏转的刀座（又称刀盒）。抬刀板可以绕 A 轴向上转动。刨刀安装在刀夹上，在返回行程时刨刀可绕 A 轴自由上抬，以减少刀具与工件的摩擦。

（4）横梁 横梁安装在床身前侧的垂直导轨上，其底部装有升降横梁用的丝杠。

（5）工作台 用于安装夹具和工件。两侧面上有许多沟槽和孔，以便在侧面上用压板螺栓装夹某些特殊形状的工件。工作台除可随横梁上下移动或垂向间歇进给外，还可沿横梁水平横向移动或横向间歇进给。

（6）底座 用于支承床身和工作台，并与地基连接。

10.2.2 B6050 牛头刨床的调整及手柄使用

1. 主运动的调整（图 10-2）

主运动的调整包括滑枕行程长度、滑枕起始位置和滑枕移动速度的调整。

（1）滑枕行程长度的调整 松开行程长度调整方榫 8 上的螺母，用方孔摇把转动方榫 8，顺时针转动行程变长，反之变短。

（2）滑枕起始位置的调整 松开滑枕锁紧手柄 2，用方孔摇把转动滑枕位置调整方榫 1，顺时针转动起始位置向前移动，反之向后移动。

（3）滑枕移动速度的调整 推拉变速手柄 6、7，可获得 15~158str/min 范围内共九种不同的速度。注意：机床运行过程中不准变速；当变速手柄推拉不能到位时，可用方孔摇把摇一下变速到位方榫 9。

2. 进给运动的调整（图 10-2）

进给运动的调整包括进给量和工作台进给方向的调整。

（1）进给量的调整 拉动离合器操纵手柄 3 开动机床，顺时针转动进给量调整手柄 5，观察工作台手动方榫 12 处的刻度盘间歇转动情况，直到每往复行程间歇移动的刻度值为所需要的进给量为止，顺时针转动进给量变大，反之变小。

（2）工作台进给方向的调整 手摇工作台手动方榫 12 时，进给换向手柄 11 放在中间空挡位置。要求工作台自动进给时，顺时针扳动进给换向手柄 11，工作台右移（操作者面对滑枕行程方向），反之左移。

10.3 刨刀及其安装

刨刀常用的有平面刨刀、偏刀、角度偏刀、切刀、弯切刀等，如图 10-4 所示。

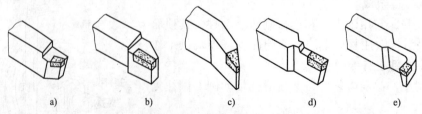

图 10-4 刨刀的种类

a）平面刨刀 b）偏刀 c）角度偏刀 d）切刀 e）弯切刀

刨刀的用途如图 10-5 所示。平面刨刀用于加工水平面，如图 10-5a 所示；偏刀加工垂直面和外斜面，如图 10-5b、c 所示；角度偏刀加工内斜面和燕尾槽，如图 10-5d 所示；切刀加工直角槽和切断工件，如图 10-5e 所示；弯切刀加工 T 形槽，如图 10-5f 所示。

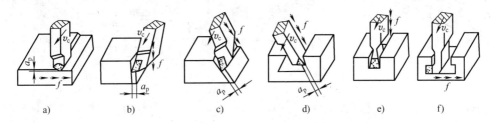

图 10-5 刨刀的用途

a）刨水平面 b）刨垂直面 c）刨外斜面 d）刨燕尾槽 e）刨直角槽 f）刨 T 形槽

由于使用情况不同，有的做成直头刨刀，有的做成弯头刨刀，如图 10-6 所示。弯头刨刀在受到较大的切削阻力时，刀杆围绕 O 点向后上方弹起，刀尖不会啃入工件。而直头刨刀受力弯曲变形后则啃入工件，易损坏切削刃和加工表面。因此，弯头刨刀的应用比直头刨刀要广泛。

刨刀安装在刀夹上，不宜伸出过长，以免切削时产生振动和折断刨刀。直头刨刀的伸出长度一般为刀杆厚度的 1.5 ~ 2 倍；弯头刨刀伸出可稍长些，一般以弯曲部分不碰抬刀板为宜，如图 10-6 所示。

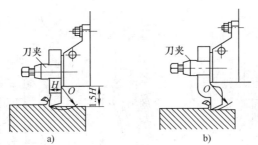

图 10-6 直头刨刀和弯头刨刀的安装及工作情况

10.4 工件的安装

牛头刨床安装工件的常用方法有机用虎钳装夹和压板螺栓装夹两种。

（1）机用虎钳装夹 机用虎钳是一种通用夹具，多用于小型工件的装夹。装夹时，工件的加工面应高于钳口，如果工件的高度不够，可用平行垫铁将工件垫高，并用锤子轻敲工件，保证垫铁垫实不虚，当垫铁用手不能拉动时，工件则与垫铁贴紧，如图 10-7a 所示。如果工件需要按划线找正，可用划针盘进行，如图 10-7b 所示。

（2）压板螺栓装夹 对于大型工件或机用虎钳难以装夹的工件，可用压板螺栓直接将其装夹在工作台上，如图 10-8 所示。压板的位置要安排得当，压点要靠近切削面，压力大小要合适。

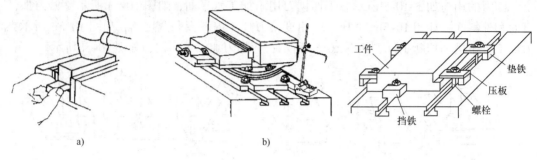

a)   b)

图 10-7　用机用虎钳装夹工件　　　　　图 10-8　用压板螺栓装夹工件

10.5　刨削的基本工作

10.5.1　刨水平面

刨水平面时，刀架和刀座均在中间垂直位置上，如图 10-9a 所示。背吃刀量（刨削深度）a_p 为 0.5~4mm，进给量 f 为 0.1~0.6mm/str，粗刨取较大值，精刨取较小值。切削速度 v_c 随刀具材料和工件材料不同而略有不同，一般取 20m/min 左右。上述切削用量也适用于刨削垂直面和斜面。

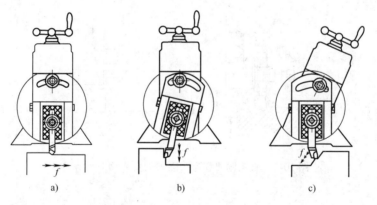

a)   b)   c)

图 10-9　刨水平面、垂直面、斜面时刀架和刀座的位置

a) 刨水平面　b) 刨垂直面　c) 刨斜面

10.5.2　刨垂直面

刨垂直面多用于不能用刨水平面的方法加工的情况，例如长工件的端面，用刨垂直面的方法就较为方便。先把刀架转盘的刻线对准零线，再将刀座按一定方向（即刀座上端偏离加工面的方向）偏转合适的角度，一般为 10°~15°，如图 10-9b 所示。偏转刀座的目的是使抬刀板在回程中能使刨刀抬离工件加工面，保护已加工表面，减少刨刀磨损。刨垂直面时，有的牛头刨床（如 B6065）只能手动进给。手动进给是用手间歇转动刀架手柄移动刨刀来实现进给的。有的牛头刨床（如 B6050）既可手动进给，又可自动进给，即工作台带动工件间歇向上移动。

10.5.3 刨斜面

刨斜面最常用的方法是正夹斜刨，即依靠倾斜刀架进行。刀架扳转的角度应等于工件斜面与铅垂线的夹角。刀座偏转方向与刨垂直面相同，即刀座上端偏离加工面，如图 10-9c 所示。在牛头刨床上刨斜面只能靠手动进给。

10.5.4 刨矩形工件

矩形工件（如平行垫铁）要求两个相对平面互相平行，两个相邻平面互相垂直。这类工件可以铣削，也可以刨削。当工件采用机用虎钳装夹时，无论是铣削还是刨削，加工前 4 个面均要按照 1、2、4、3 的顺序进行，如图 10-10 所示。刨削矩形工件前 4 个平面的具体步骤如下：

1）刨出大面 1，作为精基准面，如图 10-10a 所示。

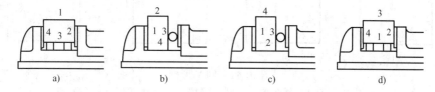

图 10-10 刨矩形工件前 4 个平面的步骤

2）将已加工的大面 1 作为基准面贴紧固定钳口，在活动钳口与工件之间的中部垫一圆棒后夹紧，然后加工相邻的面 2，如图 10-10b 所示。面 2 相对面 1 的垂直度取决于固定钳口立面与水平进给方向的垂直度。垫圆棒是为了使夹紧力集中在钳口的中部，使面 1 与固定钳口可靠地贴紧。

3）已加工的面 2 朝下，用与步骤 2）相同的方法使基准面 1 紧贴固定钳口。夹紧时，用锤子轻敲工件，使面 2 紧贴机用虎钳底面（或垫铁），夹紧后即可加工面 4，如图 10-10c 所示。

4）将面 1 放在平行垫铁上，工件直接夹在两钳口之间。夹紧时要用锤子轻轻敲打，使面 1 与垫铁贴实。夹紧后加工面 3，如图 10-10d 所示。

10.6 刨削加工操作实训

10.6.1 刨水平面

1）正确安装刀具和零件。

2）调整工作台的高度，使刀尖轻微接触工件表面。

3）调整滑枕的行程长度和起始位置。

4）根据零件材料、形状、尺寸等要求，合理选择切削用量。

5）试切。先手动试切，进给 1～1.5mm 后停机，测量尺寸，根据测得结果调整背吃刀量，再自动进给进行刨削。当零件表面粗糙度 Ra 值要求小于 6.3μm 时，应先粗刨，再精刨。精刨时，背吃刀量和进给量应小些，切削速度应适当高些。此外，在刨刀返回行程时，用手掀起刀座上的抬刀板，使刀具离开已加工表面，以保证零件表面质量。

6）检验。零件刨削完工后，停车检验，尺寸和加工精度合格后即可卸下。

10.6.2　刨 V 形槽

刨 V 形槽如图 10-11 所示，先按刨平面的方法把 V 形槽粗刨出大致形状，如图 10-11a 所示；然后用切刀刨 V 形槽底的直角槽，如图 10-11b 所示；再按刨斜面的方法用偏刀刨 V 形槽的两斜面，如图 10-11c 所示；最后用样板刀精刨至图样要求的尺寸精度和表面粗糙度，如图 10-11d 所示。

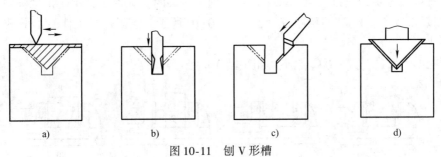

图 10-11　刨 V 形槽

a）刨平面　b）刨直槽　c）刨左右斜面　d）样板刀精刨 V 形槽

复习思考题

1. 试述 B6050 的含义。
2. 刨床的主运动是什么？进给运动是什么？
3. 为什么刨刀一般做成弯头？
4. 牛头刨床主要由哪几部分组成？各部分有何作用？
5. 刨削前，牛头刨床需进行哪几方面的调整？如何调整？
6. 简述刨削正六面体零件的操作步骤。

第 11 章 磨削加工

【教学目的和要求】

1. 了解磨削加工的工艺特点及加工方法。
2. 了解常用磨床的组成、运动和用途。
3. 掌握外圆磨床和平面磨床的操纵方法。
4. 了解砂轮的特性、砂轮的选择和使用方法。
5. 掌握在外圆磨床及平面磨床上正确装夹工件的方法，完成磨外圆和磨平面的加工。

【磨削加工安全技术】

磨削加工安全技术与车削加工安全技术有许多相同之处，可参照执行，在操作过程中更应注意以下几点：

1. 操作者必须戴工作帽，长发压入帽内，以防发生人身事故。
2. 多人共用一台磨床时，只能一人操作，并注意他人的安全。
3. 砂轮是在高速旋转下工作的，禁止面对砂轮站立。
4. 砂轮起动后，必须慢慢引向工件，严禁突然接触工件；背吃刀量也不能过大，以防背向力过大将工件顶飞而发生事故。
5. 用磁盘时，应尽量增大面积，必要时加垫铁，用垫铁要合适。起动时间为 $1 \sim 2min$，工件吸牢后才能工作。

11.1 磨削加工概述

在磨床上用砂轮作为切削工具，对工件表面进行加工的方法称为磨削加工。常见磨削加工方法如图 11-1 所示。

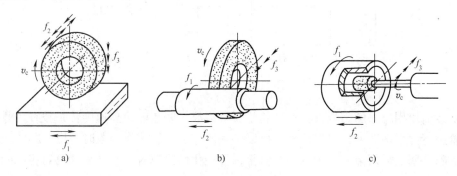

图 11-1 常见磨削加工方法

a）平面磨削 b）外圆磨削 c）内圆磨削

磨削加工是零件精加工的主要方法之一，与车削、钻削、刨削、铣削等加工方法相比，有以下特点：

1）在磨削过程中，由于磨削速度很高，产生大量切削热，磨削温度可达1000℃以上。为保证工件表面质量，磨削时必须使用大量的切削液。

2）磨削不仅能加工一般的金属材料，如钢、铸铁，而且还可以加工硬度很高、用金属刀具很难加工甚至根本不能加工的材料，如淬火钢、硬质合金等。

3）磨削加工尺寸公差等级可达IT6~IT5，表面粗糙度Ra值可达$0.8~0.1\mu m$。高精度磨削加工时，尺寸公差等级可超过IT5，表面粗糙度Ra值可达$0.05\mu m$以下。

4）磨削加工的背吃刀量较小，故要求零件在磨削之前先进行半精加工。

磨削加工的用途很广，它可以利用不同类型的磨床分别磨削外圆、内孔、平面、沟槽、成形面（齿形、螺纹等）以及刃磨各种刀具。此外，磨削还可用于毛坯的预加工和清理等粗加工工作。

11.2 砂轮

砂轮是由许多细小而坚硬的磨粒用结合剂粘结而成的多孔物体，是磨削加工的切削工具。磨粒、结合剂和空隙是构成砂轮的三要素，如图11-2所示。

常用的砂轮磨料有氧化铝和碳化硅两类，前者适宜磨削碳钢（用棕色氧化铝）和合金钢（用白色氧化铝），后者适宜磨削铸铁（用黑色碳化硅）和硬质合金（用绿色碳化硅）。

磨料的颗粒有粗细之分，粗磨选用粗颗粒的砂轮，精磨选用细颗粒的砂轮。

为适应不同表面形状与尺寸的加工，砂轮制成各种形状和尺寸，如图11-3所示，其中平形砂轮用于普通平面、外圆和内圆的磨削。

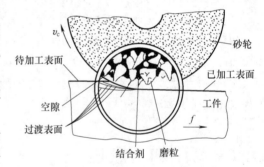

图11-2 砂轮的三要素

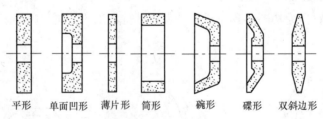

平形　单面凹形　薄片形　筒形　碗形　碟形　双斜边形

图11-3 砂轮的形状

在安装前要用敲击的声响来检查砂轮是否有裂纹，防止砂轮高速旋转时破裂。此外，还要对砂轮进行静平衡调整，以保证砂轮可以平衡工作。砂轮工作一段时间后，磨粒变钝，工作表面空隙堵塞，需用金刚石工具进行修整，使钝化的磨粒脱落，恢复砂轮的切削能力和形状精度。

11.3　磨床

11.3.1　平面磨床

1. 平面磨床的结构

图 11-4 所示为 M7120D 平面磨床。在编号 M7120D 中，M 表示磨床类；71 表示卧轴矩形工作台平面磨床；20 表示工作台宽度的 1/10，即工作台宽度为 200mm；D 表示机床结构第 4 次重大改进。

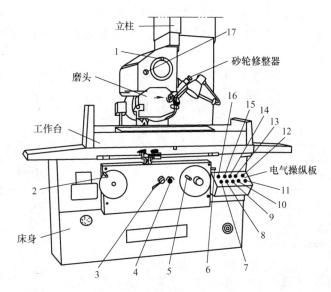

图 11-4　M7120D 平面磨床

1—砂轮横向手动手轮　2—工作台手动手轮　3—工作台自动及无级调速手柄　4—砂轮横向自动进给（断续或连续）旋钮
5—砂轮升降手动手轮　6—砂轮垂向进给微动手柄　7—总停按钮　8—液压泵起动按钮　9—砂轮上升点动按钮
10—砂轮下降点动按钮　11—电磁吸盘开关　12—切削液泵开关　13—砂轮高速起动按钮　14—砂轮停止按钮
15—砂轮低速起动按钮　16—电源指示灯　17—砂轮横向自动进给换向推拉手柄

M7120D 平面磨床主要由床身、工作台、立柱、磨头、砂轮修整器和电器操纵板等组成。

磨头上装有砂轮，砂轮的旋转为主运动。砂轮由单独的电动机驱动，有 1500r/min 和 3000r/min 两种转速，分别由按钮 13 和 15 控制，一般情况下多用低速挡。磨头可沿滑板的水平横向导轨做横向移动或进给，可手动（使用手轮 1）或自动（使用旋钮 4 和推拉手柄 17）；磨头还可随滑板沿立柱的垂直导轨做垂向移动或进给，多用手动操作（使用手轮 5 或微动手柄 6）。

矩形工作台装在床身水平纵向导轨上，由液压传动实现工作台的往复移动，带动工件纵向进给（使用手柄 3）。工作台也可手动移动（使用手轮 2）。工做台上装有电磁吸盘，用以装夹工件（使用开关 11）。

使用和操纵磨床要特别注意安全。开动平面磨床一般顺序为：① 接通机床电源；② 起

135

动电磁吸盘吸牢工件；③ 起动液压泵；④ 起动工作台做往复移动；⑤ 起动砂轮转动，一般使用低速挡；⑥ 起动切削液泵。停机一般先停工作台，然后总停。

2. 平面磨床的基本操作

在平面磨床上磨削中小型工件，工件安装方法采用电磁吸盘装夹，如图 11-5 所示。

电磁吸盘的工作原理如图 11-6 所示。图中 1 为钢制吸盘体，其中部凸起的芯体 A 上绕有线圈 2，3 为钢制盖板，在它上面镶嵌有用绝磁层 4 隔开的许多钢制条块。当线圈 2 中通过直流电时，芯体 A 磁化，磁力线由芯体 A 通过钢制盖板 3→工件→钢制盖板 3→钢制吸盘体 1→芯体 A 而闭合（见图中虚线），从而吸住工件。绝磁层由铅、铜等非磁性材料制成，其

图 11-5　电磁吸盘装夹工件

作用是使绝大部分磁力线通过工件再回到吸盘体，而不能通过盖板直接回去，以保证工件被牢靠地吸在工作台面上。

磨平面时，一般以一个平面为基准，磨削另一个平面。如果两个平面都要磨削并要求平行时，可互为基准反复磨削，如图 11-7 所示。

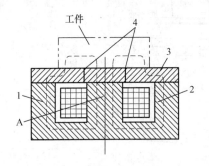

图 11-6　电磁吸盘工作原理
1—钢制吸盘体　2—线圈　3—钢制盖板　4—绝缘层

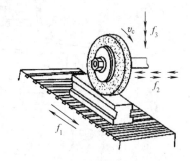

图 11-7　磨平面的方法

11.3.2　外圆磨床

1. 外圆磨床的结构

图 11-8 所示为 M1420 万能外圆磨床。在编号 M1420 中，M 表示磨床类；14 表示万能外圆磨床；20 表示最大磨削直径的 1/10，即最大磨削直径为 200mm。

M1420 万能外圆磨床主要由床身、工作台、工件头架、尾座、砂轮架、砂轮修整器和电器操作板等组成。

砂轮架上装有砂轮，砂轮的转动为主运动。它由单独的电动机驱动，有 1420r/min 和 2850r/min 两种转速。砂轮起动由按钮 7 控制，变速由旋钮 10 控制。砂轮架可沿床身后部横向导轨前后移动，其方式一般有手动、快速引进和退出两种，分别使用手轮 6、按钮 8 和 12。

M1420 万能外圆磨床砂轮引进距离为 20mm。注意：在引进砂轮之前，务必使砂轮与工件之间的距离大于砂轮引进距离 10mm 左右，以免砂轮引进时碰撞工件而发生事故。

工作台有两层，下工作台做纵向往复移动，以带动工件纵向进给运动（手动使用手轮 3，自动使用旋钮 5）；上工作台相对下工作台可在水平面内扳转一个不大的角度，以便磨削圆锥面。

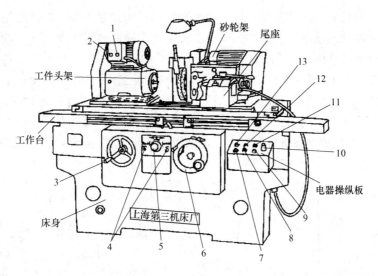

图 11-8　M1420 万能外圆磨床

1—工件转动变速旋钮　2—工件转动点动按钮　3—工作台手动手轮　4—工作台左、右端停留时间调整旋钮
5—工作台自动及无级调速旋钮　6—砂轮横向手动手轮　7—砂轮起动按钮
8—砂轮引进、工件转动、切削液泵起动按钮　9—液压泵起动按钮　10—砂轮变速旋钮　11—液压泵停止按钮
12—砂轮退出、工件停转和切削液泵停止按钮　13—总停按钮

工件头架和尾座安装在工作台上，用于装夹工件，带动工件转动做圆周进给运动。工件转动在 60～460r/min 范围内有六种转速，由旋钮 1 控制。

万能外圆磨床和普通外圆磨床的主要区别：万能外圆磨床增加了内圆磨头；砂轮架上和工件头架上均装有转盘，能围绕铅垂轴扳转一定的角度。因此，万能外圆磨床除了磨削外圆和锥度较小的外锥面外，还可磨削内圆和任意锥角的内锥面。

开动外圆磨床，一般按下列顺序进行：① 接通机床电源；② 检查工件装夹是否可靠；③ 起动液压泵；④ 起动工作台往复移动；⑤ 引进砂轮，同时起动工件转动和切削液泵；⑥ 起动砂轮。停机则可按上述相反的顺序进行。

2. 外圆磨床的基本操作

（1）工件安装方法　在外圆磨床上常见的工件装夹方法有双顶尖装夹、卡盘装夹和心轴装夹三种。

双顶尖装夹适用于两端有中心孔的轴类工件，如图 11-9 所示。工件支承在两顶尖之间，其方法与车床顶尖装夹基本相同。不同点在于：磨床的两顶尖不随工件一起转动，避免因顶

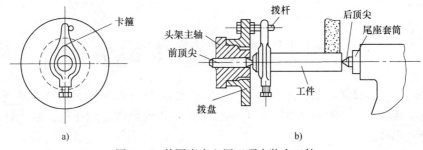

图 11-9　外圆磨床上用双顶尖装夹工件

尖转动可能带来的径向圆跳动误差；后顶尖依靠弹簧推力顶紧工件，自动控制松紧程度，这样既可避免工件轴向窜动带来的误差，又可避免工件因磨削热可能产生的弯曲变形。双顶尖装夹是外圆磨床上最常用的装夹方法。

磨削短工件上的外圆可用自定心卡盘或单动卡盘装夹工件，如图 11-10a、b 所示，装夹方法与车床基本相同。用单动卡盘装夹工件时要用百分表找正。磨削盘套类空心工件上的外圆常用心轴装夹，如图 11-10c 所示，装夹方法也与车床基本相同，只是磨削用的心轴的精度要求更高。心轴通过双顶尖安装在外圆磨床上，主轴通过拨盘、卡箍带动心轴和工件一起转动。

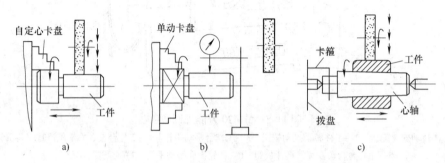

图 11-10 外圆磨床上用卡盘和心轴装夹工件
a) 自定心卡盘装夹 b) 单动卡盘装夹及其找正 c) 锥度心轴装夹

（2）磨外圆和台肩端面 在外圆磨床上常用的磨外圆方法有纵磨法和横磨法两种。纵磨法如图 11-11a 所示，磨削时工件旋转（圆周进给），并与工作台一起做纵向往复运动（纵向进给），每次纵向行程（单行程或双行程）终了时，砂轮做一次横向进给运动（相当于背吃刀量）。每次背吃刀量很小，一般为 $0.005 \sim 0.01\text{mm}$，磨削余量是在多次往复行程中磨去的。当工件加工到接近最终尺寸时，采用无横向进给的几次光磨行程，直至火花消失为止，以消除工件弹性变形来提高工件的形状精度。横磨法如图 11-11b 所示，当工件刚度较好、待磨表面较短时，可采用宽度大于待磨表面长度的砂轮进行横磨。横磨时工件无纵向进给运动，砂轮以很慢的速度连续或断续地向工件做横向进给运动，直至磨去全部余量为止。

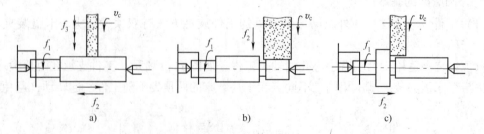

图 11-11 磨削外圆和台肩端面的方法
a) 纵磨法磨外圆 b) 横磨法磨外圆 c) 靠磨台肩端面

磨削外圆时，有时需要靠磨台肩端面，其方法如图 11-11c 所示。当外圆磨到所需尺寸后，将砂轮稍微退出，一般为 $0.05 \sim 0.1\text{mm}$，手摇工作台纵向移动手轮，使工件的台肩端面贴靠砂轮，磨平即可。

（3）磨锥面 在万能外圆磨床上磨锥面的方法有扳转上工作台法和扳转工件头架法两

种，如图 11-12 所示。前者适宜磨削锥度较小、锥面较长的工件，后者适宜磨削锥度较大、锥面较短的工件。

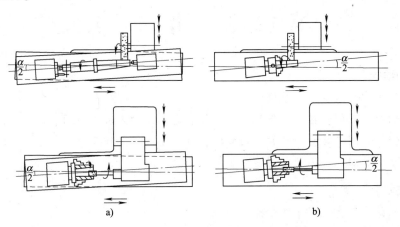

图 11-12　在万能外圆磨床上磨锥面的方法

a）扳转上工作台法磨锥面　b）扳转工件头架法磨锥面

复习思考题

1. 磨削加工一般适用于加工哪类工件？
2. 磨削加工的工件尺寸公差等级能达多少？表面粗糙度 Ra 值可达多少？
3. 砂轮的三要素是什么？
4. 磨削的主运动是什么？试用工作简图表示出磨外圆、内圆和平面的切削运动。

第 12 章　钳　　工

【教学目的和要求】

1. 了解钳工在机械制造及维修中的作用。
2. 掌握划线、锯削、锉削、钻孔、攻螺纹和套螺纹的方法及应用。
3. 掌握钳工常用工具、量具的使用方法，独立完成钳工作业。
4. 了解钻床的组成、运动和用途，了解钻孔的方法。

【钳工安全技术】

1. 钳台应放在光线适宜、便于操作的地方。
2. 钻床、砂轮机应安放在场地边缘。操作钻床时，不允许戴手套；使用砂轮机时，要戴防护眼镜，以保证安全。
3. 零件或坯料应平稳整齐地放在规定区域，并避免碰伤已加工表面。
4. 工具安放应整齐，取用方便；不用时，应整齐地收藏于工具箱内，以防损坏。
5. 量具应单独放置和收藏，不要与工件或工具混放，以保持精确度。
6. 清除切屑要用刷子，不要用嘴吹，更不要用手直接去摸、拉切屑，以免划伤。
7. 要经常检查所用的工具和机床是否有损坏，发现有损坏不得使用，需修好后再用。
8. 使用电动工具时，应有绝缘防护和安全接地措施。

12.1　钳工概述

钳工是一个出现时间较早的工种，以手工操作为主，使用各种工具来完成工件的加工、装配和修理等工作。其基本操作有划线、錾削、锯削、锉削、刮削、研磨、钻孔、扩孔、锪孔、铰孔、攻螺纹、套螺纹及装配等。加工时，工件一般被夹紧在钳工工作台的台虎钳上。

钳工常用设备有钳工工作台、台虎钳、砂轮机等。

根据加工内容的不同，钳工可分为普通钳工、划线钳工、模具钳工、工具钳工、装配钳工、钻工和维修钳工等。

钳工使用的工具简单，操作灵活方便，能够加工形状复杂、质量要求高的零件，并能完成一般机械加工难以完成的工作，因此，钳工在机械制造和维修业中占有很重要的地位。

12.2　钳工的基本工作

12.2.1　划线

划线就是根据图样要求，在毛坯或半成品上划出加工尺寸界线的操作过程。

1. 划线的作用

1）在毛坯上明确表示出加工余量、加工位置界线，作为工件装夹及加工的依据。

2）通过划线，检查毛坯的形状和尺寸是否符合图样要求，避免不合格的毛坯投入机械加工而造成浪费。

3）通过划线，合理分配各加工面的加工余量（也称借料），从而保证少出或不出废品。

2. 划线的种类

（1）平面划线　在工件或毛坯的一个平面上划线（图 12-1）。

（2）立体划线　在工件或毛坯的长、宽、高三个方向上划线（图 12-2）。

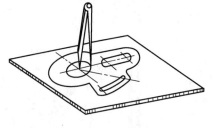

图 12-1　平面划线

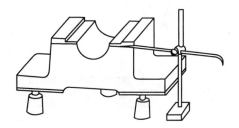

图 12-2　立体划线

3. 划线工具及用途

（1）划针及划针盘　划针是用来在工件上划线的工具，它多由高速钢制成，尖端经磨锐后淬火，其形状及用法如图 12-3 所示。划针盘是带有划针的可调划线工具，也常用来找正工件位置。图 12-4 所示为用划针盘划线。

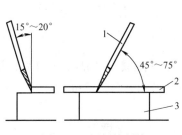

图 12-3　用划针划线
1—划针　2—金属直尺　3—工件

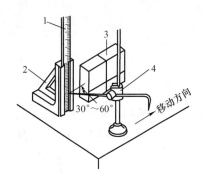

图 12-4　用划针盘划线
1—金属直尺　2—尺座　3—划针盘　4—工件

（2）划规和划卡　划规形如绘图用的圆规，用于划圆周和圆弧线、量取尺寸和等分线段（图 12-5）。划卡又称单脚规，用来确定轴、孔的中心位置，也可用来划平行线（图 12-6）。

（3）划线量具　划线常用的量具有金属直尺、直角尺及游标高度卡尺。直角尺两直角边之间呈精确的直角，不仅可划垂直线，还可找正垂直面。游标高度卡尺是附有划线量爪的精密高度划线工具，也可测量高度，但不可对毛坯划线，以防损坏硬质合金划线脚（图 12-7）。

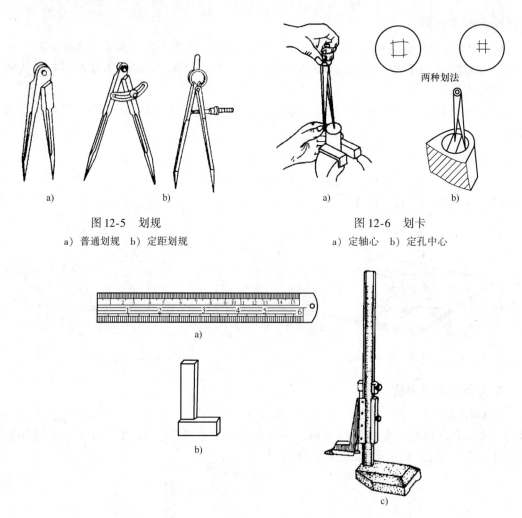

图 12-5 划规
a) 普通划规 b) 定距划规

图 12-6 划卡
a) 定轴心 b) 定孔中心

图 12-7 划线量具
a) 金属直尺 b) 直角尺 c) 游标高度卡尺

（4）样冲 样冲是用以在工件上打出样冲眼的工具。划好的线段和钻孔前的圆心都需要打样冲眼，如果所划的线模糊，以便能识别线的位置及便于定位（图 12-8）。

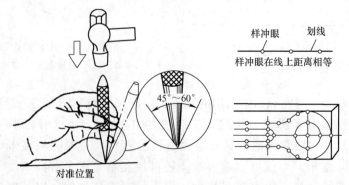

图 12-8 样冲及使用方法

4. 划线基准及其选择

(1) 划线基准 划线时，选择工件上的某些点、线、面作为工件上其他点、线、面的度量起点，划出其余的尺寸线，则被选定的点、线、面称为划线基准。

(2) 基准的选择原则 划线基准选择正确与否，对划线质量和划线速度有很大影响。选择划线基准时，应根据工件的形状和加工情况综合考虑，尽量使划线基准与图样上的设计基准一致。尽量选用工件上已加工过的表面；工件为毛坯时，应选用重要孔的中心线为基准；毛坯上没有重要孔，则应选较大的平面为基准（图 12-9）。

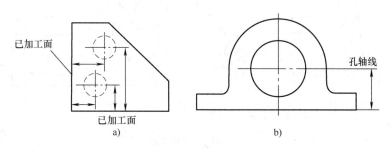

图 12-9 划线基准

a）以已加工表面为基准 b）以孔的中心线为基准

(3) 基准的几种类型 基准可为两个互相垂直的外平面（图 12-10a）、两条中心线（图 12-10b）、一个平面和一条中心线（图 12-10c）。

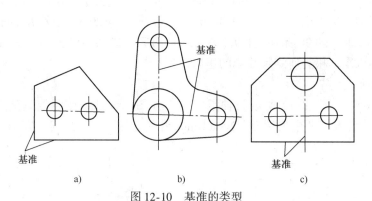

图 12-10 基准的类型

a）两个相互垂直的外平面 b）两条中心线 c）一个平面和一条中心线

5. 划线步骤

1）详细研究图样，确定划线基准。

2）检查并清理毛坯，剔除不合格件，在划线表面涂涂料。

3）工件有孔时，用铅块或木块塞孔并确定孔的中心。

4）正确安放工件，选择划线工具。

5）划线。首先划出基准线，再划出其他水平线；然后翻转找正工件，划出垂直线；最后划出斜线、圆、圆弧及曲线等。

6）根据图样，检查所划的线是否正确，再打出样冲眼。

6. 划线示例

不同形状的零件，其划线的方法、步骤是不相同的，就是相同形状的零件，其划线方法、步骤也可能不相同。

（1）平面划线 图 12-11a 所示为摇杆臂的零件图。该零件的划线是在钢板上进行的。其划线步骤如下（图 12-11b）：

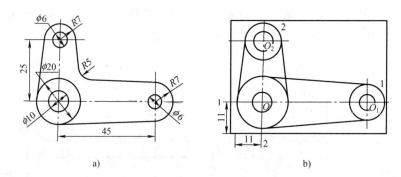

a)   b)

图 12-11　半面划线

a）摇杆臂零件图　b）平面划线图

1）清理干净钢板，涂上涂料。

2）钢板的边缘量取 11mm，分别划出水平基准线 1−1 和垂直基准线 2−2 及圆点 O。

3）量取 $\overline{OO_1}=45$mm、$\overline{OO_2}=25$mm，以 1−1 和 2−2 线为基准划出中心线。

4）分别以 O、O_1、O_2 为圆心，划出 $\phi6$mm、$\phi10$mm、$\phi20$mm 圆及 $R7$mm 圆弧。

5）划出 O、O_1 两圆的两条切线和 O、O_2 两圆的两条切线，再划出圆弧 $R=5$mm 切于两切线。

6）根据零件图，检查所划尺寸线的正确性。

7）打样冲眼。

（2）立体划线 图 12-12 所示为轴承座的零件图。该轴承座需要划线的部位有底面、$\phi40$mm 轴承座内孔及其两个大端面、$2\times\phi10$mm 孔及其端面。其划线步骤如下：

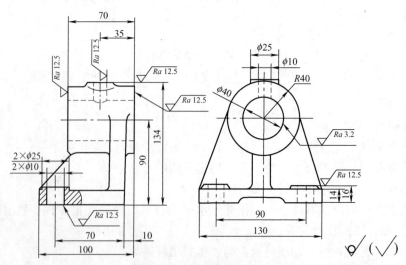

图 12-12　轴承座的零件图

1）研究图样，清理并检查毛坯是否合格，涂上涂料，确定划线基准和装夹方法。

2）在 $\phi40mm$ 孔内塞塞块，初划 $\phi40mm$ 孔和 $R=40mm$ 外轮廓的中心，使轴承孔壁的厚度均匀、四周有足够的加工余量、顶部和底部凸台以及底面有加工余量。否则要做适当的借料，移动所找的中心线。

3）用千斤顶支承轴承座底面，并使用划针盘将轴承座两端中心初步调整到同一高度，同时使底面上平面尽量达到水平位置，这两方面需同时兼顾（图 12-13a）。

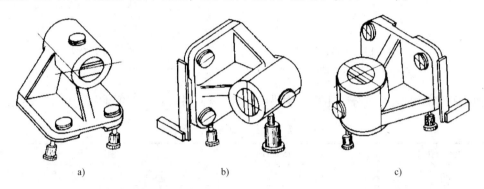

a)   b)   c)

图 12-13　轴承座立体划线图

4）用划针盘试划底面加工线。若加工余量不够，则需把孔的中心升高，重新划线，直到符合要求。

5）在 $\phi40mm$ 孔处，划出水平基准线、顶部和底部凸台平面加工线、底面四周加工线。

6）翻转轴承座，用划针盘找正轴承座前后中心，使其等高，同时用直角尺按底面加工线找正垂直位置。划出 $\phi40mm$ 孔的垂直基准线，然后划出两螺栓穿过孔的中心线（图 12-13b）。

7）再次翻转轴承座，用直角尺找正垂直位置。兼顾底面凸台 70mm、油杯凸台 35mm、轴承座右端 10mm 以及轴承座两端面 70mm，确定并划出油杯孔中心线（图 12-13c）。

8）划出轴承座两端面的加工线和螺栓孔的中心线。

9）拿下轴承座，用划规划出轴承内孔、油杯孔以及螺栓孔的圆周线。

10）检查所划线是否正确，在所有加工线上打样冲眼。

12.2.2　锯削

锯削是用手锯完成切断各种材料、切割成形和在工件上切槽等操作。它具有方便、简单和灵活的特点，但精度较低，常需进一步加工。

1. 手锯

手锯由锯弓和锯条组成。

（1）锯弓　锯弓是用来夹持和拉紧锯条的，有固定式和可调式两种，可调式锯弓能安装不同规格的锯条（图 12-14）。

（2）锯条　锯条一般由碳素工具钢制成，其规格以其两端安装孔的间距表示。常用锯条长为 300mm、宽为 12mm、厚为 0.8mm。锯条由许多锯齿组成，锯齿左右错开形成交叉式或波浪式排列称为锯路（图 12-15）。锯路的作用是使锯缝宽度大于锯条背部厚度，以防锯条卡在锯缝里，减少锯条在锯缝中的摩擦阻力并使排屑顺利，提高锯条的使用寿命和工作效率。

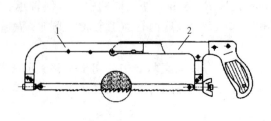

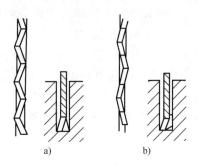

图 12-14 可调式锯弓　　　　　　　　　　　图 12-15 锯齿排列

1—可调部分 2—活动部分　　　　　　　　　a）交叉式排列 b）波浪式排列

锯条按齿距的大小可分为粗齿、中齿、细齿三种。锯齿粗细的划分及用途见表 12-1。

表 12-1 锯齿粗细的划分及用途

锯 齿 粗 细	齿数/（25mm）	用 途
粗齿	14～18	锯铜、铝等软金属，厚件及人造胶质材料
中齿	22～24	锯普通钢、铸铁，中厚件及厚壁管子
细齿	32	锯硬钢，板材及薄壁管子
由细齿变为中齿	32～20	一般工厂中用，易起锯

2. 锯削的步骤和方法

（1）锯条的选择　锯条的选择是根据材料的软硬和厚度进行的。锯软材料或厚工件时，应选用粗齿锯条，因齿锯较大，锯屑不易堵塞；锯硬材料或薄工件时，一般选用细齿锯条，这样可使同时参加锯削的锯齿增加（一般为 2～3 齿），避免锯齿被薄工件勾住而崩裂。

（2）锯条的安装　锯条安装在锯弓上，锯齿尖端向前，锯条的松紧应适中，同时不能歪斜或扭曲，否则锯削时锯条易折断。

（3）工件的装夹　应尽可能装夹在台虎钳的左边；工件伸出钳口要短，锯削线离钳口要近，以防锯切时产生振动；工件要夹紧，并应防止工件变形或夹坏已加工面。

（4）锯削操作

1）起锯。起锯时，以左手拇指靠住锯条，右手握住锯柄，锯条倾斜与工件表面形成起锯角度。起锯角度为 10°～15°。起锯角度过大，易崩齿；起锯角度过小，锯齿不易切入工件，产生打滑，甚至损坏工件表面（图 12-16）。起锯时，锯弓往复行程要短，压力要小，待锯痕深约 2mm 后，将锯弓逐渐调至水平位置进行正常锯削。

2）锯削。正常锯削时，右手握锯柄推进，左手轻压锯弓前端，返回时不加压，锯条从工件上轻轻拉回。在整个锯削过程中，锯条应做直线往复运动，不可左右晃动，同时应尽量用锯条全长工作，以防锯条局部发热和磨损。

3）结束。工件即将锯断时，用力要轻，速度要慢，行程要短。

3. 锯削示例

锯削不同的工件，需要采用不同的锯削方法，锯削前在工件上划出锯削线，划线时应留有锯削后的加工余量。

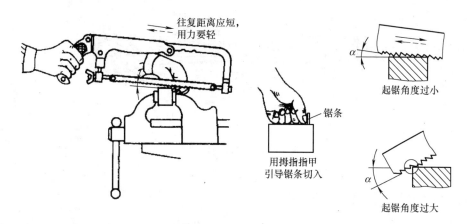

图 12-16　起锯方法

（1）锯圆管　锯圆管时，当锯条切入圆管内壁后，锯齿在薄壁上锯削的应力集中，极易被管壁勾住，产生崩齿或折断锯条。因而应在管壁即将被锯断时，把圆管向推锯方向转一角度，从原锯缝锯下，如此不断转动，直至锯断（图 12-17a）。薄壁圆管还应夹持在两块 V 形木垫之间，以防夹扁或夹坏表面。

（2）锯扁钢、型钢等厚件

1）锯扁钢。为了得到整齐的锯缝，应从扁钢较宽的面下锯，这样，锯缝深度较浅，锯条不易卡住（图 12-17b）。

2）锯型钢。锯型钢是锯扁钢和锯圆管的综合。从大面开始锯削，一个面锯开再换另一面，在原锯缝处继续锯削，直至锯断（图 12-17c）。

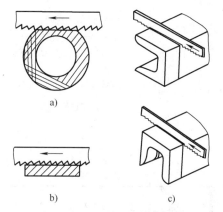

图 12-17　锯型材的方法
a）锯圆管　b）锯扁钢　c）锯型钢

3）锯厚件。锯削工件厚度大于锯弓高度时，先正常锯削，当锯弓碰到工件时，将锯条转过 90°锯削，如果锯削部分宽度也大于锯弓高度，则将锯条转过 180°锯削（图 12-18）。

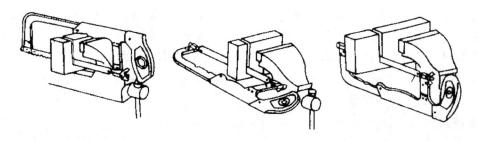

图 12-18　厚件的锯削方法

（3）锯薄板　将薄板工件夹在两木块之间，增加薄件刚性，减少振动和变形，并避免锯齿被卡住而崩断；当薄件太宽，台虎钳夹持不便时，采用横向斜锯削（图 12-19）。

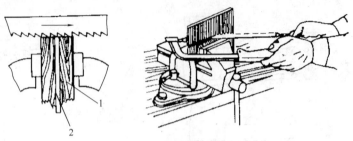

图 12-19　薄件的锯削方法
1—木板　2—薄板料

4. 锯削质量和锯条损坏原因（表 12-2）

表 12-2　锯削质量和锯条损坏原因

锯条损坏形式	产 生 原 因	工件质量问题	产 生 原 因
折断	1. 锯条安装过紧或过松 2. 工件抖动或松动 3. 锯缝产生歪斜，靠锯条强行纠正 4. 推力过大 5. 更换锯条后，新锯条在旧锯缝中锯削	工件尺寸不对	1. 划线不正确 2. 锯削时未留余量
崩齿	1. 锯条粗细选择不当 2. 起锯角度过大 3. 铸件内有砂眼、杂物等	锯缝歪斜	1. 锯条安装过松或扭曲 2. 工件未夹紧 3. 锯削时，顾前未顾后
磨损过快	1. 锯削速度过快 2. 未加切削液	表面锯痕多	1. 起锯角度过小 2. 锯条未靠左手大拇指定位

5. 其他锯削方法

用手锯锯削工件，劳动强度大，生产效率低，对操作工人要求高。为了改善工人的劳动条件，锯削操作也逐渐朝机械化方向发展。目前，已开始使用薄片砂轮机和电动锯削机等简易设备锯削工件。

12.2.3　锉削

锉削是用锉刀对工件表面进行加工的操作，是钳工加工中最基本的方法之一。锉削加工操作简单，但对技术要求较高，工作范围广，一般用于工件錾削和锯削之后的进一步加工，或在零部件装配时对工件进行修整。其加工范围包括对平面、曲面、内外圆弧面、沟槽的加工以及对成形样板、模具、型腔等其他复杂表面的加工（图 12-20）。锉削加工尺寸公差等级可达 IT8 ~ IT7，表面粗糙度 Ra 值可达 0.8μm。

1. 锉刀

（1）锉刀的结构　锉刀用碳素工具钢制成（图 12-21），经热处理淬硬后，硬度可达 60 ~ 62HRC。锉刀的刀齿是在剁锉机上剁出来的，锉刀的齿纹有单齿纹和双齿纹两种（图 12-22）。双齿纹的刀齿交叉排列，锉削时，每个齿的锉痕不重叠，锉屑易碎裂，不易堵塞锉面，锉削时省力且工件表面光滑，所以锉刀的齿纹多制成双齿纹。单齿纹锉刀一般用于锉削铝、铜等软材料。

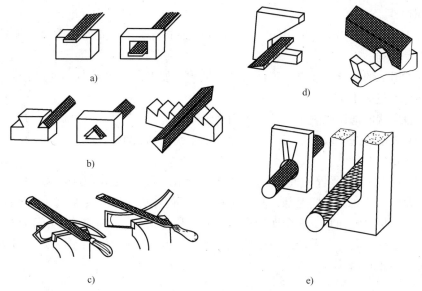

图 12-20　锉削加工范围

a）锉平面　b）锉三角　c）锉曲面　d）锉交角　e）锉圆孔

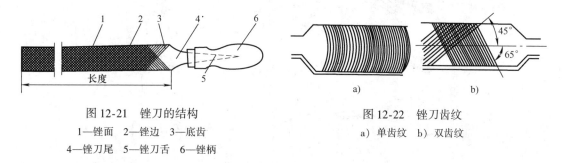

图 12-21　锉刀的结构

1—锉面　2—锉边　3—底齿

4—锉刀尾　5—锉刀舌　6—锉柄

图 12-22　锉刀齿纹

a）单齿纹　b）双齿纹

（2）锉刀的种类及应用　锉刀按用途可分为钳工锉、整形锉和特种锉三种。钳工锉按其断面形状可分为平锉、方锉、圆锉、半圆锉和三角锉五种。

锉刀的规格一般以断面形状、锉刀长度、齿纹粗细来表示。

锉刀的大小由其工作部分的长度来表示，可分为 100mm、150mm、200mm、250mm、300mm、350mm 和 400mm 七种。

锉刀的粗细按每 10mm 长度内锉面上的齿数划分，可分为粗齿、中齿、细齿和油光锉四种。其特点和用途见表 12-3。

表 12-3　各种锉刀的特点和用途

锉齿粗细	齿　数	特点和应用	尺寸精度 /mm	加工余量 /mm	表面粗糙度 $Ra/\mu m$
粗齿	4～12	齿间大，不易堵塞，宜粗加工或锉铜、铝等有色金属	0.2～0.5	0.5～1	12.5～50
中齿	13～23	齿间适中，适于粗锉后加工	0.05～0.2	0.2～0.5	3.2～6.3
细齿	30～40	锉光表面或锉硬金属	0.01～0.05	0.05～0.2	1.6
油光锉	50～62	精加工时修光表面	0.01 以下	0.05 以下	0.8

2. 锉削操作

（1）锉刀的选择 合理地选用锉刀，对提高工作效率、保证加工质量、延长锉刀的使用寿命有很大影响。

锉刀齿纹粗细的选择，取决于工件材料的性质、加工余量的大小、加工精度以及表面粗糙度的大小（参见表12-3）。

锉刀截面形状的选择取决于工件加工面的形状。

锉刀长度规格的选择取决于工件加工面和加工余量的大小。

（2）锉刀的操作

1）锉刀的握法。大平锉的握法如图12-23a所示。右手紧握锉刀柄，柄端抵在拇指根部的手掌上，大拇指放在锉刀柄上部，其余手指由下而上握着锉刀柄；左手拇指的根部肌肉压在锉刀头上，拇指自然伸直，其余四指弯向手心，用中指、无名指握住锉刀前段。右手推动锉刀，并控制推动方向，左手协同右手使锉刀保持平衡。中锉刀、小锉刀及细锉刀的握法分别如图12-23b～d所示。

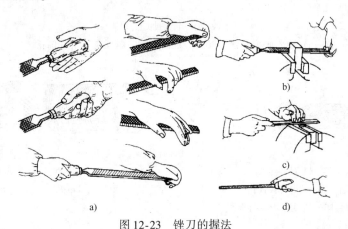

图 12-23 锉刀的握法

a）大平锉的握法 b）中锉刀的握法 c）小锉刀的握法 d）细锉刀的握法

2）锉削姿势。锉削时的站立位置及身体运动要自然，并便于用力，以能适应不同的加工要求为准。

3）施力变化。锉削时，保持锉刀的平直运动是锉削的关键，否则工件就两边低中间高。两手压力也要逐渐变化，使其对工件中心的力矩相等，这是保持锉刀平直运动的关键。

锉削力有水平推力和垂直压力两种。推力由右手控制，压力由两手同时控制。开始锉削时，左手压力大、右手压力小（推力大）；到达锉刀中间位置时，两手压力相等；继续推进，左手压力减小、右手压力加大（图12-24）；返回锉刀时，两手不再施力，锉刀在工件表面轻轻滑过，以免磨钝锉齿和损伤工件。

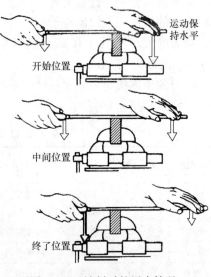

图 12-24 锉削时的用力情况

（3）锉削方法 锉削方法常有三种：交叉锉法、顺向锉法和推锉法。

1）交叉锉法：以两个方向交叉的顺序对工件表面进行锉削（图 12-25a）。交叉锉法去屑快、效率高，可根据锉痕判断锉面的平直情况，因而常用于较大面积工件的粗锉。

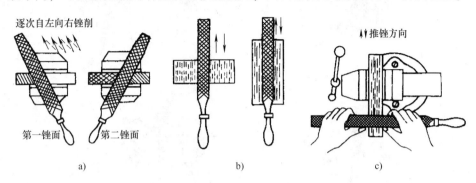

图 12-25 锉削方法

a）交叉锉法 b）顺向锉法 c）推锉法

2）顺向锉法：顺着锉刀的轴线方向进行的锉削（图 12-25b）。顺向锉法可得到平直、光洁的表面，主要用于工件的精锉。

3）推锉法：垂直于锉刀轴线方向的锉削（图 12-25c）。推锉法常用于工件上较窄表面的精锉以及不能用顺向锉法加工的场合。

（4）锉削注意事项

1）铸铁、锻件的硬皮或沙粒应预先用砂轮磨去或錾去，然后再锉削。

2）工件必须牢固地夹在台虎钳钳口中间，并略高于钳口。装夹已加工表面时，应在钳口与工件中间垫铜皮，以防夹坏已加工表面。夹紧工件时，要注意不要使工件变形。

3）不要用手摸刚锉削过的表面，以免再锉时打滑。也不要用手清理锉屑或用口去吹锉屑，以防锉屑拉伤手指或飞入眼中。

4）锉刀面被锉屑堵塞时，用钢丝刷顺着锉纹方向刷去锉屑。

5）锉削速度不可太快，以免打滑。

6）锉刀较脆，切不可摔落地面或当杆去撬其他物件。用油光锉时，力量不可太大，以免折断。

3. 锉削示例

（1）锉削平面

1）用平锉刀，以交叉锉法进行粗锉，将平面基本锉平。

2）用顺向锉法将工件表面锉平、锉光。

3）用细齿锉刀或油光锉刀，以推锉法对较窄或前端有凸台的平面进行光整或修正。

（2）曲面锉削 曲面一般可分为内、外圆弧面和球面。锉削圆弧面可用样板检验。

1）锉削外圆弧面。

① 滚锉法。用平锉刀顺着圆弧面向前推进，同时锉刀绕圆弧面中心摆动（图 12-26a）。

② 横锉法。用平锉刀沿圆弧面的横向进行锉削。当工件加工余量较大时采用该方法（图 12-26b）。

2）锉削内圆弧面。用圆锉、半圆锉或椭圆锉进行锉削。锉刀在向前推进和左右移动的

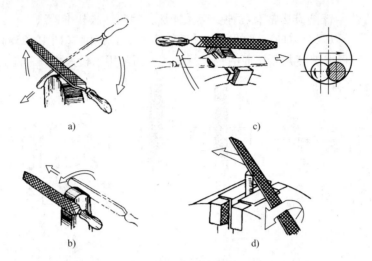

图 12-26　曲面锉削方法

a）滚锉法锉削外圆弧面　b）横锉法锉削外圆弧面　c）锉削内圆弧面　d）锉削球面

同时，绕自身中心转动（图 12-26c）。

3）锉削球面。用平锉刀顺球面向前推进（图 12-26d）。

4. 锉削质量及分析

锉削后的检验、质量问题及产生原因见表 12-4。

表 12-4　锉削后的检验、质量问题及产生原因

锉削质量	检验工具	检验方法	产生原因
形状、尺寸不准确	游标卡尺	测量法	划线不准确或锉削时未及时检查尺寸
平面不平直	直角尺或刀口形直尺	透光法	锉刀选择不合理，锉削时施力不当
平面相互不垂直	直角尺	透光法	同上
表面粗糙	表面粗糙度比较样板	对照法	锉刀粗细选择不当或锉屑堵塞锉刀表面，锉屑未及时清理

12.2.4　孔和螺纹加工

各种零件上的孔加工，除一部分由车床、铣床、镗床等机床完成外，很大一部分由钳工来完成。钳工使用各种钻床和孔加工工具进行钻孔、扩孔、锪孔及铰孔等加工。钳工中的螺纹加工主要指攻螺纹和套螺纹。

1. 孔加工用夹具

孔加工用夹具包括钻头装夹夹具和工件装夹夹具。

（1）钻头装夹夹具　常用的装夹钻头的夹具有钻夹头和钻套。

1）钻夹头。用于装夹直柄钻头。其尾部为圆锥面，可装在钻床主轴锥孔内；头部有三个自定心夹爪，通过扳手可使三个夹爪同时合拢或张开，起到夹紧或松开钻头的作用。

2）钻套。钻套有 1～5 号五种规格，用于装夹小锥柄钻头（图 12-27）。根据钻头锥柄及钻床主轴内锥孔的锥度来选择，并可用两个以上的钻套过渡连接。

（2）工件装夹夹具　常用的装夹工件的夹具有手虎钳、机用虎钳、V 形块和压板等。

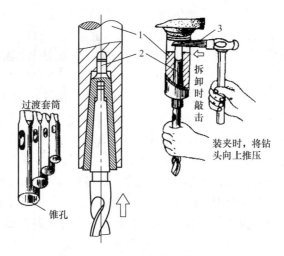

图 12-27　钻套及其应用

1—主轴　2—过渡套筒　3—锲铁

如图 12-28 所示，薄壁小件用手虎钳夹持；中、小型平整工件用机用虎钳夹持；圆形零件用 V 形块和弓架夹持；大件用压板和螺栓直接压在钻床工作台上。

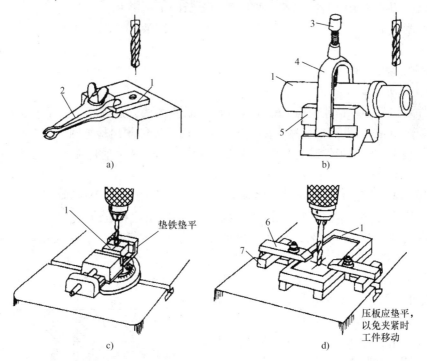

图 12-28　工件装夹

a）手虎钳装夹　b）V 形块装夹　c）机用虎钳装夹　d）压板、螺栓装夹

1—工件　2—手虎钳　3—压紧螺钉　4—弓架　5—V 形块　6—压板　7—垫铁

2. 钻孔

用钻头在实体材料上加工出孔的操作称为钻孔。在钻床上钻孔时，工件不动，钻头的高

速旋转运动为主运动，钻头沿钻床主轴轴线方向的移动为进给运动。钻床钻孔的加工精度较差，尺寸公差等级一般在 IT10 以下，表面粗糙度 Ra 值为 $6.3 \sim 12.5\mu m$。

（1）钻孔刀具　钻孔刀具主要有麻花钻、中心钻、深孔钻及扁钻等。其中麻花钻的使用最为广泛。

1）钻头（麻花钻）。钻头由工作部分、颈部和尾部（柄部）组成。柄部是钻头的夹持部分，用于传递转矩和轴向力。它有直柄和锥柄两种形式，直柄传递的力矩较小，一般用于直径 12mm 以下的钻头；锥柄用于直径 12mm 以上的钻头。锥柄扁尾部分可防止钻头在锥孔内的转动，并用于退出钻头。工作部分包括切削和导向两部分。导向部分有两条对称的螺旋槽及刃带，其直径由切削部分向柄部逐渐减小，形成倒锥，以减小与孔壁的摩擦。切削部分由前面、后面、副后面、主切削刃、副切削刃及横刃等组成。两条主切削刃的夹角为顶角，通常为 $116° \sim 118°$。颈部连接工作部分和柄部是钻头加工时的退刀槽，其上刻有钻头直径、材料等标记。

2）群钻。为了提高生产率，延长钻头的使用寿命，通过改变麻花钻切削部分的形状和角度，从而克服了其结构上的某些缺点，这种钻头称为群钻。其改进如下：

① 在靠近横刃处磨出月牙槽，形成凹圆弧刃，从而增大圆弧刃处各点的前角，克服横刃附近主切削刃上前角过小的缺点。

② 修磨横刃至原长的 $1/5 \sim 1/7$，克服横刃过长的不利影响。

③ 主切削刃上磨出分屑槽，有利于排屑及注入切削液，并减小切削力，减小所钻孔的表面粗糙度值。

（2）钻孔方法及示例

1）钻孔方法。

① 工件划线定心。钻孔前应先打出样冲眼，眼要大些，这样起钻时不易偏离中心。当加工孔径大于 20mm 或孔距尺寸精度要求较高的孔时，还需划出检查圆。

② 工件装夹。根据工件确定装夹形式，装夹应稳固，装夹时应使孔中心线与钻床工作台垂直。

③ 选择钻头。根据孔径选取钻头的种类，并检查主切削刃是否锋利和对称。

④ 选择切削用量。根据孔径大小、工件材料等确定钻速和进给量。

⑤ 选用切削液。钻钢件时，多使用机油和乳化液；钻铝件时，多使用乳化液和煤油；钻铸铁件时，用煤油。

⑥ 起钻。用钻头在孔的中心钻一小窝（约为孔径的 1/4）后检查。如稍有偏差，用样冲将中心孔冲大纠正；如偏差较大，用錾子在偏斜相反方向錾几条槽来纠正（图 12-29）。

⑦ 钻削。钻头钻入工件后，进给速度要均匀。钻塑性材料要加切削液。

2）示例。

① 钻通孔。将钻头对准工作台空槽，或在工件下面垫垫铁钻削。孔即将钻透时，用手动进给，且进给量要小，避免钻头在钻穿的瞬间卡钻或损坏钻头，带动工件旋转或将工件抛出，发生安全事故。

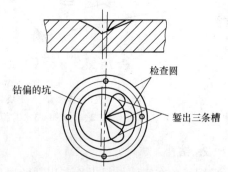

图 12-29　起钻钻偏时的纠正

154

② 钻不通孔。根据孔深，调整钻床上的深度标尺挡块，或采用其他控制钻深的方法，以免孔钻得过深或过浅。

③ 钻深孔。钻孔深与直径比大于 5 的孔时，钻头应经常退出排屑和冷却，以免切屑堵塞，卡断钻头或使钻头头部过热而烧损。

④ 钻大孔。钻直径 30mm 以上的大孔时应分两次钻。第一次用直径为孔径 60% ~ 80% 的钻头钻削，第二次再用所需直径的钻头扩钻。这样可减小钻削时的轴向力，并有利于提高所钻孔的质量。

（3）钻孔质量分析　见表 12-5。

表 12-5　钻孔质量分析

质 量 问 题	产 生 原 因
孔径扩大	两主切削刃长度、角度不相等；钻头轴线与钻床主轴轴线不重合
孔壁粗糙	钻头已磨损或后角过大；进给量过大断屑不良，排屑不畅；切削液选择不当
轴线歪斜	钻头轴线与加工面不垂直；钻头磨削不当，钻削时轴线歪斜；进给量过大，钻头弯曲
轴线偏移	工件划线不正确；钻头轴线未对准孔的轴线；工件未夹紧；钻头横刃太长，定心不准
钻头折断	孔将钻穿时，未及时减小进给量；切屑堵塞未及时排出；钻头磨损严重仍继续钻削；钻头轴线歪斜，钻头弯曲
钻头磨损加剧	切削用量过大；钻头刃磨不当，后角过大；工件有硬质点；未加切削液

3. 攻螺纹和套螺纹

（1）攻螺纹　攻螺纹是利用丝锥加工出内螺纹的操作。

1）丝锥和铰杠。

① 丝锥（图 12-30）。丝锥是加工内螺纹的刀具，由工作部分和柄部组成。柄部为方头，用铰杠夹持后，进行攻螺纹操作；工作部分的前部为切削部分，有切削锥度，使切削负荷分布在几个刀齿上，也使丝锥容易切入工件；工作部分的后部为修正部分，起修光和引导作用。丝锥上开有 3 ~ 4 条容屑槽，并形成切削刃和前角，可容屑和排屑。通常 M6 以下和 M24 以上规格的丝锥一组有三支，分别为头锥、二锥和三锥；M6 ~ M24 规格的丝锥一组有两支，分别为头锥和二锥。头锥和二锥的区别在于头锥的切削锥度较小，切削部分较长；而二锥与之相反。

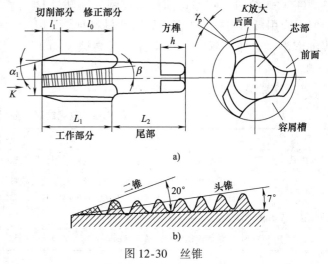

图 12-30　丝锥

a）丝锥的结构　b）头锥和二锥的切削锥度

② 铰杠（图 12-31）。铰杠是夹持手用铰刀和丝锥的工具，有固定式和活动式两种。转动活动手柄调节孔的大小，可夹持不同尺寸的铰刀或丝锥。

2）螺纹底孔直径的确定。攻螺纹时，丝锥除了切削金属，还会挤压金属。材料塑性越好，挤压越明显。被挤出的金属压向丝锥内径，甚至将丝锥卡住。因此螺纹底孔直径应稍大于螺纹小径。螺纹底孔直径（钻头直径）的大小，要根据工件材料的性质确定。一般用下列经验公式计算：

① 钢件及其他塑性材料

$$D = d - P$$

② 铸铁及其他脆性材料

$$D = d - (1.05 \sim 1.1)P$$

式中，D 为底孔直径（mm，等于钻头直径）；d 为螺纹大径（mm）；P 为螺距（mm）。

钻头直径 D 可由相关手册直接查出。

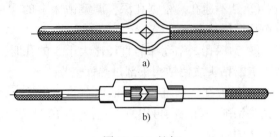

图 12-31 铰杠
a) 固定式 b) 活动式

3）攻螺纹操作方法及注意事项。

① 将螺纹底孔孔口倒角，以便丝锥切入工件。

② 将头锥垂直放入工件孔内，轻压铰杠旋入1~2圈，用目测或直角尺校正后，继续轻压旋入。丝锥切削部分全部切入工件底孔后，转动铰杠不再加压。丝锥每转过一圈应反转1/4圈，便于断屑，如图12-32所示。

③ 头锥攻完退出后，用手将二锥旋入，再用铰杠不加压切入，直至完毕。

④ 攻螺纹时，应加切削液。攻钢件等塑性材料时，应用机油润滑；攻铸铁等脆性材料时，应用煤油润滑。这样可延长丝锥寿命，提高螺纹加工质量。

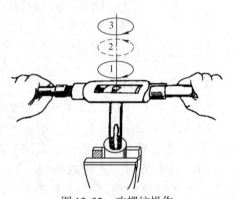

图 12-32 攻螺纹操作
1—顺转1圈 2—倒转1/4圈 3—继续顺转

4）攻螺纹质量分析（表12-6）。

表 12-6 攻螺纹质量分析

质量问题	产生原因
螺孔攻歪	用手攻螺纹时，丝锥与工件不垂直；用机器攻螺纹时，丝锥未对准孔的中心
滑牙或烂牙	螺孔攻歪，用丝锥强行纠正；丝锥碰到较大砂眼打滑；攻不通孔时，丝锥已到底，仍强行攻削；底孔太小，仍强行攻削；攻塑性好的材料时，未加切削液
螺纹牙深不够	螺纹底孔太大
螺孔中径太大	机器攻螺纹时，丝锥晃动

（2）套螺纹 套螺纹是用圆板牙加工外螺纹的方法。

1）圆板牙和圆板牙架。

① 圆板牙。圆板牙是加工外螺纹的刀具，其形状像圆螺母，有固定式和开缝式两种（图12-33）。圆板牙由切削部分、校正部分和排屑孔组成。切削部分是圆板牙两端带有60°

锥度的部分；校正部分是圆板牙的中间部分，它起着修光和导向的作用。圆板牙的外圆有一个 V 形深槽和四个锥坑，紧固螺钉通过锥坑将圆板牙固定在圆板牙架上，并传递力矩；V 形深槽用于微调螺纹直径，当圆板牙校正部分磨损，使螺纹尺寸超出公差范围时，用锯片砂轮沿深槽锯开，再靠圆板牙架上的两个调节螺钉控制尺寸。

② 圆板牙架。圆板牙架是用来装夹圆板牙、传递力矩的工具（图 12-34）。

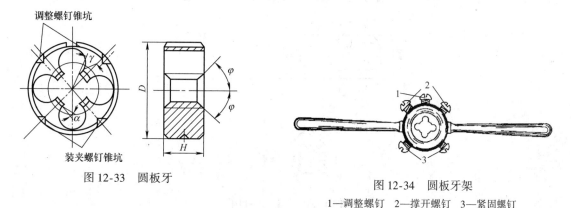

图 12-33　圆板牙

图 12-34　圆板牙架
1—调整螺钉　2—撑开螺钉　3—紧固螺钉

2）套螺纹前圆杆直径的确定。圆杆直径过大，圆板牙不易套入；圆杆太小，套螺纹后，螺纹牙型不完整。圆杆直径一般按以下经验公式计算，即

$$D = d - 0.13P$$

式中，D 为圆杆直径（mm）；d 为螺纹大径（mm）；P 为螺距（mm）。

3）套螺纹操作方法及注意事项。

① 圆杆头部倒角 60°左右，使圆板牙容易对准中心和切入。

② 夹紧圆杆，使套螺纹部分尽量离钳口近些。为了不损伤已加工表面，可在钳口与工件之间垫铜皮或硬木块。

③ 将圆板牙垂直放至圆杆顶部，施压慢慢转动。套入几牙后，不再施压，但要经常反转来断屑。

④ 在套螺纹过程中，应加切削液冷却润滑，以提高螺纹加工质量、延长圆板牙寿命。

4）加工螺纹的其他方法。为了改善工人的劳动条件，提高生产效率，在批量生产中，一般使用搓丝机搓外螺纹，使用锥体摩擦式攻螺纹夹头在钻床上攻内螺纹。

12.3　钳工操作实训

12.3.1　操作实训作业件

操作实训作业件为图 12-35 所示的锤子零件。

12.3.2　制作步骤

锤子的制作步骤见表 12-7。

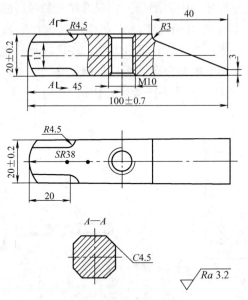

图 12-35 锤子零件图

表 12-7 锤子的制作步骤

制 作 序 号	加 工 简 图	加 工 内 容	工 具、量 具
1. 备料		锻、刨或铣出长×宽×高为 104mm × 22mm ×22mm 的方料，并退火	
2. 锉削		锉削六个面。要求各面平直，对面平行，邻面垂直，长度为（100 ± 0.7）mm，宽、高皆为尺寸为（20 ± 0.2）mm	粗齿平锉、游标卡尺、直角尺、塞尺
3. 划线		按零件图尺寸划出全部加工界线，打上样冲眼	游标高度卡尺、划规、划针、样冲、划针盘、金属直尺、锤子
4. 锉削		锉削五个圆弧。圆弧半径应符合图样要求	圆锉刀、半径样板
5. 锯削		锯削斜面，要求锯痕平整	钢锯

（续）

制作序号	加工简图	加工内容	工具、量具
6. 锉削		锉削四边斜角平面、大斜平面及大端球面	粗、中齿平锉刀、半径样板
7. 钻孔		用麻花钻钻通孔，并锪倒角	φ9mm 麻花钻、90°锪孔钻
8. 攻螺纹		攻内螺纹	M10 丝锥、铰手架
9. 修光		用细平锉和砂布修光各平面，用圆锉和砂布修光各圆弧面	细平锉、圆锉、砂布

复习思考题

1. 为什么零件加工前常常要划线？能不能依靠划线直接确定零件加工的最后尺寸？

2. 如何选择划线基准？工件的水平位置和垂直位置如何找正？

3. 如何选择锯条？试分析锯条崩齿、折断的原因。

4. 当锯条折断后，换上新锯条，能否在原锯缝中继续锯削？为什么？

5. 锯圆管和薄壁件时，为什么容易断齿？应怎样锯削？

6. 交叉锉、顺向锉、推锉三种方法各有什么优点？怎样采用？

7. 为什么锉削的平面经常产生中凸的缺陷？怎样克服？

8. 为什么孔将钻穿时，容易产生钻头轧住不转或折断的现象？怎样克服？

9. 试钻时，浅坑中心偏离准确位置，如何纠正？

10. 车床钻孔和钻床钻孔在切削运动、钻削特点和应用上有何差别？

11. 在塑性材料和脆性材料上攻螺纹时，其螺纹底孔直径是否相同？为什么？

12. 攻螺纹、套螺纹时为什么要经常反转丝锥、板牙？

13. 丝锥为何两三个一组？攻通孔和不通孔螺纹时，是否都要用头锥和二锥？为什么？

14. 攻不通孔螺纹时，如何确定孔的深度？

第4篇　现代加工训练与实践

第13章　数控加工

【教学目的和要求】

1. 了解数控加工技术的定义和数控机床的工作原理。
2. 掌握数控机床的加工特点及适用范围。
3. 掌握数控车床、数控铣床、加工中心的基本编程内容。
4. 掌握数控车床、数控铣床、加工中心的基本编程工艺计算。
5. 掌握基本代码、特征代码以及固定循环命令的使用。
6. 了解数控车床、数控铣床、加工中心的加工特点和适用范围。
7. 能够熟练操作通用数控机床（数控车床、数控铣床），并可以对加工中心进行基本操作。
8. 独立操作数控车床、数控铣床、加工中心，完成零件的编程与加工。

【数控加工安全技术】

1. 工作时应穿工作服，并扣紧袖口。女工应戴工作帽，把头发或辫子塞入帽内。
2. 机床工作时，必须戴上防护眼镜，头不应与工件靠得太近，以防切屑飞入眼中。
3. 数控机床的使用环境要避免光的直接照射和其他热辐射，要避免太潮湿或粉尘过多的场所，特别要避免有腐蚀气体的场所。
4. 为了避免电源不稳定对电子元件造成损坏，数控机床应采取专线供电或增设稳压装置。
5. 数控机床的开机、关机顺序，一定要按照机床说明书的规定操作。
6. 主轴起动开始切削之前一定要关好防护罩门，程序正常运行中严禁开启防护罩门。
7. 机床在正常运行时不允许开电气柜的门，禁止按动"急停""复位"按钮。
8. 机床发生故障，操作者要注意保留现场，并向维修人员如实说明故障发生前后的情况，以利于分析问题，查找故障原因。
9. 数控机床的使用一定要有专人负责，严禁其他人员随意动用数控设备。
10. 要认真填写数控机床的工作日志，做好交接班工作，消除事故隐患。
11. 不得随意更改制造厂设定的控制系统参数。

13.1　数控加工概述

13.1.1　数控和数控加工的基本概念

数控是数字控制的简称，是利用数字化信号对机床的运动过程及加工过程实现控制的自动化技术。用数字化信号对机床运动及其加工过程进行控制的机床，称为数控机床。

数控加工就是数控系统对以数字和字符编码方式所记录的信息进行一系列处理后，向机床的进给等执行机构发出命令，执行机构则按其命令对加工所需的各种动作进行自动控制，从而完成工件加工。

13.1.2　数控机床的工作原理

在数控机床上加工工件时，先将加工过程所需的各种操作和步骤以及工件之间的相对位移等用数字化代码表示，并按工艺先后顺序编制数控程序输入到机床的存储单元中，数控装置对输入的程序、机床状态、刀具偏置等信息进行处理和运算，发出各种驱动指令来驱动机床的伺服系统或其他执行元件，使机床自动加工出形状和尺寸都符合图样技术要求的工件。数控机床的加工过程如图 13-1 所示。

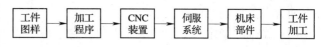

图 13-1　数控机床的加工过程

13.2　数控编程基础

13.2.1　数控编程的定义

为了使数控机床能根据工件加工要求进行动作，必须使数控系统能够借助于指令识别这些要求，这种数控系统可以识别的指令称为程序，制作程序的过程称为数控编程。

13.2.2　数控编程的方法

数控编程可分为手工编程和自动编程。手工编程是指编制加工程序的全过程都是由手工来完成的。自动编程是指借助于计算机或编程器编制数控加工程序的过程。自动编程效率高，程序正确性好，适合于编制形状复杂零件的加工程序。目前，我国常用的自动编程软件有 CAXA、MasterCAM、UG、Pro/Engineer 等。

13.2.3　数控机床的坐标系

在数控机床上加工工件时，刀具与工件的相对运动必须在确定的坐标系中进行。编程人员和操作者必须掌握机床坐标系的相关知识。

1. 机床坐标系的定义

机床坐标系的坐标原点在机床上某一点，是固定不变的，机床出厂时已确定，机床的基准点、换刀点、机床限位开关或挡块的位置都是机床上固有的点，这些点在机床坐标系中都是固定点。机床坐标系是最基本的坐标系，是机床回参考点操作完成以后建立的。一旦建立起来，除受断电影响外，不受控制程序和设定新坐标系的影响。

2. 机床运动方向的规定

数控机床的坐标系规定已标准化，按右手直角笛卡儿坐标系确定，一般假设工件静止，通过刀具相对工件的移动来确定机床各移动轴的方向。标准规定直线进给坐标轴用 X、Y、Z 表示，称为基本坐标轴。X、Y、Z 坐标轴的相互关系用右手笛卡儿定则决定，如图 13-2 所示。图中大拇指指向 X 轴的正方向，食指指向 Y 轴的正方向，中指指向 Z 轴的正方向。围绕 X、Y、Z 轴旋转的圆周进给坐标轴分别用 A、B、C 表示。

3. 机床坐标轴的确定

确定机床坐标轴时，一般先确定 Z 轴，然后再确定 X 轴和 Y 轴。

（1）Z 轴的确定 Z 轴的方向是由传递切削力的主轴确定的，标准规定：平行于机床主轴的刀具运动坐标轴为 Z 轴，并且规定取刀具远离工件的方向为 Z 轴正方向。对于没有主轴的机床（如数控龙门刨床），则规定 Z 坐标轴垂直于工件装夹面方向。

（2）X 轴的确定 X 轴是水平方向，它平行于导轨面，且垂直于 Z 轴的坐标轴。对于工件旋转的机床（如车床、磨床），取平行于横向滑座的方向（工件径向）为刀具运动的 X 轴方向。对于刀具旋转的机床，如 Z 轴是水平的，当沿刀具

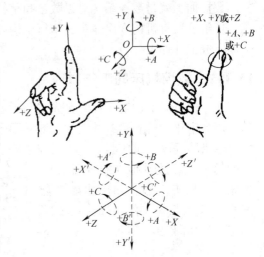

图 13-2 右手笛卡儿直角坐标系

的主轴向工件看时，向右的方向为 X 轴的正方向；如 Z 轴是垂直的，当沿刀具的主轴向立柱看时，向右的方向为 X 轴的正方向。同样，都取刀具远离工件的方向为 X 轴的正方向。

常见数控机床的坐标系如图 13-3 所示。

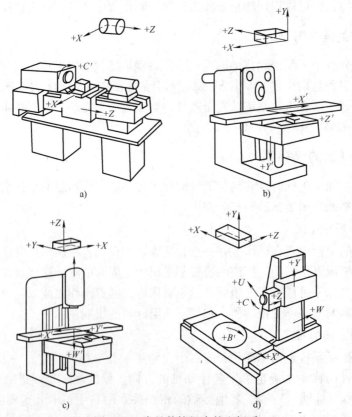

图 13-3 常见数控机床的坐标系

a）卧式数控车床坐标系 b）卧式升降台铣床坐标系 c）立式数控铣床坐标系 d）卧式数控铣镗床坐标系

（3）*Y* 轴的确定　在确定了 *X*、*Z* 轴的正方向后，按右手笛卡儿直角坐标系确定 *Y* 轴的正方向。

13.2.4　工件坐标系

1. 工件坐标系的定义

工件坐标系与机床坐标系是不重合的，工件坐标系是用于确定工件集合要素（如点、线、面等）的位置而建立的坐标系，是编程人员在编程时使用的。工件坐标系的原点称为程序原点，它是根据编程加工需要而人为设定的。一般的数控系统可以设定几个工件坐标系。

2. 工件坐标系的原点

工件坐标系的原点也称编程原点，该原点是指工件装夹完成后，选择在工件上或夹具上的某一点作为编程的基准点。工件坐标系的原点是由编程人员设定的，其坐标轴的方向应与机床坐标系一致并且与之有确定的尺寸关系。

13.2.5　数控加工程序的结构与格式

每一个完整的数控程序都是由程序号、程序内容和程序结束三部分组成的。其格式如下：

```
O0001                           程序号
N10 T0101 M03 S800；
N20 G90 G99 G00 X52 Z2；
N30 G71 U2 R0.5；
N40 G71 P50 Q180 U0.6 W0 F0.25；
N50 G42 G00 X20；
N60 G01 Z－20 S1600 F0.15；        程序内容
…
N180 X52；
N190 G70 P50 Q180；
N200 G00 X150；
N210 Z150；
N220 M30；                       程序结束
```

程序内容是由若干程序段组成的，程序段是由程序字组成的，每个程序字又是由字母和数字组成的（本书中以 FANUC 0i 系统为例进行说明）。

1. 程序号

程序号是以字母 O 后面接 4 位数字（不能全为 0）组成的，应单独占一行，如 O2008。在书写时其数字前面的零可以省略不写，如 O0001 可写成 O1。

由于程序号是加工程序的识别标记，因此同一机床中的程序号不能重复。

2. 程序内容

程序内容是整个加工程序的核心，它是由若干程序段组成的，程序段又是由一个或多个程序字组成的。程序段的构成格式如下：

N__   G__   X(U)__ Z(W)__   F__   M__   S__   T__；

| 程序段号 | 顺序号 | 准备功能 | X轴移动指令 | Z轴移动指令 | 进给功能 | 辅助功能 | 主轴功能 | 刀具功能 | 程序结束符 |

3. 程序结束

程序结束部分由程序结束指令构成，它必须写在程序最后，代表零件加工程序的结束。为了保证最后程序段的正常执行，通常要求其单独占用一行。

13.2.6 基本程序指令字

一个程序指令字是由地址符（指令字符）和带符号或不带符号的数字组成的。程序中不同的指令字符及其后数值确立了每个指令字符的含义，在数控程序段中包含的主要指令字符见表13-1。由于不同的数控系统，完成相同功能所使用的指令有所不同，编程时需要查看所使用机床的说明书。本书中以 FANUC 0i 系统为例说明。

表13-1 数控指令字符一览表

功　能	地　址	意　义
程序号	O	程序号
顺序号	N	顺序号
准备功能	G	指定加工方式（直线、圆弧等）
尺寸字	X, Y, Z, U, V, W, A, B, C	坐标轴移动指令
	I, J, K	圆弧中心的坐标
	R	圆弧半径
进给功能	F	每分钟进给速度，每转进给速度
主轴速度功能	S	主轴速度
刀具功能	T	刀号
辅助功能	M	机床上的开/关控制
	A, B, C	工作台分度
偏置号	D, H	偏置号
暂停	P, X	暂停时间
程序号指定	P	子程序号
重复次数	P	子程序重复次数
参数	P, Q	固定循环参数

按照功能，指令字符可以分为五种，分别是准备功能、主轴功能、刀具功能、进给功能和辅助功能。下面对这些功能进行简要介绍。

1. 准备功能（G功能）

准备功能又称G功能或G指令，是由地址字 G 和后面的两位数（00～99）来表示的，它用来规定刀具和工件的运动轨迹、坐标系及坐标平面、刀具补偿等多种加工操作。

G指令的功能定义可参考表13-2。

表 13-2 G 指令的功能定义

G 代码 (1)	模态 (2)	功能 (3)	G 代码 (1)	模态 (2)	功能 (3)
G00	a	点定位	G50	# (d)	刀具偏置 0/ −
G01	a	直线插补	G51	# (d)	刀具偏置 + /0
G02	a	顺圆弧插补	G52	# (d)	刀具偏置 − /0
G03	a	逆圆弧插补	G53	f	直线偏移注销
G04	—	暂停（延时）	G54	f	直线偏移 X
G05	#	不指定	G55	f	直线偏移 Y
G06	a	抛物线插补	G56	f	直线偏移 Z
G07	#	不指定	G57	f	直线偏移 XY
G08	—	加速	G58	f	直线偏移 XZ
G09	—	减速	G59	f	直线偏移 YZ
G10 ~ G16	#	不指定	G60	h	准确定位 1（精）
G17	c	XY 平面选择	G61	h	准确定位 2（中）
G18	c	XZ 平面选择	G62	h	快速定位（粗）
G19	c	YZ 平面选择	G63	—	攻螺纹
G20 ~ G32	#	不指定	G64 ~ G67	#	不指定
G33	a	螺纹切削，等螺距	G68	# (d)	刀具偏置，内角
G34	a	螺纹切削，增螺距	G69	# (d)	刀具偏置，外角
G35	a	螺纹切削，减螺距	G70 ~ G79	#	不指定
G36 ~ G39	#	永不指定	G80	e	固定循环注销
G40	d	半径补偿取消	G81 ~ G89	e	固定循环
G41	d	半径补偿（左）	G90	j	绝对尺寸
G42	d	半径补偿（右）	G91	j	增量尺寸
G43	# (d)	刀具正偏置	G92	—	预置寄存
G44	# (d)	刀具负偏置	G93	k	时间倒数，进给率
G45	# (d)	刀具偏置 + / +	G94	k	每分钟进给
G46	# (d)	刀具偏置 + / −	G95	k	主轴每转给
G47	# (d)	刀具偏置 − / −	G96	i	恒线速度
G48	# (d)	刀具偏置 − / +	G97	i	每分钟转速（主轴）
G49	# (d)	刀具偏置 0/ +	G98 ~ G99	#	不指定

注：1. #号：如选作特殊用途，必须在程序格式说明中说明。
　2. 如在直线切削控制中没有刀具补偿，则 G43 ~ G52 可指定作为其他用途。
　3. 在表括号中的字母（d）表示：可以被同栏中没有括号的字母 d 所注销或代替，也可被有括号的字母（d）所注销或代替。
　4. G45 ~ G52 的功能可用于机床上任意两个预定的坐标。
　5. 控制机上没有 G53 ~ G59、G63 功能时，可以指定作为其他用途。

（1）模态 G 功能　同一组可相互注销的功能，这些功能一旦被执行，则一直有效，直到被同一组的其他功能注销为止。

（2）非模态 G 功能　只在所规定的程序段有效，也称一次性代码，程序段结束时被注销。

注意：不同组的几个 G 代码可以在同一程序段中指定且与顺序无关；同一组的 G 代码在同一程序段中指定，则最后一个 G 代码有效。不同系统的 G 代码并不一致，即使同型号的数控系统，G 代码也未必完全相同，编程时一定要以系统说明书所规定的代码进行编程。

2. 主轴功能（S 功能）

主轴功能 S 用于指定主轴的运动速度，由地址符 S 和后面若干个数字组成。其表示方法为 角速度，表示主轴角速度，单位为 r/min；当与 G96 一起使用时，表示恒线速度，单位为 m/min。

S 为模态功能，且 S 功能只有在主轴速度可调节的机床上有效。

3. 刀具功能（T 功能）

刀具功能也称 T 功能，主要用来选择刀具。它也是由地址符 T 和后续数字组成的，有 T×× 和 T×××× 之分，具体对应关系由生产厂家确定，使用时应注意查阅厂家说明书。如 T0102 表示选择 1 号刀具并调用 2 号刀具补偿值，T0000 表示取消刀具选择及刀补。

4. 进给功能（F 功能）

进给功能也称 F 功能，表示坐标轴的进给速度，单位为 mm/min 或 mm/r。F 功能也为模态值。在 G01、G02 或 G03 等方式下，F 值一直有效。直至被新 F 值取代，G00 指令工作方式下的快速定位速度是各轴的最高速度，由系统参数确定，与编程数值无关。

5. 辅助功能（M 功能）

辅助功能也称 M 功能或 M 指令，它是用来指令机床辅助动作及状态的功能。它是由地址符 M 及其后面的数字组成的。其特点是靠继电器的通断来实现其控制过程。常用辅助功能 M 代码见表 13-3。

表 13-3　常用辅助功能 M 代码

M 代码	功　能	M 代码	功　能
M00	程序停止	M08	切削液开
M01	条件程序停止	M09	切削液关
M02	程序结束	M18	主轴定向解除
M03	主轴正转	M19	主轴定向
M04	主轴反转	M30	程序结束并返回程序首行
M05	主轴停止	M98	调用子程序
M06	刀具交换	M99	子程序结束返回

13.2.7　刀具半径补偿

1. 刀位点

在数控编程过程中，为了编程方便，通常将数控刀具假想成一个点，该点称为刀位点。

车刀与镗刀的刀位点通常指刀具的刀尖；钻头的刀位点通常指钻头尖；铰刀、立铣刀和面铣刀的刀位点指刀具底面的中心；球头铣刀的刀位点通常指球头中心。

2. 半径补偿的作用

刀具半径补偿就是将刀具中心轨迹沿着编程轨迹偏置一定距离。无论是车削还是铣削，在对轮廓加工时，用刀具半径补偿功能可以简化编程。当切削加工时，若采用假想刀尖作为刀位点，在加工锥度或圆弧时，会产生欠切或过切现象；进行轮廓铣削时，由于刀位点在铣刀底面与回转中心的交点处，刀具与编程轮廓偏离一个刀具半径后，运动情况如图 13-4 所示。

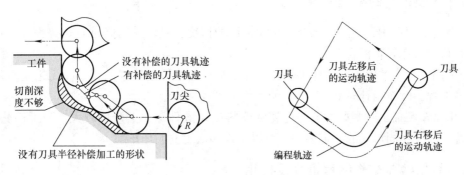

图 13-4 刀具半径补偿示意图

3. 半径补偿的分类

刀具半径补偿分为刀具半径左补偿和刀具半径右补偿，编程时使用 D×× 代码选择正确的刀具半径偏置寄存器号。沿着刀具运动方向看，刀具位于工件轮廓左边时，称为刀具半径左补偿（G41）；反之，称为刀具半径右补偿（G42），如图 13-5 所示。

G40 是取消刀具半径补偿，该指令必须与 G41 或 G42 指令成对使用。

注意：G41、G42 和 G40 指令需要与 G00 或 G01 指令在同一程序段中建立或取消，如"G00/G01 G41 X __ Y __ D __；G00/G01 G42 X __ Y __ D __；G00/G01 G40 X __ Y __；"。

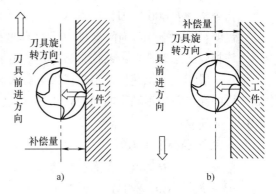

图 13-5 刀具半径补偿的分类
a）刀具半径左补偿 b）刀具半径右补偿

4. 刀具半径补偿的过程

（1）刀具半径补偿的建立 刀具从起点接近工件时，刀具中心从与编程轨迹重合过渡到与编程轨迹偏离一个偏置量的过程，为保证刀具从无刀具半径补偿运动到所希望的刀具半径补偿开始点，应提前建立刀具半径补偿。

（2）刀具半径补偿进行 执行有"G41 X __ Y __ D __；G42 X __ Y __ D __；"指令的程序段后，刀具中心始终与编程轨迹相距一个偏置量。

（3）刀具半径补偿的取消　在最后一段运动轨迹完成后，应走一段直线取消刀补指令的程序段"G00/G01 G40 X ___ Y ___;"，使刀具中心轨迹过渡到与编程轨迹重合。

13.3　数控车床编程与操作

数控车床是机械行业广泛使用的数控设备之一，主要用于加工轴类、盘套类等回转体零件，能够通过程序控制自动完成内外圆柱面、圆锥面、圆弧面、螺纹、槽以及钻孔、铰孔等工序的加工。

13.3.1　数控车床的编程特点

1）在一个程序中，视工件图样上尺寸标注的情况，可以采用绝对方式编程或增量方式编程，也可以采用两者混合编程。

2）采用直径尺寸编程，这样可避免尺寸换算过程中可能造成的错误。无论是直径编程还是半径编程，圆弧插补时 R、I 和 K 的值均以半径值计量。

3）由于车削加工时常用的毛坯件为圆棒料或铸锻件，加工余量较大，为了简化程序，数控系统采用了不同形式的固定循环，可以实现多次重复循环车削。

13.3.2　常用数控车削编程指令及应用

1. 快速定位指令 G00

指令功能：刀具以点位控制方式，从当前位置快速移动到目标点。

指令格式：G00 X(U) ___ Z(W) ___;

说明：G00 指令后面的坐标值是终点坐标值，可以是绝对坐标值，也可以是增量坐标值。该指令的运动速度由系统参数确定，不能用程序规定。G00 为快速定位，而无运动轨迹要求，一般用于加工前快速定位或加工后快速返回。定位时各坐标轴为独立控制而非联动控制，可能导致各坐标轴不能同时到达目标点，即在 G00 状态下，刀具移动轨迹可能为折线，使用时应注意。

2. 直线插补指令 G01

指令功能：刀具以一定的进给速度，从当前位置直线移动到目标点。

指令格式：G01 X(U) ___ Z(W) ___ F ___;

说明：G01 指令后面的坐标值是直线的终点坐标值，可以用绝对方式表示，也可以用相对方式表示。G01 指令表示刀具从当前位置开始以给定的速度，沿直线移动到规定的位置。F 字是进给速度指令，可由 F 后面的数字指定直线插补速度。

3. 圆弧插补指令 G02、G03

指令功能：G02 是顺时针圆弧插补；G03 是逆时针圆弧插补。

指令格式：G02 X(U) ___ Z(W) ___ R ___ F ___;

　　　　　G03 X(U) ___ Z(W) ___ R ___ F ___;

说明：在圆弧顺、逆的方向判断时，沿与圆弧所在平面相垂直的坐标轴，由正向负看去，起点到终点运动轨迹为顺时针时使用 G02 指令；反之，使用 G03 指令。

4. 暂停指令 G04

指令功能：可使刀具做短时的无进给运动。

指令格式：G04 X ___；或 G04 P ___；

说明：X、P 其后的数值表示暂停的时间。用 X 地址符时，单位为 s，可以用小数点；用 P 地址符时，单位为 ms，不能用小数点，如 P2000 表示暂停 2s。暂停指令用于车削环槽、锪平面、钻孔等光整加工等。

5. 尺寸单位设置指令 G20、G21

指令功能：G20 表示寸制尺寸；G21 表示米制尺寸。

6. 返回原点指令 G28

指令功能：刀具经过中间点坐标返回机床原点。

指令格式：G28 X(U) ___ Z(W) ___；

说明：X(U)、Z(W) 为中间点的坐标。

7. 基本螺纹切削指令 G32

指令功能：用于螺纹的切削加工。

指令格式：G32 X(U) ___ Z(W) ___ F ___；

说明：X(U)、Z(W) 为螺纹切削的终点坐标，F 为螺纹导程，加工螺纹时，数控车床操作面板上的进给速度倍率和主轴速度倍率均无效。

注意：由于数控伺服系统本身具有"滞后性"，在螺纹加工的"起始段"和"结束段"会出现螺距不规则现象，故应在螺纹两端设置足够的升速进刀段和降速退刀段。

8. 单一形状内、外径切削循环指令 G90

指令功能：用于零件的内、外圆柱（圆锥）表面毛坯余量较大的粗车切削循环，如图 13-6 所示。

指令格式：G90 X(U) ___ Z(W) ___ R ___ F ___；

说明：X(U)、Z(W) 为切削终点坐标；R 为切削起始点与切削终点的半径差，在进行圆柱切削时，格式中 R 值为零，在进行圆锥切削时，该值才具有实际意义；F 为进给速度。

注意：使用循环切削指令时，刀具必须先定位至循环起点，再执行循环切削指令，且完成一个循环切削后，刀具仍回到此循环起点。

应用举例：编写图 13-7 所示工件外锥面的加工程序。

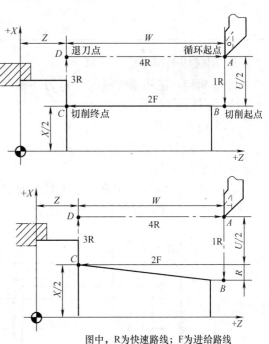

图中，R 为快速路线；F 为进给路线

图 13-6　外径切削循环指令 G90

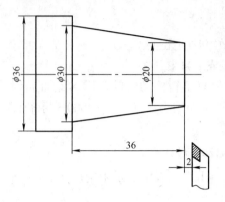

图 13-7 外锥面

绝对值编程	解　释	增量值编程
O0089	程序号	O0089
T0101 M03 S800；	1 号刀具，主轴正转，800r/min	T0101 M03 S800；
G00 X40. 0 Z2. 0；	快速定位到循环起刀点	G00 X40. 0 Z2. 0；
G90 X34. 0 Z-36. 0 R-5. 28 F0. 2；	切削循环（第一次进给）	G90 U-6. 0 W-38. 0 R-5. 28 F0. 2；
X32. 0；	第二次进给	U-8. 0
X30. 0；	第三次进给	U-10. 0
G00 X100. 0 Z100. 0；	快速返回换刀位置	G00 X100. 0 Z100. 0；
M05；	主轴停转	M05；
M30；	程序结束	M30；

9. 螺纹切削循环指令 G92

指令功能：把切削螺纹的"进刀→螺纹切削→退刀→返回"四个动作作为一个循环，如图 13-8 所示。

指令格式：G92 X(U) __ Z(W) __ R __ F __；

说明：X(U)、Z(W) 为螺纹切削的终点坐标；R 为螺纹切削起始点与切削终点的半径差；F 为螺纹的导程。

应用举例：如图 13-9 所示，螺纹毛坯件外径已车至 $\phi 29.85 mm$，4mm×2mm 的螺纹退刀槽已加工，试编制该螺纹的加工程序。

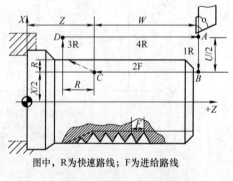

图中，R为快速路线；F为进给路线

图 13-8　螺纹切削循环指令 G92

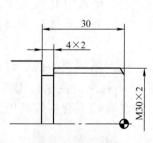

图 13-9　加工零件

O0068
T0101 M03 S500；
G00 X32 Z3；
G92 X29.2 Z-27 F2；
X28.6
X28.1；
X27.7
X27.4
G00 X100 Z100；
M05；
M30；

10. 内、外径粗车循环指令 G71

指令功能：用于棒料毛坯内、外径较大的粗车循环，粗车后留有精加工余量，如图 13-10 所示。

指令格式：G71 U(Δd) R(e)；
　　　　　G71 P(n_s) Q(n_f) U(Δu) W(Δw) F(f) S(s) T(t)；

说明：Δd 为背吃刀量（半径值）；e 为退刀量；n_s 为精车加工程序第一个程序段的顺序号；n_f 为精车加工程序最后一个程序段的顺序号；Δu 为 X 轴方向的精加工余量（直径值）；Δw 为 Z 轴方向的精加工余量；f、s、t 分别为 F、S、T 代码。

应用举例：加工图 13-11 所示工件，毛坯直径为 65mm。

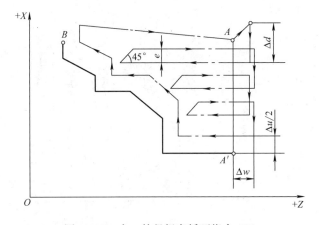

图 13-10　内、外径粗车循环指令 G71

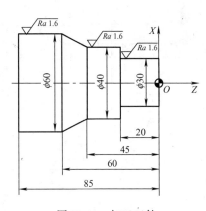

图 13-11　加工工件

O0012
T0101 M03 S700；
G00 X65 Z2 M08；
G71 U1.5 R1；
G71 P10 Q20 U0.6 W0 F0.25；
N10 G00 G42 X30；
G01 Z-20 S1500 F0.15；
X40；

Z–45；

X60 Z–60；

Z–85；

N20 X65；

G00 X120 M09；

G00 G40 Z150；

M05；

M30；

11. 端面粗车循环指令 G72

指令功能：用于切削毛坯径向余量较大、轴向余量较小的轮盘类零件，粗车后留有精加工余量 Δu（直径值）和 Δw，如图 13-12 所示。

指令格式：G72 W(Δd) R(e)；

G72 P(n_s) Q(n_f) U(Δu) W(Δw) F(f) S(s) T(t)；

说明：Δd 为背吃刀量（轴向值）；e 为退刀量；n_s 为精车加工程序第一个程序段的顺序号；n_f 为精车加工程序最后一个程序段的顺序号；Δu 为 X 轴方向的精加工余量（直径值）；Δw 为 Z 轴方向的精加工余量；f、s、t 分别为 F、S、T 代码。

12. 固定形状粗车循环指令 G73

指令功能：用于已铸造成型或锻造成形工件的毛坯的加工，刀具按照切削形状逐渐接近最终形状，如图 13-13 所示。

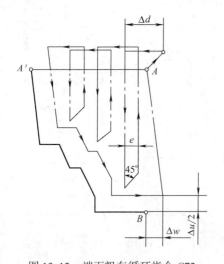

图 13-12　端面粗车循环指令 G72

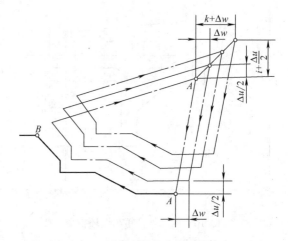

图 13-13　固定形状粗车循环指令 G73

指令格式：G73 U(Δi) W(Δk) R(d)；

G73 P(n_s) Q(n_f) U(Δu) W(Δw) F(f) S(s) T(t)；

说明：Δi 为 X 轴方向的总退刀量（半径值）；Δk 为 Z 轴方向的总退刀量；d 为重复切削次数；n_s 为精车加工程序第一个程序段的顺序号；n_f 为精车加工程序最后一个程序段的顺序号；Δu 为 X 轴方向的精加工余量（直径值）；Δw 为 Z 轴方向的精加工余量；f、s、t 分别为 F、S、T 代码。

13. 精加工复合循环指令 G70

指令功能：用于切除 G71、G72 和 G73 循环指令粗加工循环中所留余量。

指令格式：G70 P(n_s) Q(n_f) F(f) S(s) T(t)；

说明：n_s 为精车加工程序第一个程序段的顺序号；n_f 为精车加工程序最后一个程序段的顺序号；f、s、t 分别为 F、S、T 精加工时代码。

14. 内、外圆切槽循环指令 G75

指令功能：用于进行工件内、外圆的沟槽和切断加工。

指令格式：G75 R(e)；

　　　　　G75 X(U) Z(W) P(Δi) Q(Δk) R(Δd) F(f)；

说明：e 为退刀量，该参数为模态值；X(U)、Z(W) 为终点坐标；Δi 为径向间断切削长度（无正负），单位为 μm；Δk 为轴向间断切削长度（无正负），单位为 μm；Δd 为切削至终点的退刀量，Δd 的符号为正，但如果 X(U) 及 P(Δi) 省略，可以指定为希望的符号来实现给定的退刀方向。

15. 调用子程序指令 M98

指令格式：M98 P＿＿；

说明：P 可指定 8 位数字，前四位数是子程序调用次数，后四位数字表示子程序号。

16. 子程序返回指令 M99

指令功能：表示子程序结束，执行 M99 使控制返回到主程序。在主程序中用 M99

指令格式：M99；

说明：在主程序中用 M99 结尾，则主程序在自动执行时为死循环。

17. 螺纹车削多次复合循环指令 G76

螺纹车削多次复合循环路径如图 13-14 所示。

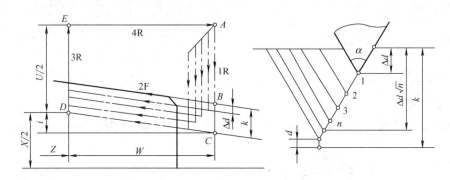

图 13-14　螺纹车削多次复合循环指令 G76

指令格式：G76 P(m)(r)(α) Q($\Delta d_{\min}$) R(d)；

　　　　　G76 X(U) Z(W) R(i) P(k) Q(Δd) F(L)；

说明：m 为螺纹精车削重复次数（01～99）；r 为螺纹末端倒角量（斜向退刀量），用 00～99 的两位整数乘 0.1，再乘螺纹螺距表示，所以单位系数应为 0.1；即当螺距为 L 时，该值大小可设置在（00～99）× 0.1 × L =（0～9.9）L 之间，即该值应为 0.1L 的整数倍（00～99）；α 为刀尖角度，也必须用两位数表示，可选 80°、60°、55°、30°、29°、0°六种；

$\Delta d_{\min}$ 为最小背吃刀量（以半径值指定），单位为 μm，当 Δd 小于 $\Delta d_{\min}$ 时，则用 $\Delta d_{\min}$ 作为一次背吃刀量；d 为精车余量（以半径值指定）；$X(U)$、$Z(W)$ 为切削终点坐标；i 为圆锥螺纹半径差，$i=0$ 为圆柱螺纹；k 为 X 轴方向螺纹深度（牙深，以半径表示），单位为 μm；Δd 为第一次进给背吃刀量（以半径值表示），单位为 μm；L 为螺纹导程。

常用螺纹切削进给次数与背吃刀量见表 13-4。

表 13-4　常用螺纹切削进给次数与背吃刀量

米 制 螺 纹							
螺距/mm	1	1.5	2	2.5	3	3.5	4
牙深(半径值)/mm	0.649	0.974	1.299	1.624	1.949	2.273	2.598
进给次数及背吃刀量(直径值)/mm	第一次 0.7	0.8	0.9	1.0	1.2	1.5	1.5
	第二次 0.4	0.6	0.6	0.7	0.7	0.7	0.8
	第三次 0.2	0.4	0.6	0.6	0.6	0.6	0.6
	第四次 —	0.16	0.4	0.4	0.4	0.6	0.6
	第五次 —	—	0.1	0.4	0.4	0.4	0.4
	第六次 —	—	—	0.15	0.4	0.4	0.4
	第七次 —	—	—	—	0.2	0.2	0.4
	第八次 —	—	—	—	—	0.15	0.3
	第九次 —	—	—	—	—	—	0.2

寸 制 螺 纹							
每25.4mm内所包含的牙数	24	18	16	14	12	10	8
牙深(半径值)/mm	0.678	0.904	1.016	1.162	1.355	1.626	2.033
进给次数及背吃刀量（直径值）/mm	第一次 0.8	0.8	0.8	0.8	0.9	1.0	1.2
	第二次 0.4	0.6	0.6	0.6	0.6	0.7	0.7
	第三次 0.16	0.3	0.5	0.5	0.6	0.6	0.6
	第四次 —	0.11	0.14	0.3	0.4	0.4	0.5
	第五次 —	—	—	0.13	0.21	0.4	0.5
	第六次 —	—	—	—	—	0.16	0.4
	第七次 —	—	—	—	—	—	0.17

18. 综合实例

根据所学指令编写图 13-15 所示工件的加工程序，毛坯尺寸为 $\phi 50mm \times 98mm$。

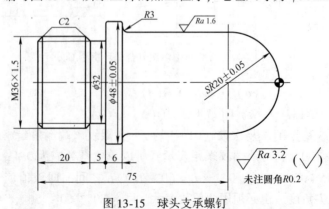

图 13-15　球头支承螺钉

174

（1）右端加工程序

O0098；

N10 M03 S700 T0101；　　　T0101 粗车外圆 93°正偏刀，刀尖角 35°，R0.8mm

N20 G00 X50.0 Z2.0；

N30 G71 U2.0 R0.5；

N40 G71 P50 Q125 U0.8 W0 F0.3；

N50 G00 G42 X0；

N60 G01 Z0；

N70 G03 X40.0 Z-20.0 R20.0；

N80 G01 W-41.0；

N90 G02 X46.0 W-3.0 R3.0；

N100 G01 X47.6；

N110 G03 X48.0 W-0.2 R0.2；

N120 G01 Z-72.0；

N125 X50.0；

N130 G00 X120.0 Z120.0；

N140 T0202 S1200 F0.15；T0202 精车外圆 93°正偏刀，刀尖角 35°，R0.4mm

N150 G00 X50.0 Z2.0；

N160 G70 P50 Q125；

N170 G00 G40 X120.0 Z120.0；

N180 M05；

N190 M30；

（2）左端加工程序

O0099；

N10 M03 S700 T0101；

N20 G00 X50.0 Z2.0；

N30 G71 U2.0 R0.5；

N40 G71 P50 Q135 U0.5 W0 F0.3；

N50 G00 G42 X0；

N60 G01Z0；

N70 X31.85；

N80 X35.85 Z-2.0；

N90 Z-18.0；

N100 X32.0 Z-20.0；

N110 Z-25.0；

N120 X47.6；

N130 G03 X48.0 W-0.2 R0.2；

N135 G01 X50

N140 G00 X120.0 Z120.0；

N150 T0202 S1200 F0.1；

N160 G00 X50.0 Z2.0；

N170 G70 P50 Q135；

N180 G00 G40 X120.0 Z120.0；

N190 T0303 S600；

N200 G00 X38.0 Z2.0；

N210 G92 X35.4 Z-21.0 F1.5；

N220 X34.80；

N230 X34.40；

N240 X34.10；

N250 X34.05；

N260 G00 X120.0 Z120.0；

N270 M05；

N280 M30；

13.3.3　GSK980TD 数控车床操作

1. 数控车床对刀操作

对刀点是数控加工中刀具相对工件运动的起点。由于加工也是从这一点开始执行的，所以也可以称为加工起点。

对刀的目的是确定程序原点在机床坐标中的位置，对刀点可以设在工件上、夹具上或机床上，对刀时应使对刀点与刀位点重合。所谓刀位点是指确定刀具位置的基准点，车刀刀位点为刀尖。下面介绍对刀方法。

（1）试切法对刀　试切法对刀是实际中应用的最多的一种对刀方法，下面介绍其具体操作方法。

工件和刀具装夹完毕，驱动主轴旋转，移动刀架至工件试切一段外圆。然后保持 X 坐标不变移动、Z 轴刀具离开工件，测量出该段外圆的直径。将其输入到相应的刀具参数中的刀长中，系统会自动用刀具当前 X 坐标减去试切出的那段外圆直径，即得到工件坐标系 X 轴原点的位置。再移动刀具试切工件一端端面，在相应刀具参数中的刀宽中输入 Z0，系统会自动将此时刀具的 Z 坐标减去刚才输入的数值，即得工件坐标系 Z 轴原点的位置。

例如，1 号刀刀架在 X 为 160.0 时车出的外圆直径为 30.0，那么使用该把刀具切削时的程序原点 X 值为 160.0 - 30.0 = 130.0；刀架在 Z 为 150.0 时切的端面为 0，那么使用该把刀具切削时的程序原点 Z 值为 150.0 - 0 = 150.0。分别将（130.0，150.0）存入到 1 号刀具参数刀长中的 X 与 Z 中，在程序中使用 T0101 就可以成功建立出工件坐标系。

事实上，找工件原点在机床坐标系中的位置并不是求该点的实际位置，而是找刀尖点到达（0，0）时刀架的位置。采用这种方法对刀一般不使用标准刀，在加工之前需要将所要用刀的刀具全部都对好。

（2）用 G50 设置工件零点

1）用车刀先试车一外圆，测量外圆直径后，把刀具沿 Z 轴正方向退点，切端面到中心（X 轴坐标减去直径值）。

2）选择 MDI 方式，输入"G50 X0 Z0"，按启动（START）键，把当前点设为零点。

3）选择 MDI 方式，输入"G0 X100 Z100"，使刀具离开工件进刀加工。

4）这时程序开头：G50 X100 Z100……。

注意：用"G50 X100 Z100"，起点和终点必须一致，即"X100 Z100"，只有这样才能保证重复加工不乱刀。

（3）G54～G59 零点偏置指令

G54 X__ Z__ 指令中的 X、Z 值是工件零点在机床坐标系中的坐标值。用此指令的对刀方法与 G50 相同，只是在对完刀后要把零点偏置输入 CNC 系统中。

1）用外圆车刀先试车一外圆，测量外圆直径后，把刀沿 Z 轴正方向退点，切端面到中心。

2）把当前的 X 和 Z 轴坐标直接输入到 G54～G59 里，程序直接调用，如：G54 X50 Z50……。

注意：可用 G53 指令清除 G54～G59 工件坐标系。

2. 系统控制面板功能

系统控制面板主要包括 CRT 显示器、MDI 键盘和功能键等。GSK980TD 机床系统控制面板如图 13-16 所示，各种功能键的名称和用途见表 13-5。

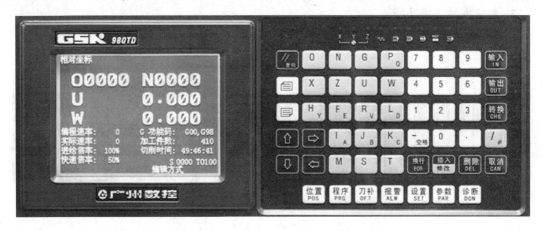

图 13-16　GSK980TD 机床系统控制面板

表 13-5　GSK980TD 机床系统控制面板功能介绍

按　键	功　能	按　键	功　能
//	功能复位键，用于解除报警、复位	O 7	地址/数字键
输入 IN	输入键，用于输入补偿量、MDI 方式下的程序段指令	输出 OUT	从 RS232 接口输出文件启动，在 VNUC 中无用
存盘 STO	存盘键，用于保存新程序	转换 CHG	转换键，在 VNUC 中无用

（续）

按　键	功　能	按　键	功　能
删除 DEL	删除键，用于程序建立和编辑过程中的数据删除	诊断 DGN	诊断键，用于显示诊断信息和软件盘机床面板，在 VNUC 中无用
翻页键		↑ ↓	光标移动键，用于使光标上移或下移一个字
位置 POS	位置键，用于使显示器显示现在位置	程序 PRG	程序键，用于显示程序和对其进行编辑
刀补 OFT	刀补键，用于显示和设定刀具偏置值，共两页，通过翻页键转换	报警 ALM	报警键，用于显示报警信息，在 VNUC 中无用
设置 SET	设置键，用于设置显示及加工轨迹图形，在 VNUC 中无用	参数 PAR	参数键，用于显示和设定参数，在 VNUC 中无用

3. 机床操作面板功能

GSK980TD 机床操作面板如图 13-17 所示，各种功能键的名称和用途见表 13-6。

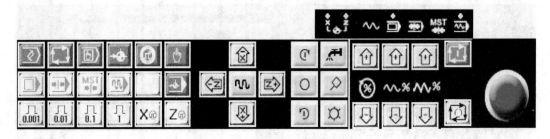

图 13-17　GSK980TD 机床操作面板

表 13-6　GSK980TD 机床操作面板功能介绍

按　键	功　能	按　键	功　能
	编辑方式键		自动方式键
	录入方式键		机械回零键
	单步/手轮方式键		手动方式键
	单程序段		机床锁住

（续）

按　键	功　能	按　键	功　能
	辅助功能锁住		空运行
	程序回零键		单步/手轮移动量
	手轮轴选择	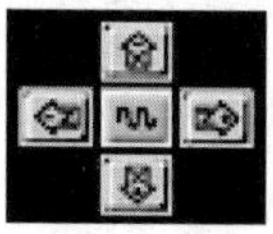	坐标轴移动键
	主轴倍率		快速进给倍率
	进给速度倍率/手动连续进给速度		主轴正转键
	主轴停止键		主轴反转键
	切削液开关，在 VNUC 中无用		润滑液开关，在 VNUC 中无用
	手动换刀键		急停键
	循环启动键		进给保持键
	机床回零指示灯		快速进给指示灯
	单程序段指示灯		机床锁住指示灯
	辅助功能锁指示灯		指示灯

179

13.4 数控铣床编程与操作

数控铣床是数控机床设备中应用非常广泛的加工机床，它可以进行平面铣削、平面型腔铣削、外形轮廓铣削、二维及三维复杂型面铣削，还可进行钻削、镗削、螺纹切削等孔加工。

13.4.1 数控铣床的编程加工特点

1）工件加工的适应性强、灵活性好，能加工轮廓形状特别复杂或难以控制尺寸的工件，如模具、壳体类工件等。

2）能加工普通机床无法加工或很难加工的工件，如用数学模型描述的复杂曲线工件以及三维空间曲面类工件。

3）能完成一次装夹定位后进行多道工序加工的工件。

4）加工精度高，加工质量稳定可靠。

5）生产效率高。

6）属于断续切削方式，对刀具的要求较高。

13.4.2 数控铣床常用刀柄

数控铣床上一般都采用 7 : 24 的工具圆锥柄。这种锥柄不自锁，换刀比较方便，并且与直柄相比有较高的定心精度和刚性。对于有自动换刀机构的加工中心，在整个加工过程中，主轴上的刀具要频繁地更换，为了达到较高的换刀精度，这种工具的锥柄部分、机械手部分以及与内拉紧机构相适应的拉钉均已标准化、系列化。为了适应高速切削，现在普遍使用 HSK 刀柄（锥面 1 : 10），短锥面和端面同时实现与主轴的连接，可以实现高刚性、高精度、大转矩的传递，适用于高速强力切削。

13.4.3 常用数控铣削编程指令及应用

1. 确定插补平面指令 G17、G18、G19

在圆弧插补时，由于圆弧是平面曲线，为了能够加工不同坐标平面内的圆弧，进行铣刀补偿、工件坐标系的旋转以及在许多固定循环中，控制系统都要求在一个确定的平面内进行操作，因此有必要进行平面选择。

平面选择可由程序段中的坐标字确定，也可由 G17、G18、G19 确定，若程序段中出现两个相互垂直的坐标字，则可决定平面，但不能出现三个方向的坐标字。平面选择如图 13-18 所示。

G17 设定为 XY 平面，G18 设定为 ZX 平面，G19 设定为 YZ 平面，G17、G18、G19 为模态指令，多数数控系统默认为 XY 平面。

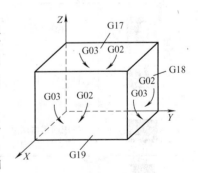

图 13-18　平面选择示意图
（圆弧方向判别）

2. 坐标系设定指令 G92

指令格式：G92 X __ Y __ Z __;

说明：X __ Y __ Z __ 为坐标原点（程序原点）到刀具起点（对刀点）的有向距离。

注意：G92 指令需后续坐标值指定刀具起点在当前工件坐标系中的坐标值，因此应用单独程序段指定，该程序段中尽管有位置指令值，但并不产生运动，在使用 G92 指令前，必须保证刀具回到加工起始点即对刀点。如图 13-19 所示，"G92 X10 Y10 Z8"可设定加工原点在距离刀具起始点为 X = - 10，Y = - 10，Z = - 8 的位置上。

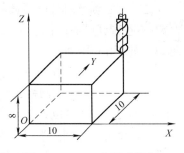

图 13-19　G92 坐标系设定

3. 工件坐标系选择指令 G54 ~ G59

在数控铣床上可以设定（G54 ~ G59）6 个工件坐标系，这些坐标系的原点坐标存储在机床存储器中，这些工件坐标系都是以机床原点为参考点，分别以各自原点与机床原点的偏移量来表示的。

指令格式：G54 G00(G01) X __ Y __ Z __;

说明：该指令执行后，所有坐标值指定的坐标尺寸都是选定的工件加工坐标系中的位置。

4. 绝对编程和增量编程指令

指令格式：G90/G91

说明：在 G90 绝对编程方式下，每个编程坐标轴上的编程值是相对于编程原点的。在 G91 增量编程方式下，每个编程坐标轴上的编程值是相对于前一位置而言的，该值为轴移动的距离。机床刚开机时默认为 G90 状态。G90 和 G91 都是模态（续效）指令。

5. 点位控制和直线插补指令

指令格式：G00 X __ Y __ Z __;
　　　　　G01 X __ Y __ Z __ F __;

说明：在 G00 时，刀具以点位控制方式快速移动到目标位置，其移动速度由系统来设定。因此要注意刀具在运动过程中是否与工件及夹具发生干涉。在 G01 时，刀具以指定的 F 进给速度移动到目标位置。G00、G01、F 都是模态（续效）指令，在程序的第一个 G01 后必须规定一个 F 值，F 值一直有效，直到指定新 F 值。

6. 圆弧编程指令

指令格式：

XY 平面：G17 $\begin{cases} \text{G02} \\ \text{G03} \end{cases}$ X __ Y __ $\begin{cases} \text{I __ J __ F __}; \\ \text{R __} \end{cases}$

ZX 平面：G18 $\begin{cases} \text{G02} \\ \text{G03} \end{cases}$ X __ Z __ $\begin{cases} \text{I __ K __ F __}; \\ \text{R __} \end{cases}$

YZ 平面：G19 $\begin{cases} \text{G02} \\ \text{G03} \end{cases}$ Y __ Z __ $\begin{cases} \text{J __ K __ F __}; \\ \text{R __} \end{cases}$

说明：

1）G17/G18/G19 表示圆弧加工所在平面，为模态指令。

2）G02 为顺时针圆弧插补指令，G03 为逆时针圆弧插补指令。圆弧顺逆方向的判别：沿着不在圆弧平面内的坐标轴，由正方向向负方向看，顺时针方向为 G02，逆时针方向为 G03，如图 13-18 所示。

3）X、Y、Z 是指圆弧插补的终点坐标值。

4）I、J、K 是指圆弧起点到圆心的增量坐标，与 G90、G91 无关。I、J、K 是矢量值，并且 I0、J0、K0 可以省略，但 I、J、K 不能同时为零。

5）R 为指定圆弧半径，当圆弧的圆心角小于或等于 180°时，R 值为正；当圆弧圆心角大于 180°而小于 360°时，R 为负值。

6）整圆编程时不可以使用 R，只能用 I、J、K。

7）整圆编程。圆弧起点和终点相同且圆心用 I、J、K 指定时，即可进行 360°整圆编程。

注意：如果圆心 I、J、K 和半径 R 同时指定，由地址 R 指定的圆弧优先，其余被忽略。

7. 刀具长度补偿指令 G43、G44、G49

当使用不同类型及规格的刀具或刀具磨损时，可在程序中重新用刀具长度补偿指令补偿刀具尺寸的变化，而不必重新调整刀具或重新对刀。图 13-20 所示为不同刀具长度方向的偏移量。

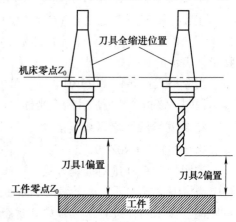

图 13-20　不同刀具长度偏置

指令格式：G43（G44）Z＿＿ H＿＿；

说明：G43 为刀具长度正补偿；G44 为刀具长度负补偿；G49 为撤销刀具长度补偿指令。Z 值为刀具长度补偿值，补偿量存入由 H 代码指定的存储器中。偏置量与偏置号相对应，由 CRT/MDI 操作面板预先设在偏置存储器中。

使用 G43、G44 指令时，无论用绝对尺寸还是用增量尺寸编程，程序中指定的 Z 轴移动的终点坐标值，都要与 H 所指定寄存器中的偏移量进行运算，G43 时相加，G44 时相减，然后把运算结果作为终点坐标值进行加工。

G43、G44 均为模态代码。取消刀具长度补偿用 G49 或 H00。若指令中忽略了坐标轴，则隐含为 Z 轴且为 Z0，G43、G44、G49 都是模态代码，可相互注销。

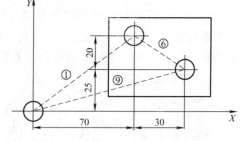

执行 G43 时

$$Z_{实际值} = Z_{指令值} + (H \times \times)$$

执行 G44 时

$$Z_{实际值} = Z_{指令值} - (H \times \times)$$

式中，H×× 是指编号为 ×× 寄存器中的刀具长度补偿量。

采用取消刀具半径补偿指令 G49 或用 G43 H00 和 G44 H00 可以撤销刀具长度补偿。

应用实例：图 13-21 所示为应用刀具长度补偿

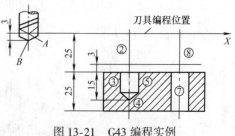

图 13-21　G43 编程实例

指令编程的实例，图中 A 为程序起点，加工路线为①→②→…→⑨。由于某种原因，刀具实际起始位置为 B 点，与编程的起点偏离了 3mm，现按增量坐标编程，偏置量 3mm 存入地址为 H02 的寄存器中，程序如下：

O0056

N02 G91 G00 X70 Y45 S800 M03；相对坐标编程，安全平面快速孔定位

N04 G43 Z−22 H02；　　　　　　刀具长度补偿建立，Z 轴快速移动至离工件上表面
　　　　　　　　　　　　　　　　 3mm 位置

N06 G01 Z−18 F100 M08；　　　进给速度 100mm/min 钻孔，切削液开

N08 G04 X3；　　　　　　　　　孔底暂停进给 3s

N10 G00 Z18；　　　　　　　　 快速退刀

N12 X30 Y−20；　　　　　　　　相对坐标快速移动，定位到第 2 个孔位置

N14 G01 Z−33 F100；　　　　　 加工第 2 个孔

N16 G00 G49 Z55 M09；　　　　快速退刀初始平面，取消长度补偿，切削液关

N18 X−100 Y−25；　　　　　　 快速回起刀点

N20 M05；　　　　　　　　　　 主轴停转

N22 M30；　　　　　　　　　　 程序结束

8. 孔加工固定循环指令

孔加工是最常用的加工工序，现代 CNC 系统一般都配备钻孔、镗孔和攻螺纹加工循环编程功能。

孔加工循环指令为模态指令，一旦某个孔加工循环指令有效，接着在所有 (X, Y) 位置均采用该孔加工循环指令进行孔加工，直到用 G80 指令取消孔加工循环为止。在孔加工循环指令有效时，XY 平面内的运动方式为快速运动（G00）。孔加工循环一般由以下 6 个动作组成，如图 13-22 所示。

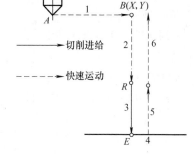

图 13-22　孔加工循环

① A→B 刀具快速定位到孔加工循环起始点 B(X,Y)。

② B→R 刀具沿 Z 方向快速运动到参考平面 R。

③ R→E 孔加工过程（如钻孔、镗孔、攻螺纹等）。

④ E 点孔底动作（如进给暂停、主轴停止、主轴定向停止、刀具偏移等）。

⑤ E→R 刀具快速退回到参考平面 R。

⑥ R→B 刀具快速返回到起始点 B。

采用绝对坐标 G90 和采用相对坐标 G91 编程时，孔加工循环指令中的值有所不同，如图 13-23 所示。

G98 和 G99 两个模态指令控制孔加工循环结束后刀具是返回起始点 B 还是参考平面 R，如图 13-24 所示。

G98 指令返回起始点 B，为默认方式；G99 指令返回参考平面 R。

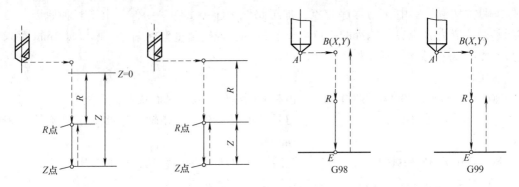

图 13-23　G90 与 G91 指令的区别　　　　图 13-24　G98 与 G99 指令的区别

（1）钻孔循环指令 G81　主轴正转，刀具以进给速度向下运动钻孔，到达孔底位置后，快速返回（无孔底动作）。

格式：G81 X __ Y __ Z __ R __ F __ K __ ；

说明：X、Y 为孔的中心坐标位置；Z 为孔底坐标位置；R 为参考平面坐标位置；F 为进给速度；K 为指定加工孔的重复次数，不写 K 时，默认为 1 次；X、Y 可以包含在 G81 指令中，也可以放在 G81 指令的前面（表示第一个孔的位置）或放在 G81 指令的后面（表示需要加工的其他孔的位置）。

应用实例：如图 13-25 所示，要求用 G81 加工所有的孔，其数控加工程序如下：

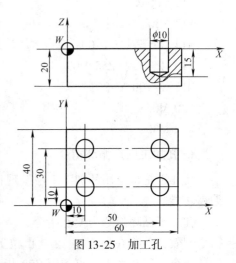

图 13-25　加工孔

T01 M06；	选用 T01 号刀具（φ10mm 钻头）
G54 G90 G99 S600 M03；	起动主轴正转 600r/min，钻孔加工循环采用返回参考平面的方式
G00Z30. M08；	
G81 X10. Y10. Z-15. R5. F20. ；	在（10，10）位置钻孔，孔的深度为 15mm，参考面高度为 5mm
X50. ；	在（50，10）位置钻孔（G81 为模态指令，直到用 G80 取消为止）
Y30. ；	在（50，30）位置钻孔
X10. ；	在（10，30）位置钻孔
G80；	取消钻孔指令
G00Z30. ；	
M30；	

（2）钻孔循环指令 G82　G82 与 G81 格式类似，唯一的区别是 G82 在孔底加进给暂停动作，即当钻头加工到孔底位置时，刀具不做进给运动，而保持旋转状态，使孔的表面更光滑。

格式：G82 X __ Y __ Z __ R __ P __ F __ K __ ；

说明：P 为在孔底位置的暂停时间，单位为 ms，用正整数表示；该指令一般用于扩孔和沉头孔加工。

（3）深孔钻孔循环指令 G73

G73 与 G81 的主要区别：由于是深孔加工，采用间歇进给（分多次进给），有利于排屑。每次进给深度为 Q，直至孔底位置，到孔底快速返回。其动作如图 13-26 所示。

格式：G73 X __ Y __ Z __ R __ Q __ F __ K __；

说明：Q 为每次进给切削深度，为正值。

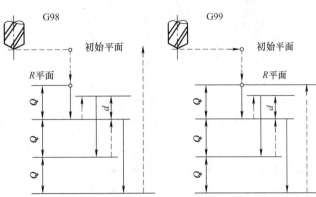

图 13-26 G73 高速钻孔循环

（4）右旋攻螺纹循环指令 G84 攻螺纹进给时主轴正转，退出时主轴反转。与钻孔加工不同的是，攻螺纹结束后的返回过程不是快速运动，而是以进给速度反转退出。F 要根据丝锥的螺距 P 和主轴的转速 n 进行计算，$F = Pn$。其加工动作如图 13-27 所示。G84 指令格式与 G82 类似。

格式：G84 X __ Y __ Z __ R __ P __ F __ K __；

说明：与钻孔加工不同的是，攻螺纹结束后的返回过程不是快速运动而是以进给速度反转退出。攻螺纹过程要求主轴转速与进给速度成严格的比例关系，因此，编程时要求根据主轴转速计算进给速度。

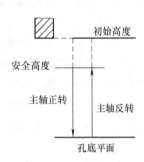

图 13-27 G84 攻螺纹循环

例如，对图 13-25 中的 4 个孔进行攻螺纹时，攻螺纹深度为 10mm，其数控加工程序为：

T02 M06；	选用 T02 号刀具（ϕ10 丝锥，导程 1.5mm）
G54 G90 G99 S100 M03；	起动主轴正转 100r/min，攻螺纹加工循环采用返回参考平面的方式
G00Z30.0 M08；	
X0. Y0. ；	
G84 X10.0 Y10.0 Z−10.0 R5.0 P2000 F150. ；	在（10，10）位置攻螺纹，深度为 10mm，参考面高度为 5mm，暂停时间 2s，进给速度 $F = 150$
X50.0；	在（50，10）位置攻螺纹
Y30.0；	在（50，30）位置攻螺纹
X10.0；	在（10，30）位置攻螺纹
G80；	取消攻螺纹循环
G00 Z30. ；	
M30；	

（5）左旋攻螺纹循环指令 G74　G74 与 G84 的区别：进给时为反转，退出时为正转。

格式：G74 X__ Y__ Z__ R__ P__ F__ K__;

（6）镗孔加工循环指令 G85　如图 13-28 所示，主轴正转，刀具以进给速度向下运动镗孔，到达孔底位置后，立即以进给速度退出（没有孔底动作）。

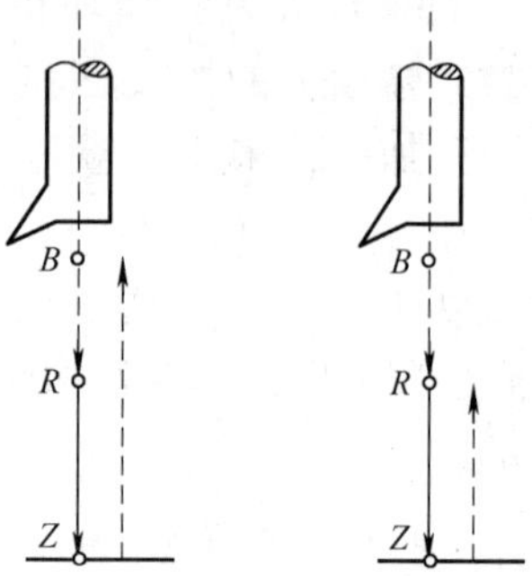

格式：G85 X__ Y__ Z__ R__ F__ K__;

说明：Z 为孔底位置，F 为进给速度，R 为参考平面位置，X、Y 为孔的位置。

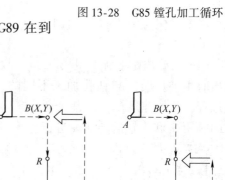

图 13-28　G85 镗孔加工循环

（7）镗孔循环指令 G86　G86 与 G85 的区别是：G86 在到达孔底位置后，主轴停止转动，并快速退出。

格式：G86 X__ Y__ Z__ R__ F__ K__;

（8）镗孔循环指令 G89　G89 与 G85 的区别：G89 在到达孔底位置后，加进给暂停后，以进给速度退出。

格式：G89 X__ Y__ Z__ R__ P__ F__ K__;

说明：P 为暂停时间（ms）。

（9）精镗循环指令 G76　如图 13-29 所示，G76 与 G85 的区别：G76 在孔底有三个动作，即进给暂停、主轴定向停止、刀具沿刀尖所指的反方向偏移 Q 值，然后快速退出。这样保证刀具不划伤孔的表面。

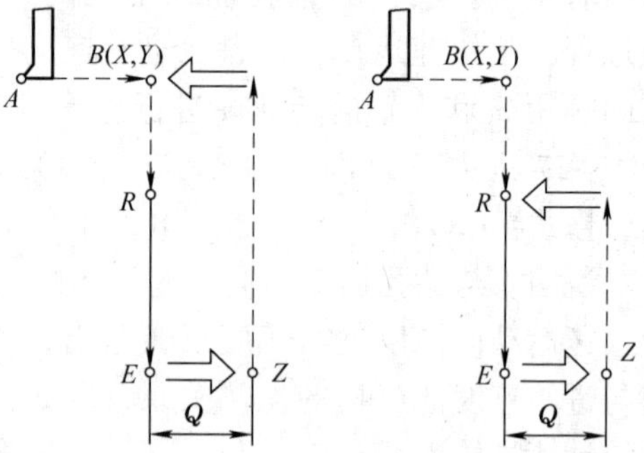

格式：G76 X__ Y__ Z__ R__ Q__ F__ K__;

说明：Q 为偏移值，正值。

图 13-29　G76 精镗加工循环

9. 铣削切入、切出路径

铣削轮廓表面时一般采用立铣刀侧面刃进行切削，由于主轴系统和刀具的刚度变化，当沿法向切入工件时，会在切入处产生刀痕，所以应尽量避免刀具沿法向切入工件，其动作如图 13-30 所示。

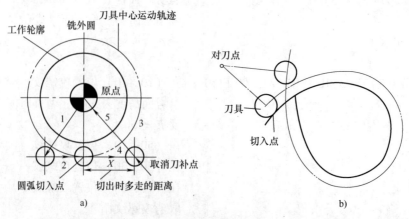

图 13-30　铣削外轮廓切入、切出路径

a）铣削外圆的切入、切出路径　b）铣削外轮廓的切入、切出路径

当铣切内表面轮廓形状时，也应尽量遵循从切向切入的方法，但此时切入无法外延，最好安排从圆弧过渡到圆弧的加工路线，如图 13-31 所示。当实在无法沿工件曲线的切向切入、切出时，铣刀只有沿法线方向切入和切出，在这种情况下，切入、切出点应选在工件轮廓两几何要素的交点上，而且进给过程中要避免停顿，如图 13-32 所示。

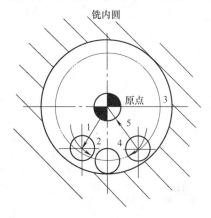

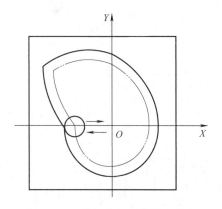

图 13-31　铣削内轮廓切入、切出路径　　　　　　图 13-32　从尖点切入铣削内轮廓

13.4.4　华中世纪星 HNC-21M 数控铣床操作

该系统控制面板主要包括 CRT 显示器、MDI 键盘和功能键等，如图 13-33 所示。各种功能键的名称和用途见表 13-7。

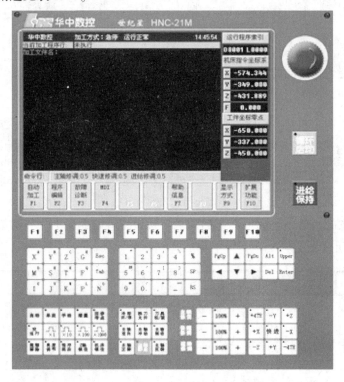

图 13-33　华中世纪星 HNC-21M 系统控制面板

表 13-7 华中世纪星 HNC-21M 系统控制面板功能介绍

名　称	功能说明	名　称	功能说明
地址和数字键 X^A 2^I	按下这些键可以输入字母，数字或者其他字符	Del	删除键
Upper	切换键	PgUp PgDn	翻页键
Enter	输入键	光标移动键 ▲ ◄ ▼ ►	有四种不同的光标移动键。用于将光标向右或者向前移动，向左或者往回移动，向下或者向前移动，向上或者往回移动
Alt	替换键		

1. 菜单命令条说明

数控系统屏幕的下方就是菜单命令条，如图 13-34 所示。

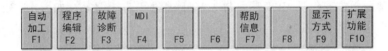

图 13-34 菜单命令条

由于每个功能包括不同的操作，在主菜单条上选择一个功能项后，菜单条会显示该功能下的子菜单。例如，按下主菜单条中的"自动加工"后，就进入自动加工下面的子菜单条，如图 13-35 所示。

图 13-35 子菜单条

每个子菜单条的最后一项都是"返回"项，按该键就能返回上一级菜单。

2. 快捷键说明（图 13-36）

图 13-36 快捷键

快捷键的作用和菜单命令条是一样的。

在菜单命令条及弹出菜单中，每一个功能项的按键上都标注了 F1、F2 等字样，表明要执行该项操作也可以通过按下相应的快捷键来执行。

3. 机床操作键说明（表 13-8）

表 13-8　操作键说明

名　称	功 能 说 明
急停键	用于锁住机床。按下急停键时，机床立即停止运动
循环启动/保持	在自动和 MDI 运行方式下，用来启动和暂停程序
方式选择键	用来选择系统的运行方式 自动：按下该键，进入自动运行方式； 单段：按下该键，进入单段运行方式； 手动：按下该键，进入手动连续进给运行方式； 增量：按下该键，进入增量运行方式； 回零参考点：按下该键，进入返回机床参考点运行方式
进给轴和方向选择开关	在手动连续进给、增量进给和返回机床参考点运行方式下，用来选择机床欲移动的轴和方向。其中，快进 为快进开关。当按下该键后，该键左上方的指示灯亮，表明快进功能开启。再按一下该键，指示灯灭，表明快进功能关闭
主轴修调	在自动或 MDI 方式下，当 S 代码的主轴速度偏高或偏低时，可用主轴修调右侧的 100% 和 + 、 − 键，修调程序中编制的主轴速度。按 100%（指示灯亮），主轴修调倍率被置为 100%，按一下 + ，主轴修调倍率递增 5%；按一下 − ，主轴修调倍率递减 5%

（续）

名　　称	功　能　说　明
快速修调	自动或 MDI 方式下，可用快速修调右侧的 100% 和 + 、 − 键，修调 G00 快速移动时系统参数"最高快速度"设置的速度。按 100% （指示灯亮），快速修调倍率被置为 100%，按一下 + ，快速修调倍率递增 10%；按一下 − ，快速修调倍率递减 10%
进给修调	自动或 MDI 方式下，当 F 代码的进给速度偏高或偏低时，可用进给修调右侧的 100% 和 + 、 − 键，修调程序中编制的进给速度。按 100% （指示灯亮），进给修调倍率被置为 100%，按一下 + ，主轴修调倍率递增 10%；按一下 − ，主轴修调倍率递减 10%
增量值选择键	在增量运行方式下，用来选择增量进给的增量值。其中，×1 为 0.001mm，×10 为 0.01mm，×100 为 0.1mm，×1000 为 1mm。各键互锁，当按下其中一个时（该键左上方的指示灯亮），其余各键失效（指示灯灭）
主轴旋转键	用来开启和关闭主轴。 主轴正转：按下该键，主轴正转； 主轴停止：按下该键，主轴停转； 主轴反转：按下该键，主轴反转
刀位转换键	在手动方式下，按一下该键，刀架转动一个刀位

（续）

名　　称	功 能 说 明
超程解除 [超程解除]	当机床运动到达行程极限时，会出现超程，系统会发出警告声，同时紧急停止。要退出超程状态，可按下 [超程解除] 键（指示灯亮），再按与刚才相反方向的坐标轴键
空运行 [空运行]	在自动方式下，按下该键（指示灯亮），程序中编制的进给速率被忽略，坐标轴以最大快移速度移动
程序跳段 [程序跳段]	自动加工时，系统可跳过某些指定的程序段。如在某程序段首加上"/"，且面板上按下该开关，则在自动加工时，该程序段被跳过不执行；而当释放此开关时，"/"不起作用，该段程序被执行
[选择停]	选择停 M01
机床锁住 [机床锁住]	用来禁止机床坐标轴移动。显示屏上的坐标轴仍会发生变化，但机床停止不动

13.5 数控加工中心编程与操作

13.5.1 数控加工中心概述

数控加工中心（Machining Center）和数控铣床有很多相似之处，其主要区别在于刀具库和自动刀具交换装置（Automatic Tools Change，ATC）。数控加工中心是一种集成化的数控加工机床。通常所指的加工中心是指带有刀库和自动换刀装置的镗铣类加工中心，它集铣削、钻削、铰削、镗削及螺纹切削等工艺于一体。

加工中心与同类数控机床相比，结构较复杂，控制系统功能较多。加工中心最少有三个运动坐标系。加工中心还具有不同的辅助机能，如刀具破损报警、刀具寿命管理、故障自动诊断、人机对话以及离线编程等。

13.5.2 加工中心的主要加工对象

加工中心适用于复杂，工序多，精度要求高，需用多种类型普通机床和刀具、工程装备，经过多次装夹和调整才能完成加工的具有适当批量的零件。其主要的加工对象有以下几类：

1）箱体类零件。
2）带有复杂曲面的零件。
3）异形类零件。
4）盘、套、板类零件。

5）特殊加工，利用加工中心可以完成一些特殊的工艺内容，例如在金属表面上刻字、刻线和刻图案等。

13.5.3 加工中心编程

加工中心编程除增加了自动换刀的功能指令外，其他和数控铣床编程基本相同。但要注意的是，由于加工中心能实现三轴以上的联动，因此，可以实现空间插补。数控铣床编程中介绍的准备功能代码和辅助功能代码在加工中心编程中依然有效，这里就不再详述。由于加工中心可进行多工位加工，并频繁地自动换刀，故常在一个程序中用到多个坐标系和换刀及刀具长度补偿指令。

1. 选刀、换刀指令

换刀一般包括选刀指令（T）和换刀动作指令（M06）。选刀指令用 T 表示，其后是所选刀具的刀具号。如选用 2 号刀，写为"T02"。T 指令的格式为 T××，表示刀具最多允许有 99 把。

M06 是换刀动作指令，数控装置读入 M06 代码后，送出并执行 M05 等信息，接着换刀机构动作，完成刀具的自动转换。T×× 是选刀指令，是用来驱动刀库电动机带动刀库转动而实现选刀动作的。T 指令后跟的两位数字，是将要更换的刀具地址号。常用的换刀方法有以下两种：

1）"T01 M06"是先执行选刀指令 T01，再执行换刀指令 M06。刀库转动先将 T01 号刀具送到换刀位置后，再由机械手实施换刀动作。换刀以后，主轴上装夹的就是 1 号刀具，而刀库中目前的换刀位置上安放的则是刚换下的刀具。执行完"T01 M06"后，刀库即保持当前刀具安放位置不动。

2）"M06 T01"是先执行换刀指令 M06，再执行选刀指令 T01。它先由机械手实施换刀动作，将主轴上原有的刀具和目前刀库中当前换刀位置上已有的刀具（上一次选刀 T×× 指令所选好的刀具）进行互换；然后，再由刀库转动将 T01 号刀具送到换刀位置，为下一次换刀做准备。换刀前后，主轴上装夹的都不是 T01 号刀具。执行完"M06 T01"后，刀库中目前换刀位置上安放的则是 T01 号刀具，它是为下一个 M06 换刀指令预先选好的刀具。

2. 主轴准停指令 M19

本指令将使主轴定向停止，确保主轴停止的方位和装刀标记方位一致。在对加工中心进行换刀动作的编程安排时，应考虑以下问题：

1）换刀动作前必须使主轴准停（用 M19 指令）。

2）换刀点的位置应根据所用机床的要求安排，有的机床要求必须将换刀位置安排在参考点处或至少应让 Z 轴方向返回参考点。

13.5.4 加工中心的操作

应用 FANUC Series 0i-M 系统的加工中心操作面板，由显示器与 MDI 面板、标准机床操作面板等组成，如图 13-37 所示。各种功能键的名称和用途见表 13-9 和表 13-10。

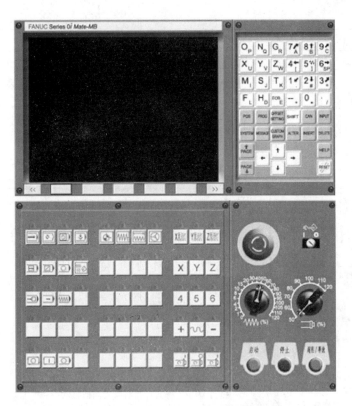

图 13-37 FANUC Series 0i-M 系统控制面板

表 13-9 FANUC Series 0i-M 系统控制面板功能介绍

名 称	功 能 说 明
复位键 RESET	按下这个键可以使 CNC 复位或者取消报警等
帮助键 HELP	当对 MDI 键的操作不清楚时，按下这个键可以获得帮助
软键	根据不同的界面，软键有不同的功能
地址和数字键 O_P	按下这些键可以输入字母、数字或者其他字符
切换键 SHIFT	在键盘上的某些键具有两个功能。按下 <SHIFT> 键可以在这两个功能之间进行切换
输入键 INPUT	当按下一个字母键或者数字键时，再按该键，数据被输入到缓冲区，并且显示在屏幕上。要将输入缓冲区的数据复制到偏置寄存器中时，请按下该键。这个键与软键中的 <INPUT> 键是等效的

（续）

名　称	功能说明
取消键 CAN	取消键，用于删除最后一个进入输入缓存区的字符或符号
程序功能键 ALTER INSERT DELETE	ALTER：替换键，INSERT：插入键，DELETE：删除键
功能键 POS PROG OFFSET SETTING SYSTEM MESSAGE CUSTOM GRAPH	按下这些键，切换不同功能的显示界面 POS：按下这一键以显示位置界面，PROG：按下这一键以显示程序界面，OFFSET SETTING：按下这一键以显示偏置/设置（SETTING）界面，SYSTEM：按下这一键以显示系统界面，MESSAGE：按下这一键以显示信息界面，CUSTOM GRAPH：按下这一键以显示用户宏界面
光标移动键	有四种不同的光标移动键：→这个键用于将光标向右或者向前移动，←这个键用于将光标向左或者往回移动，↓这个键用于将光标向下或者向前移动，↑这个键用于将光标向上或者往回移动
翻页键 PAGE↑ PAGE↓	有两个翻页键：PAGE↑该键用于将屏幕显示的页面往前翻页；PAGE↓该键用于将屏幕显示的页面往后翻页

表 13-10　FANUC Series 0i-M 机床操作面板功能介绍

按　键	功　能	按　键	功　能
	自动键		编辑键
	MDI		返回参考点键
	连续点动键		增量键
	手轮键	X原点	当 X 轴返回参考点时，X 原点灯亮

（续）

按　键	功　能	按　键	功　能
 Y原点	当 Y 轴返回参考点时，Y 原点灯亮	 Z原点	当 Z 轴返回参考点时，Z 原点灯亮
	单段键		跳过键
	空运行键	 X	X 轴键
 Y	Y 轴键	 Z	Z 轴键
 +	坐标轴正方向键	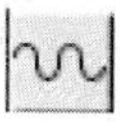	快进键
 -	坐标轴负方向键		进给暂停键
	循环启动键		进给暂停指示灯
	主轴正转键		主轴停键
	主轴反转键		急停键
	进给速度修调		主轴速度修调
 启动	启动电源键	 停止	关闭电源键

13.6　数控加工技术实训

13.6.1　数控车加工训练

1. 技术要求

按照图样要求加工图示工件，如图 13-38 所示。

1）外形正确，符合图样尺寸和技术要求。

2）几何公差要基本满足同轴度、平面度、垂直度、平行度等要求。

3）未注公差尺寸标准按 GB/T 1804 - m。

4）未注倒角 C1，不准修饰表面，端面允许钻中心孔。

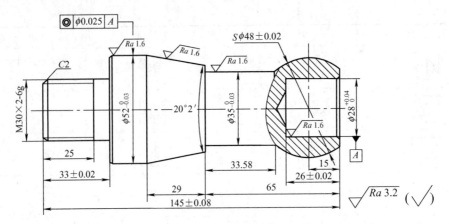

图 13-38 特形螺纹轴

2. 准备要求

1）材料和设备准备，见表 13-11。

表 13-11 材料和设备

序　号	名　称	规 格 型 号	数　量
01	试件	45 钢，φ55mm×150mm	1 块
02	数控车床	CAK6140	1 台
03	扳手	相应机床	1 副

2）工具和量具准备，见表 13-12。

表 13-12 工具和量具

序　号	名　称	规 格 型 号	数　量
01	游标深度卡尺	0～150mm（0.02mm）	1 把
02	游标卡尺	0～200mm（0.02mm）	1 把
03	外径千分尺	25～50mm，50～75mm	各 1 把
04	半径样板	R20～R25mm	1 副
05	百分表	0～5	1 个
06	标准车刀	自选	自定
07	锥柄麻花钻	φ25mm	1 个
08	中心钻	A3.15	1 个
09	螺纹环规	M30×2	1 副
10	游标万能角度尺	0°～320°（2′）	1 把
11	变径套筒	莫氏 3 号、4 号、5 号	各 1 个
12	活顶尖	莫氏 5 号	1 个

3. 加工步骤

（1）钻中心孔（手动）　使用 A3.15 中心钻进行钻孔，主轴转速选择 1200r/min。

（2）钻内孔 $\phi25$mm（手动）　使用 $\phi25$mm 钻头进行钻孔，主轴转速选择 300r/min。

（3）粗加工右端 $\phi53$mm×120mm　使用 T0101 90°外圆车刀进行加工，主轴转速选择 600r/min，一夹一顶，工件伸出长度为 130mm。

加工程序如下：

O0001

N10 T0101；

N20 G90 G99 M03 S600；

N30 G00 X100.0 Z1.0 M08；

N40 X53.0；

N50 G01 Z-120.0 F0.3；

N60 G00 X55.0；

N70 X150.0 Z1.0；

N80 M05；

N90 M30；

（4）粗加工左端 $\phi53$mm×30mm，并取总长 145mm　使用 T0101 90°外圆车刀进行加工，主轴转速选择 600r/min，工件伸出长度为 45mm。

加工程序如下：

O0002

N10 T0101；

N20 G90 G99 M03 S600；

N30 G00 X100.0 Z1.0 M08；

N40 X56.0 Z0.0；

N50 G01 X-1.0 F0.15；

N60 G00 X53.0 Z1.0；

N70 G01 Z-30.0 F0.3；

N80 G00 X150.0 Z150.0；

N100 M05；

N110 M30；

（5）精加工内孔 $\phi28$mm×26mm　使用 T0202 内孔车刀进行精车，主轴转速选择 500r/min，工件伸出长度为 45mm。

加工程序如下：

O0003

N10 T0202；

N20 G90 G99 M03 S500；

N30 G00 X30.0 Z1.0 M08；

N40 G01 Z0.0 F0.15；

N50 X28.02 Z-1.0；

N60 Z-26.0；

N70 X25.0；

N80 G00 Z150. 0

N90 X150. 0

N100 M05；

N110 M30；

（6）粗、精加工右端轮廓　使用 T0101 90°外圆车刀进行加工，一夹一顶，工件伸出长度为 130mm。

加工程序如下：

O0004

N10 T0101；

N20 G90 G99 M03 S700；

N30 G00 X53. 0 Z1. 0 M08；

N40 G73 U9. 0 W0 R6；　　　　　　　　　　粗加工

N50 G73 P60 Q130 U0. 8 W0 F0. 25；

N60 G00 G42 X34 Z1. 0；

N65 G01 Z0. 0；

N70 X37. 47；

N80 G03 X34. 985 Z-31. 42 R24. 0；

N90 G01 Z-65. 0；

N100 X41. 755；

N110 X51. 985 Z-94. 0；

N120 Z-115. 0；

N130 X53. 0；

N150 G70 P60 Q130 S1200 F0. 15；　　　　　　精加工

N160 G00 G40 X150. 0 Z150. 0；

N180 M05；

N190 M30；

（7）粗、精加工左端轮廓　使用 T0101 90°外圆车刀，T0404 60°螺纹车刀进行加工，工件伸出长度为 40mm。

加工程序如下：

O0005

N10 T0101；

N20 G90 G99 M03 S700；

N30 G00 X53. 0 Z1. 0 M08；

N40 G71 U2. 0 R0. 5；　　　　　　　　　　粗加工

N50 G71 P60 Q110 U0. 8 W0 F0. 3；

N60 G00 G42 X26. 0；

N70 G01 Z0. 0；

N80 X29. 8 Z-2. 0；

N90 Z-33. 0；

N100 X50.0；

N110 X53.0 Z–34.5；

N140 G70 P60 Q110 S1200 F0.15；　　　　　　精加工

N150 G00 G40 X150.0 Z150.0；

N180 T0404 S500；

N190 G00 X35.0 Z4.0；

N200 G92 X29.1 Z–25.0 F2.0；　　　　　　加工 M30×2 螺纹

N210 X28.5；

N220 X27.9；

N230 X27.5；

N240 X27.4；

N250 G00 X150.0 Z150.0；

N270 M05；

N280 M30；

（8）清理毛刺　用锉刀清理毛刺。

（9）清理机床

13.6.2　立式加工中心加工训练

1. 技术要求

按照图样要求加工图示工件，如图 13-39 所示。

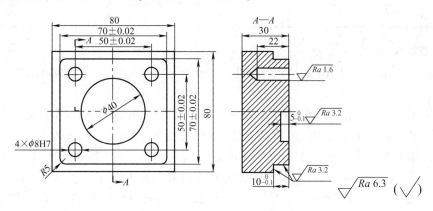

图 13-39　加工中心加工零件

1）外形正确，符合图样尺寸和技术要求。

2）不准修饰表面。

3）几何公差要基本满足平面度、垂直度、平行度等要求。

4）未注公差尺寸按 GB/T 1804–m。

5）去除毛刺，倒角均匀。

2. 准备要求

1）材料和设备准备，见表 13-13。

表 13-13 材料和设备

序　号	名　称	规格型号	数　量
01	试件	45 钢，80mm×80mm×30mm	1 块
02	加工中心	XH714	1 台
03	机用虎钳	200mm×160mm	1 台
04	扳手	相应机床	1 副

2）工具和量具准备，见表 13-14。

表 13-14 工具和量具

序　号	名　称	规格型号	数　量
01	游标深度卡尺	0~150mm(0.02mm)	1 把
02	游标卡尺	0~200mm(0.02mm)	1 把
03	高速工具钢铰刀	ϕ8H7	1 个
04	半径样板	$R3 \sim R16$mm	1 副
05	高速工具钢立铣刀	ϕ10mm、ϕ16mm	各 1 个
06	直柄麻花钻	ϕ7.8mm	1 个
07	中心钻	A3.15	1 个
08	刀柄	BT40	1 个
09	弹簧夹头	ϕ6~ϕ8mm	各 1 个
10	对刀仪	机械式	1 个

3. 加工步骤

（1）钻中心孔　使用 T01A3.15 中心钻进行钻孔，主轴转速选择 1500r/min，进给量选择 50mm/min。

（2）粗加工内、外轮廓　使用 T02 ϕ16mm 立铣刀进行粗铣，主轴转速选择 500r/min，进给量选择 120mm/min，将 T02 的刀具半径补偿值设为 8.5mm 输入到 D02 中。

（3）精加工内、外轮廓　使用 T03 ϕ10mm 立铣刀精铣，主轴转速选择 800r/min，进给量选择 80mm/min，将 T03 的刀具半径补偿值 5.0mm 输入到 D03 中。

（4）钻孔　使用 T04 ϕ7.8mm 钻头进行钻孔，主轴转速选择 600r/min，进给量选择 60mm/min。

（5）铰孔　使用 T05 ϕ8H7 铰刀进行铰孔，主轴转速选择 200r/min，进给量选择 80mm/min。

（6）清理毛刺　用锉刀清理毛刺。

（7）清理机床

4. 参考加工程序

O0001

T01 M03 S1500;　　　　　　　　　　　　　换 1 号 A3.15 中心钻，钻中心孔

G90 G54 G00 Z100.0;

X10.0 Y10.0;

Z10. 0 M08；

G98 G81 X0 Y0 Z-4. 95 R3. 0 F80；

X25. 0 Y25. 0

X-25. 0；

Y-25. 0；

X25. 0；

G80 G00 Z100. 0 M09；

M05；

M30；

O0002

T02 M03 S500；　　　　　　　　　　　　　　换 2 号 ϕ16mm 立铣刀，粗铣外轮廓

G90 G54 G00 Z100. 0；

X60. 0 Y0. 0；

Z-9. 5 M08；

G01 G41 Y25. 0 D02 F120；

G03 X35. 0 Y0 R25. 0；

G01 Y-30. 0；

G02 X30. 0 Y-35. 0 R5. 0；

G01 X-30. 0；

G02 X-35. 0 Y-30. 0 R5. 0；

G01 Y30. 0；

G02 X-30. 0 Y35. 0 R5. 0；

G01 X30. 0；

G02 X35. 0 Y30. 0 R5. 0；

G01 Y0；

G03 X60. 0 Y-25. 0 R25. 0；

G00 Z100

G40 Y0 Y0；

G00 Z5. 0；

G01 Z-4. 95 F60；　　　　　　　　　　　　　粗铣内轮廓

G01G41 X20. 0 D02 F120；

G03 I-20. 0 J0；

G00 Z100. 0 M09；

G00 G40 X0 Y0；

Z100；

M05；

M30

O0003

T03 M03 S800；   换3号 ϕ10mm 立铣刀，精铣外轮廓

G90 G54 G00 Z100.0；

X50.0 Y0；

Z-9.95 M08；

G01 G41 Y15.0 D03 F80；

G03 X35.0 Y0 R15.0；

G01 Y-30.0；

G02 X30.0 Y-35.0 R5.0；

G01 X-30.0；

G02 X-35.0 Y-30.0 R5.0；

G01 Y30.0；

G02 X-30.0 Y35.0 R5.0；

G01 X30.0；

G02 X35.0 Y30.0 R5.0；

G01 Y0；

G03 X50.0 Y-15.0 R15.0；

G00 Z100.0；

G00 G40 X0 Y0；

G00 Z5.0；

G01 Z-4.95 F50；   精铣内轮廓

G01 G41 X10.0 Y-10 D03 F80；

G03 X20.0 Y0 R10.0；

G03 I-20.0 J0；

G03 X10.0 Y10.0 R10.0；

G00 Z100.0 M09；

G00 G40 X0 Y0；

M05；

M30；

O0004

T04 M03 S600；   换4号 ϕ7.8mm 麻花钻，钻孔

G90 G54 G00 Z100.0；

X0 Y0

Z10.0 M08；

G99 G81 X25.0 Y25.0 R3.0 Z-24.5 F60；

X-25.0；

Y-25.0；

X25.0；

```
G80 G00 Z100.0 M09；
M05；
M30；


O0005
T05 M03 S200；                        换 5 号 φ8H7 铰刀，铰孔
G90 G54 G00 Z100.0；
G00 X0 Y0；
G00 Z5.0 M08；
G98 G85 X25.0 Y25.0 Z-22.0 R3.0 F80；
X-25.0；
Y-25.0；
X25.0；
G80 G00 Z100.0 M09；
M05；
M30；
```

13.6.3 卧式加工中心加工训练

用卧式加工中心加工图 13-40 所示的端盖。

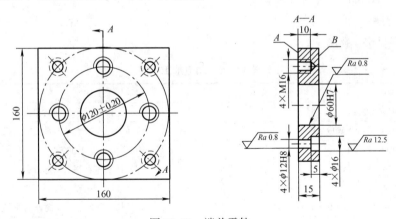

图 13-40 端盖零件

1. 工艺方案及工艺路线的确定

（1）图样分析和决定安装基准 工件加工尺寸如图 13-40 所示，假定在卧式加工中心上只加工 B 面及各孔，根据图样要求，选择 A 面为定位安装面，用弯板装夹。

（2）加工方法和加工路线的确定 加工时按先面后孔，先粗后精的原则。B 面用铣削加工，分粗铣和精铣；φ60H7 孔采用三次镗孔加工，加粗镗、半精镗和精镗；φ12H8 孔按钻、扩、铰方式进行；φ16mm 孔在 φ12mm 孔的基础上再增加锪孔工序。工艺参数见表 13-15。

表 13-15 端盖工艺参数

工序	工序内容	刀具	刀具规格	进给量 /mm·min⁻¹	背吃刀量 /mm
1	粗铣 B 平面, 留余量 0.5mm	T01	ϕ100mm 面铣刀	130	3.5
2	精铣 B 平面至尺寸	T13	ϕ100mm 面铣刀	100	0.5
3	粗镗 ϕ60H7 孔至 ϕ58.8mm	T02	镗刀	70	2.0
4	半精镗 ϕ60H7 孔至 ϕ59.8mm	T03	镗刀	60	0.5
5	精镗 ϕ60H7 孔至尺寸	T04	精镗刀	50	0.1
6	钻 $4 \times \phi$12H8 中心孔	T05	A3.15 中心钻	50	—
7	钻 $4 \times \phi$12H8 至 ϕ10mm	T06	ϕ10mm 钻头	60	—
8	扩 $4 \times \phi$12H8 至 ϕ11.8mm	T07	ϕ11.8mm 扩孔钻	50	—
9	锪 $4 \times \phi$16 至尺寸	T08	ϕ16mm 阶梯铣刀	40	—
10	铰 $4 \times \phi$12H8 至尺寸	T09	ϕ12H8 铰刀	40	—

将工件安装在弯板夹上, 使定位面至工作台回转中心距离为 185mm。

(3) 切削用量的选择 可根据有关手册查出所需的切削用量 (略)。

2. 确定工件坐标系

1) 选 ϕ60H7 孔中心为 X、Y 坐标原点, 选距离被加工 B 表面 30mm 处为工件坐标系 Z 坐标原点, 选距离工件表面 5mm 处为 R 点平面。

2) 计算刀具轨迹的坐标, 本例铣削加工时要计算刀具轨迹坐标。

3) 按工艺路线和坐标尺寸编制加工程序。

3. 加工程序

加工程序见表 13-16。

表 13-16 端盖加工程序

O0003		端盖加工程序
N10	G54 G90;	建立工件坐标系, 绝对值方式编程
N15	G30 Y0 Z0 M06 T01;	返回换刀参考点, 刀具交换, 换成面铣刀
N20	G00 X0 Y0;	快速定位 X、Y 的零点
N25	X−135.0 Y45.0;	将刀具从零点移出至进刀点
N30	S300 M03;	主轴起动, 正转
N35	G43 Z−33.5 H01 M08;	刀具长度补偿, 处于背吃刀量处, 切削液开
N40	G01 X75.0 F120;	直线插补铣削加工
N45	Y−45.0;	
N50	X−135.0;	
N52	M09;	切削液关
N55	G00 G49 Z0 M05;	取消长度补偿, 主轴停止
N60	G30 Y0 Z0 M06 T13;	返回换刀参考点, 刀具交换, 换成精铣刀
N65	G00 X0 Y0 S400 M03;	
N70	X−135.0 Y45.0;	
N75	G43 Z−34.0 H13 M08;	刀具长度补偿, 处于背吃刀量处, 切削液开
N80	G01 X75.0 F90;	

（续）

N85	Y−45.0；	
N90	X−135.0 M09；	
N95	G00 G49 Z0 M05；	
N100	G30 Y0 Z0 M06 T02；	返回换刀参考点，刀具交换，换成粗镗刀
N105	G00 X0 Y0 M08；	切削液开
N110	G43 Z0 H02 S350 M03；	
N115	G98 G81 Z−50.0 R−25.0 F70；	固定循环，粗镗 ϕ60H7 孔
N120	G00 G49 Z0 M09；	取消长度补偿，切削液关
N122	M05	主轴停止
N125	G30 Y0 Z0 M06 T03；	返回换刀参考点，刀具交换，换半精镗刀
N130	G00 X0 Y0 M08；	
N135	G43 Z0 H03 S450 M03；	
N140	G98 G81 Z−50.0 R−25.0 F60；	
N145	G00 G49 Z0 M09；	
N142	M05	
N150	G30 Y0 Z0 M06 T04；	返回换刀参考点，刀具交换，换精镗刀
N155	G00 X0 Y0 M08；	
N160	G43 Z0 H04 S500 M03；	
N165	G98 G76 Z−50.0 R−25.0 Q0.5 P2000 F50；	精镗 ϕ60H7 循环
N170	G00 G49 Z0 M09；	
N172	M05	
N175	G30 Y0 Z0 M06 T05；	返回换刀参考点，刀具交换，换中心钻
N180	G00 X56.57 Y56.57 M08；	
N185	G43 Z0 H05 S1200 M03；	
N190	G98 G81 Z−35.0 R−25.0 F50；	固定循环，钻 4×ϕ12H8 孔的中心孔
N195	X56.57 Y−56.57；	
N200	X−56.57 Y−56.57；	
N205	X−56.57 Y56.57；	
N210	G00 G49 Z0 M09；	
N212	M05	
N215	G30 Y0 Z0 M06 T06；	返回换刀参考点，刀具交换，换 ϕ10mm 钻头
N220	G00 X56.57 Y56.57 M08；	
N225	G43 Z0 H06 S550 M03；	
N230	G99 G81 Z−55.0 R−25.0 F60；	钻孔固定循环，钻 4×ϕ12H8 孔为 ϕ10mm 孔
N235	X56.57 Y−56.57；	
N240	X−56.57 Y−56.57；	
N245	X−56.57 Y56.57；	
N250	G00 G49 Z0 M09；	
N252	M05	
N255	G30 Y0 Z0 M06 T07；	返回换刀参考点，刀具交换，换 ϕ11.8mm 扩孔钻
N260	G00 X56.57 Y56.57 M08；	

（续）

N265	G43 Z0 H07 S500 M03;	
N270	G99 G81 Z-55.0 R-25.0 F50;	扩孔固定循环
N275	X56.57 Y-56.57;	
N280	X-56.57 Y-56.57;	
N285	X-56.57 Y56.57;	
N290	G49 G00 Z0 M09;	
N292	M05	
N295	G30 Y0 Z0 M06 T08;	返回换刀参考点，刀具交换，换成阶梯铣刀
N300	G00 X56.57 Y56.57 M08;	
N305	G43 Z0 H08 S400 M03;	
N310	G99 G82 Z-35.0 R-25.0 P2000 F40;	铣 4×φ16mm 阶梯孔固定循环
N315	X56.57 Y-56.57;	
N320	X-56.57 Y-56.57;	
N325	X-56.57 Y56.57;	
N330	G49 G00 Z0 M09;	
N332	M05	
N335	G30 Y0 Z0 M06 T09;	返回换刀参考点，刀具交换，换成 φ12mm 铰刀
N340	G00 X56.57 Y56.57 M08;	
N345	G43 Z0 H09 S120 M03;	
N350	G99 G85 Z-60.0 R-25.0 F40;	铰 4×φ12H8 孔
N355	X56.57 Y-56.57;	
N360	X-56.57 Y-56.57;	
N365	X-56.57 Y56.57;	
N370	G49 G00 Z0 M09;	
N375	G00 X200.0 Y200.0;	
N380	Z200.0;	
N385	M05;	
N390	M30;	

复习思考题

1. 数控加工的主要特点有哪些？
2. 数控机床的 X、Y、Z 坐标轴及其方向是如何确定的？
3. 准备功能 G 代码和辅助功能 M 代码在数控编程中的作用是什么？
4. F、S、T 功能指令各自的作用是什么？
5. 何谓刀具半径补偿？其执行过程如何？
6. G00 与 G01、G02 与 G03 的不同点在哪里？
7. 孔加工循环指令有哪些？各自的功能是什么？
8. 加工中心的主要加工对象有哪些？

第14章　自动编程加工

【教学目的和要求】

1. 了解国内外几种常见的自动编程软件，熟悉自动编程的基本步骤，掌握 CAXA 制造工程师的常用粗、精加工方法及其应用。

2. 能根据加工对象选择恰当的加工方式、设置合理的加工参数并生成刀具轨迹。

3. 能进行加工仿真操作和各种干涉检查。

4. 掌握后置处理设置并生成加工程序。

14.1　自动编程概述

14.1.1　自动编程的发展

手工编程具有快捷、简便、灵活性强以及编程费用少等优点，但它只适用于被加工的零件形状不是很复杂或程序较短时的零件编程。当零件形状比较复杂时，手工编程的周期长、精度差、易出错等缺点便显现出来。为了使数控编程人员从烦琐的手工编程工作中解脱出来，人们一直在研究各种自动编程技术。随着计算机技术的发展，计算机辅助设计与制造（CAD/CAM）日益成熟。以 CAD/CAM 一体化集成形式的软件已成为数控加工自动编程系统的主流。这些软件采用人机交互方式，对零件的几何模型进行绘制、编辑和修改，从而生成零件的几何模型；并通过对机床和刀具进行定义和选择，确定刀具相对于零件表面的运动方式、切削加工参数，便能生成刀具轨迹；最后经过后置处理，可按照机床规定的文件格式生成加工程序，大大提高了编程效率，数控加工技术也得到了突飞猛进的发展。到目前为止，由于自动编程具有高效、直观、形象等许多优点，在数控加工领域中已经得到了广泛的应用。

14.1.2　自动编程的基本步骤

自动编程的基本过程可以分为以下几个步骤：

（1）分析加工零件　和手工编程一样，要对被加工零件进行几何尺寸的确定、表面加工精度的分析和相关加工过程中的基点尺寸的确定。

（2）对加工零件进行几何造型　利用 CAD/CAM 软件进行零件的图形构建，将零件模型输入计算机，在计算机内部存储并在屏幕上显示的过程。

（3）确定工艺步骤并选择合适的刀具　根据零件的加工要求，确定工件的装夹方案、建立工件坐标系，选择刀具、量具，并确定走刀路线。

（4）刀具轨迹的生成及编辑　轨迹生成一般包括走刀轨迹的安排、刀位点的计算与优化编排等，以及生成加工程序代码，同时显示刀具轨迹图形的过程。

（5）刀具轨迹验证　将生成的刀位轨迹、加工表面与约束面在计算机上显示出来，以判断刀具轨迹的正确性与合理性。

（6）后置处理　不同的数控系统对数控代码的定义、格式有所不同。采有不同的后置处理程序将刀位文件转化为特定机床所能执行的数控程序的过程。

（7）数控程序输出　通过计算机的外部设备或通信接口输出加工程序清单的过程。

14.1.3　常见的自动编程软件

1. CAXA 系列软件

CAXA 系列软件是北京北航海尔软件有限公司推出的全中文界面软件，包括 CAXA 电子图板、CAXA 实体设计、CAXA 数控车、CAXA 制造工程师、CAXA 线切割、CAXA 注塑模设计与 CAXA 注塑工艺设计等 CAD/CAE/CAM 系列软件。使用 CAXA 数控车、CAXA 制造工程师可生成用于加工的数控车削、铣削加工的数控程序。它们既具有线框造型、曲面造型和实体造型的设计功能，又具有生成二至五轴的加工代码的数控加工功能，可用于加工具有复杂三维曲面的零件。其特点是易学易用、价格较低，已在国内广泛应用。

2. MasterCAM 软件

MasterCAM 软件是由美国 CNC Software 公司推出的基于微机平台上运行的 CAD/CAM 软件，它具有很强的加工功能，尤其是在对复杂曲面自动生成加工代码方面，具有独到的优势。它主要包括 DESIGN（三维设计）、LATHE（车床）、WIREEDN（线切割）、MILL（2～5 轴铣床）等功能模块，同时它还提供了许多图形文件接口。由于 MasterCAM 主要针对数控加工，其零件的设计造型功能稍差，但对硬件的要求不高，且操作灵活、易学易用、价格较低，因此，它受到了众多企业的欢迎。

3. UG NX 软件

UG NX 由美国 UGS 公司开发，具有复杂零件造型和数控加工的功能，同时还具有管理复杂产品装配，多种设计方案的对比分析和优化等功能，其主要功能包括工业设计、产品设计、计算仿真、模具设计、数控加工编程等。目前该软件在 CAD/CAM/CAE 市场上占有较大的份额。

4. Pro/Engineer 软件

Pro/Engineer 软件是美国参数技术公司（Parametric Technology Corporation，PTC）开发的产品。它具有零件造型、零件组合、创建工程图、模具设计、数控加工等功能。PTC 的系列软件包括了在工业设计和机械设计等方面的多项功能，还包括对大型装配体的管理、功能仿真、制造、产品数据管理等。Pro/Engineer 还提供了目前所能达到的最全面、集成最紧密的产品开发环境。

14.2　CAXA 制造工程师的操作界面

启动"CAXA 制造工程师"之后，将显示图 14-1 所示的操作界面。该操作界面主要分为菜单栏、工具栏、绘图区、操作提示栏、树管理栏和立即菜单栏等区域。

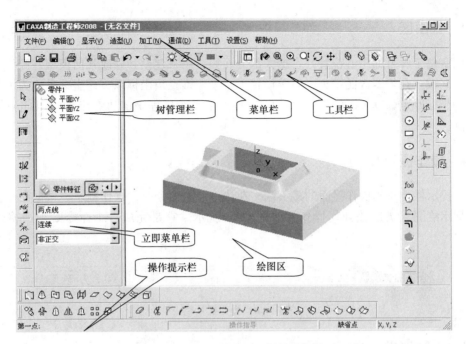

图 14-1　CAXA 制造工程师的操作界面

14.2.1　菜单栏

菜单栏位于软件操作界面最上方，提供了软件中的所有执行功能，如图 14-2 所示。单击任意一个菜单项，都会弹出一个下拉子菜单。当单击子菜单中的命令时，会弹出一个立即菜单，执行当前命令。某些立即菜单还会有对话框，根据对话框的选项要求，操作者可以做出互动性的选择。

图 14-2　菜单栏

14.2.2　工具栏

工具栏位于菜单栏下面，它以图标按钮方式表示，单击后可以启动相应的菜单命令功能。将鼠标指针停留在工具栏的按钮上，将会出现该按钮工具的功能提示。另外，用户可以根据需要自定义工具栏。

操作界面上的工具栏包括标准、显示变换、状态控制、曲线生成、几何变换、线面编辑、曲面生成、特征生成、加工、坐标系、三维尺寸、查询和轨迹显示等，如图 14-3 所示。

图 14-3　工具栏

14.2.3 绘图区

绘图区位于屏幕的中心位置并占据大部分面积，用来建模和修改几何模型并产生刀具轨迹的工作区域。在绘图区的中央，系统设置了一个三维直角坐标系，该坐标系称为世界坐标系，它的坐标原点为（0.000，0.000，0.000）。在操作过程中的所有坐标均以此坐标的原点为基准。

14.2.4 操作提示栏

操作提示栏位于用操作界面的最下端。在执行一个命令时，操作提示栏根据命令特点及属性，提示绘图人员应该如何操作，如图 14-4 所示。它是完成一个命令必须严格遵守的程序。

图 14-4　操作提示栏

14.2.5 树管理栏

1. 零件特征树

零件特征树记录了零件生成的操作步骤，可以直接在特征树中对零件特征进行编辑，如图 14-5 所示。

2. 加工管理树

加工管理树记录了所生成刀具轨迹的刀具、几何元素、加工参数等信息，用户可以在加工管理树上编辑上述信息，如图 14-6 所示。

3. 属性树

属性树记录元素属性查询的信息、支持曲线、曲面的最大和最小曲率半径、圆弧半径等，如图 14-7 所示。

图 14-5　零件特征树

图 14-6　加工管理树

图 14-7　属性树

14.2.6　立即菜单栏

立即菜单描述了该命令执行的各种情况和使用条件。根据当前的作图要求，正确地选择某一选项，即得到正确的响应。

单击工具栏上的某个命令按钮，会在绘图界面左侧弹出相应的立即菜单，如图 14-8 所示。

图 14-8　直线立即菜单

14.2.7　快捷菜单

光标在不同的位置右击，会弹出不同的快捷菜单，如图 14-9 所示。

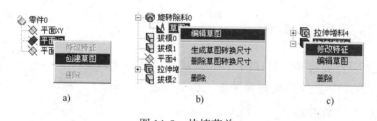

图 14-9　快捷菜单

a) 右击基准平面　b) 右击草图标志　c) 右击特征标志

14.3　CAXA 制造工程师的功能

CAXA 制造工程师是计算机辅助设计与辅助制造（CAD/CAM）工具软件，它提供了线架造型、曲面造型和特征实体造型三大类基本造型方法，通过先进便捷的特征实体造型和强大的曲面造型相结合，可创建复杂产品的三维（3D）模型；并可选取需要加工的部分，通过设定加工参数和机床后置处理自动生成数控系统需要的加工代码；还可通过直观的加工仿真和代码反读来检验加工工艺和代码质量。

CAXA 制造工程师自动生成的 NC 代码，可用数据传输软件通过计算机传送给数控机床的控制系统。如果数控系统支持 DNC 功能，那么数据传输软件还能直接控制数控机床的加工过程，解决了大 NC 代码常因存储空间不足而必须分段的问题，使加工和控制更加容易和便捷。

14.3.1　丰富的建模功能

CAXA 制造工程师提供基于实体的特征造型、自由曲面造型以及曲面实体混合造型功能，可实现对任意复杂形状零件的造型设计。

1. 特征实体造型

该方式提供拉伸、旋转、导动、放样、打孔、抽壳、过渡、倒角、拔模、加强筋等功能，可将二维草图轮廓快速生成三维参数化实体模型。

2. 自由曲面造型

曲面造型提供多种 NURBS 曲面造型手段：可通过列表数据、数学模型、字体、数据文件及各种测量数据生成样条曲线。

软件提供直纹、扫描、导动、等距、边界、放样、网格等曲面生成功能，可生成复杂的 NURBS 曲面。

3. 曲面实体混合造型

系统支持复杂曲面与实体混合的造型方法，应用于复杂零件设计或模具设计，如图 14-10 所示。系统提供了曲面裁剪实体、曲面加厚成实体、闭合曲面填充生成实体功能。另外，系统还允许将实体的表面生成曲面供用户直接使用。

曲面和实体混合造型方法的完美结合是 CAXA 制造工程师在 CAD 上的一个突出特点。

图 14-10　曲面实体混合造型

14.3.2　高效的数控加工功能

CAXA 制造工程师软件将 CAD 模型与 CAM 加工技术无缝集成，可直接对曲面和实体模型进行一致的加工操作，支持高速铣削加工，并生成高效的加工代码。

1. 两轴到五轴的数控加工

系统提供了多样化的加工方式供自动编程时灵活选择，以保证合理安排从粗加工、半精加工和精加工的加工工艺路线，从而高效率地生成刀具轨迹。

1）粗加工方式 8 种：平面区域粗加工（2D）、区域式粗加工、等高线粗加工 1、等高线粗加工 2、扫描线、摆线、插铣和导动线（2.5 轴）粗加工。

2）精加工方式 15 种：平面轮廓、轮廓导动、曲面轮廓、曲面区域、曲面参数线、轮廓线、投射线、等高线（有两种精加工方式）、导动线、扫描线、限制线、浅平面、三维偏置和深腔侧壁精加工。

3）补加工：等高线补加工、笔式清根和区域补加工。

4）槽加工：曲线式铣槽、扫描式铣槽。

5）四轴加工：四轴曲线、四轴平切面加工。

6）五轴加工：五轴等参数线、五轴侧铣、五轴曲线、五轴曲面区域、五轴 G01 钻孔、五轴定向、五轴转四轴轨迹加工。

7）叶轮粗加工及叶轮精加工：对叶轮、叶片类零件，除以上加工方法外，系统还提供专用的叶轮粗加工及叶轮精加工功能，可以实现对叶轮和叶片的整体加工。针对需要四轴和五轴联动功能才能加工的零件，可利用刀具侧刃和端刃进行加工。

2. 知识加工

运用知识加工，经验丰富的编程者可以将加工的步骤、刀具、工艺条件进行记录、保存和重用，大幅提高编程效率和编程的自动化程度；数控编程的初学者可以快速学会编程，共享经验丰富编程者的经验和技巧。

3. 宏加工

宏加工可以进行倒圆角加工，可生成加工圆角的轨迹和带有宏指令的加工代码，充分利用宏程序功能，使得倒圆角的加工程序变得异常简单灵活。

4. 加工轨迹仿真、代码验证

系统提供独具特色的加工仿真、代码验证功能，可直观、精确地对加工过程进行模拟仿真，还可对代码进行反读校验。

5. 生成加工工序单

系统自动按加工的先后顺序生成加工工艺单，方便编程者和机床操作者之间的交流，减少加工中错误的产生。

6. 加工工艺控制

系统提供丰富的工艺控制参数，可方便地控制加工过程，使编程人员的经验得到充分的体现，丰富的刀具轨迹编辑功能可以控制切削方向以及轨迹形状的任意细节，大大提高了机床的进给速度。

7. 通用后置处理

后置处理器无须生成中间文件就可直接输出 G 代码指令，系统不仅可以提供常见的数控系统后置格式，用户还可以自定义专用数控系统的后置处理格式。

8. 编程助手

CAXA 编程助手具有方便的代码编辑功能，非常适合手工编程使用；同时支持自动导入代码和手工编写的代码，其中包括宏程序代码的轨迹仿真，能够有效验证代码的正确性；支持多种系统代码的相互后置转换，实现加工程序在不同数控系统上的程序共享；还具有通信传输的功能，通过 RS232C 串口可以实现数控系统与编程软件间的代码互传。

9. 通信

通信可以使 CAXA 制造工程师与机床连接起来，把生成的数控代码传输到机床上，也可以从机床上下载代码到本地硬盘上。

14.3.3 丰富的数据接口

CAXA 制造工程师是一个开放式的设计制造软件工具。它提供了丰富的数据接口，可与各种主流的 CAD/CAM 软件进行双向畅通的数据交换。标准数据接口有 IGES、STEP、STL、VRML 等，直接接口有 DXF、DWG、SAT、Parasolid、Pro/E、CATIA 等。

14.4 CAXA 制造工程师的自动编程实例

【例 14-1】 完成图 14-11 所示鼠标凸模的数控加工。

1. 零件图分析

鼠标凸模的平坦面较多，陡峭面较少，零件形状较复杂，加工表面粗糙度 Ra 值为 $1.6\mu m$，材料为 Q235 钢。

2. 加工方案及加工路线的确定

以毛坯上表面左下角点为原点，建立工件坐标

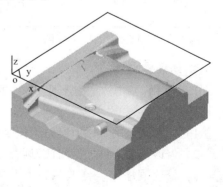

图 14-11 鼠标凸模及加工轮廓

系。加工路线：粗加工所有表面（D40r0.8 立铣刀）→半精加工所有表面（D16r8 球头铣刀）→半精加工凸模体上的平台（D16r1 圆弧铣刀）→清根补加工（D10r5 球头铣刀加工椭圆槽和残料清角）→精加工整个工件表面（D10r5 球头铣刀）→ 表面上的直角小凹槽和轮廓直角采用电极加工。

3. 刀具及切削用量的选择

本例中所有刀具（刀片）都采用硬质合金材料。共选择 4 把刀具，1 号刀为机夹立铣刀，用于粗铣整个表面轮廓；2 号刀为球头铣刀，用于精铣整个表面轮廓；3 号刀为圆角铣刀，用于精铣平台表面；4 号刀为球头铣刀，用于精铣拐角区域和其他所有表面。该零件的数控加工工序卡见表 14-1。

表 14-1 数控加工工序卡

（单位名称）	加工工序卡片		产品名称或代号		零件名称			材料	零件图号
					鼠标凸模				Q235 钢
工序号	程序编号		夹具名称	夹具编号		使用设备			车间
			通用压板			立式加工中心			
工步号	工步内容		加工部位	刀具号	刀具规格	主轴转速/（r/min）	进给速度/（mm/min）	切削深度/mm	余量/mm
1	粗加工，等高线粗加工方式		整个表面	T01	D40r0.8 立铣刀	2000	1500	1.5	0.5
2	半精加工，等高线精加工方式		整个表面	T02	D16r8 球头铣刀	2500	2000	0.5	0.2
3	半精加工，等高线精加工方式		平台表面	T03	D16r1 圆角铣刀	3000	2500		
4	精加工，区域式补加工方式		拐角区域	T04	D10r5 球头铣刀	2500	2000	0.3	
5	精加工，三维偏置精加工方式		整个表面	T04	D10r5 球头铣刀	2500	2000		0

注：D 表示刀具直径；r 表示刀角半径。

4. 编程操作

【步骤 1】双击"加工管理"树中的"机床信息"，根据当前机床设置各项参数，如图 14-12 所示。

1）修改程序头。添加换刀、长度补偿，并打开冷却液。

2）修改换刀。添加返回换刀点、换刀、长度补偿，并打开冷却液。

3）修改程序尾。修改后的程序尾为" $ COOL_ OFF@ $ SPN_ OFF@ G91 G28 Y0. @ $ PRO_ STOP"。

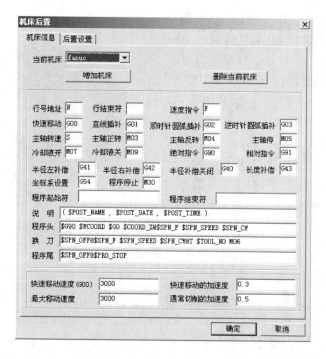

图 14-12 "机床后置"对话框

4）单击"确定"按钮，完成机床后置设置。

【步骤 2】设置刀具库。双击"加工管理"树中的"刀具库"，进行刀具设置，如图 14-13 所示。

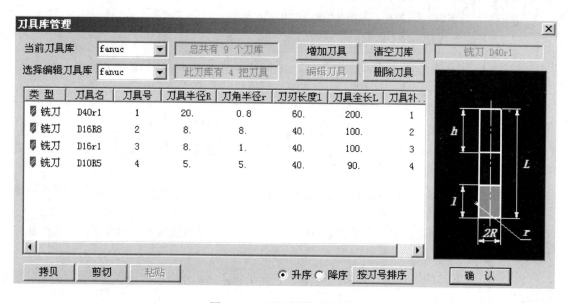

图 14-13 刀具库管理选项卡

【步骤 3】打开图形文件，如图 14-14 所示，确认工件坐标系原点在上表面角点。

【步骤 4】双击"加工管理"树中的"毛坯"→选中"参照模型"项→单击"参照模型"

按钮→将"高度"值由"103.3343"改为"104.3343"（使仿真加工能达到最高面）→单击"确定"按钮。

【步骤5】设置起始点。双击"加工管理"树中的"起始点"→设置坐标为（0，0，50），单击"确定"按钮。

【步骤6】粗加工，采用"等高线粗加工"方式，选用D40r0.8立铣刀加工整个表面。

1）单击加工工具栏中的"等高线粗加工"按钮 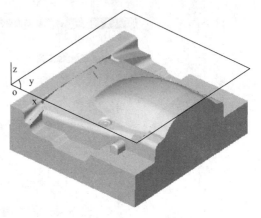→在弹出的对话框中按表14-2设置各项参数→单击"确定"按钮。

图14-14 鼠标凸模模型

表14-2 "等高线粗加工"加工参数

加工参数1	顺铣→层高（1.5）→行距（20）→环切→圆弧→Z优先→删除面积系数（0.1）→删除长度系数（0.1）→加工精度（0.1）→加工余量（0.5）
加工参数2	仅切削
切入切出	沿着形状→距离（D）(5)→距离（粗）(H)(2)→倾斜角度（A）(3)
下刀方式	安全高度（H0)(50)（绝对）→慢速下刀距离（H1)(10)（相对）→退刀距离（H2)(10)（相对）→垂直→距离（H3)(2)（相对）
加工边界	使用有效的Z范围→参照毛坯→边界上
切削用量	主轴转速（2000）→慢速下刀速度（F0)(1600)→切入切出连接速度（F1)(1600)→切削速度（F2)(300)→退刀速度（F3)(2000)
刀具参数	刀具名（D40r0.8）→刀具号（1）→刀具补偿号（1）→刀具半径R（20）→刀角半径r（0.8）→刀柄半径b（20）→刀刃长度l（40）→刀柄长度h（80）→刀具全长L（200）

2）拾取加工对象（按<W>键，选中整个模型）→右击确定→拾取加工边界（拾取封闭的加工边界曲线）→选择链搜索方向（顺时针方向）→右击确定，系统计算结束后即生成等高线粗加工轨迹，如图14-15所示。

3）在"加工管理"树中选中刀具轨迹→右击→选择"实体仿真"，系统进入仿真环境进行模拟加工，仿真加工结果如图14-16所示。

【步骤7】半精加工，采用等高线精加工方式（不加工平坦部位），选用D16r8球头铣刀加工整个表面。

1）单击加工工具条中的"等高线精加工"按钮 →在弹出的对话框中按表14-3设置各项参数→单击"确定"按钮。

说明：半精加工的目的主要是使加工后的区域余量均匀并提高加工效率。选择"往复"和"Z优先"，可以减少抬刀次数，提高加工效率。

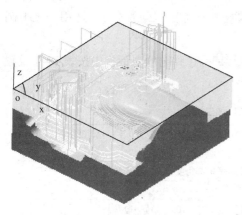

图 14-15　等高粗加工轨迹

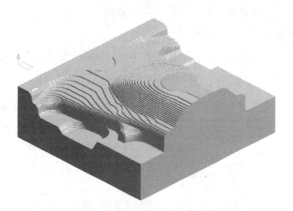

图 14-16　实体仿真加工结果

表 14-3　"等高线精加工"加工参数

加工参数 1	往复→层高（0.5）→Z 优先→删除面积系数（0.1）→删除长度系数（0.1）→加工精度（0.01）→加工余量（0.2）→起始点（0, 0, 50）
加工参数 2	不设定任何参数
切入切出	XY 向→不设定
加工边界	使用有效的 Z 范围→参照毛坯→最大（0.940）→最小（-103.393）→边界上
下刀方式	安全高度（H0）（30）（绝对）→慢速下刀距离（H1）（5）（相对）→退刀距离（H2）（5）（相对）→垂直
切削用量	主轴转速（2500）→慢速下刀速度（F0）（2200）→切入切出连接速度（F1）（2100）→切削速度（F2）（300）→退刀速度（F3）（3000）
刀具参数	刀具名（D16r8）→刀具号（2）→刀具补偿号（2）→刀具半径 R（8）→刀角半径 r（8）→刀柄半径 b（8）→刀刃长度 l（40）→刀柄长度 h（40）→刀具全长 L（100）

2）拾取加工对象（按＜W＞键，选中整个模型）→右击确定→拾取加工边界（矩形线框)→确定链搜索方向，系统计算结束后即生成等高线精加工轨迹，如图 14-17 所示。

3）在"加工管理"树中选中刀具轨迹→右击→选择"轨迹仿真"，即可在仿真环境下模拟加工，仿真加工结果如图 14-18 所示。

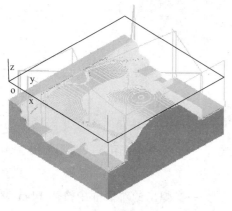

图 14-17　等高线精加工刀具轨迹

图 14-18　等高线精加工仿真加工结果

【步骤8】半精加工，采用"等高线精加工"方式（只加工平坦部位），选用 D16r1 圆角铣刀加工表面平台。

1）单击加工工具条中的"等高线精加工"按钮 ⬚ →在弹出的对话框中按表 14-4 设置各项参数→单击"确定"按钮。

表 14-4   "等高线精加工"加工参数

加工参数 1	顺铣→层高（0.5）→Z 优先→删除面积系数（0.1）→删除长度系数（0.1）→加工精度（0.01）→加工余量（0.2）→起始点（0，0，50）
加工参数 2	仅加工平坦部位→行距（5）→角度（0）→往复→平坦部角度指定→最小倾角（1）
切入切出	XY 向→不设定
加工边界	使用有效的 Z 范围→参照毛坯→最大（0.940）→最小（-103.393）→边界上
下刀方式	安全高度（H0）（30）（绝对）→慢速下刀距离（H1）（5）（相对）→退刀距离（H2）（5）（相对）→垂直
切削用量	主轴转速（3000）→慢速下刀速度（F0）（2700）→切入切出连接速度（F1）（2600）→切削速度（F2）（300）→退刀速度（F3）（3000）
刀具参数	刀具名（D16r1）→刀具号（3）→刀具补偿号（3）→刀具半径 R（8）→刀角半径 r（1）→刀柄半径 b（8）→刀刃长度 l（40）→刀柄长度 h（60）→刀具全长 L（100）

2）拾取加工对象→右击确定→拾取加工边界→确定链搜索方向→系统计算结束后即生成平坦部位半精加工轨迹，如图 14-19 所示。

3）在"加工管理"树中选中刀具轨迹→右击→选择"轨迹仿真"，即可在仿真环境下模拟加工。

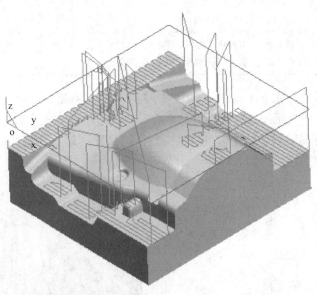

图 14-19   生成平坦部位半精加工轨迹

【步骤9】精加工一，采用"区域式补加工"方式（只加工平坦部位），选用 D10r5 圆角铣刀清除 D16r8 球头铣刀加工的残留材料。

1）单击加工工具条中的"区域式补加工"按钮 ⬚ →在弹出的对话框中按表 14-5 设置各项参数→单击"确定"按钮。

表 14-5　"区域式补加工"加工参数

加工参数	顺铣→由外到里→行距（0.3）→浅模型→行距（0.3）→前刀具半径（16）→偏移量（0.3）→倾斜角→面面夹角（170）→凹棱形状分界角（60）→近似系数（1）→删除长度系数（1）→加工精度（0.01）→加工余量（0.02）
切入切出	不设定
下刀方式	安全高度（H0）（30）（绝对）→慢速下刀距离（H1）（5）（相对）→退刀距离（H2）（5）（相对）→垂直
加工边界	使用有效的 Z 范围→参照毛坯→最大（0.940）→最小（-103.393）→边界上
切削用量	主轴转速（3000）→慢速下刀速度（F0）（200）→切入切出连接速度（F1）（100）→切削速度（F2）（120）→退刀速度（F3）（1000）
刀具参数	刀具名（D10r5）→刀具号（1）→刀具补偿号（1）→刀具半径 R（5）→刀角半径 r（5）→刀柄半径 b（6）→刀刃长度 l（30）→刀柄长度 h（20）→刀具全长 L（60）

　　2）拾取加工对象，右击确认→拾取加工边界（直接右击确认）→系统生成区域式补加工加工轨迹，如图 14-20 所示。

　　注意事项及技巧：当前加工策略使用的刀具半径必须小于前加工策略所使用的刀具半径，否则不能生成轨迹；可指定多个加工边界，如果加工边界在 X、Y 向相交或相连时，不能生成正确的轨迹。

　　【步骤 10】精加工二，用"三维偏置精加工"方式，选用 D10r5 球头铣刀加工整个表面。

　　1）单击"三维偏置精加工"按钮 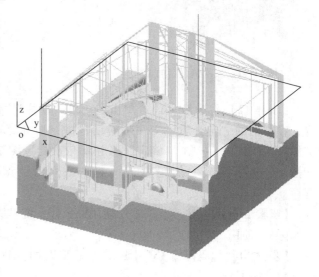 →在弹出的对话框中按表 14-6 设置各项参数→单击"确定"按钮。

图 14-20　区域式补加工轨迹

表 14-6　"区域式补加工"加工参数

加工参数	顺铣→边界 > 内侧→行距（0.5）→投影→最小抬刀高度（20）→加工精度（0.01）→加工余量（0）→起始点（0, 0, 50）
切入切出	不添加 3D 圆弧
加工边界	使用有效的 Z 范围→参照毛坯→最大（0.940）→最小（-103.393）→边界上
下刀方式	安全高度（H0）（30）（绝对）→慢速下刀距离（H1）（5）（相对）→退刀距离（H2）（5）（相对）
切削用量	主轴转速（2500）→慢速下刀速度（F0）（2200）→切入切出连接速度（F1）（2100）→切削速度（F2）（200）→退刀速度（F3）（3000）
刀具参数	刀具名（D10r5）→刀具号（4）→刀具补偿号（4）→刀具半径 R（5）→刀角半径 r（5）→刀柄半径 b（5）→刀刃长度 l（30）→刀柄长度 h（50）→刀具全长 L（100）

2）拾取加工对象（按 <W> 键，选择整个模型）→右击→拾取加工边界→确定链搜索方向→右击确定，系统计算结束后即即生成"三维偏置精加工"轨迹，如图 14-21 所示。

【步骤 11】在"加工管理树"中选中全部刀具轨迹→右击→选择"实体仿真"，进入仿真环境。实体仿真加工结果如图 14-22 所示。

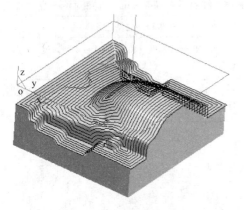

图 14-21　三维偏置精加工轨迹

图 14-22　实体仿真加工结果

【步骤 12】生成 G 代码。单击主菜单"应用"→"后置处理"→"生成 G 代码"命令，在弹出的"选择后置文件"对话框中，选择存取后置文件（*.cut）的地址，键入文件名（O2010）→单击"确定"按钮→依次拾取图 14-15、图 14-17、图 14-19、图 14-20 和图 14-21 所生成的加工轨迹→右击，弹出"记事本"，显示生成的鼠标凸模加工程序。

【步骤 13】代码修改。根据所使用的数控系统具体格式，可做适当的修改和调整，以满足实际机床加工。

【步骤 14】代码传输。所生成的程序可以通过串行口 R232 直接传输给数控机床的 MCU 进行数控加工。

【例 14-2】　叶轮数控加工实例

【步骤 1】粗加工

1）打开加工模型文件。单击"打开"按钮→选择"叶轮 .mxe"文件，打开叶轮零件模型，如图 14-23 所示。

2）单击菜单栏"加工"→"多轴加工"→"叶轮粗加工"，弹出"叶轮粗加工"对话框，单击"叶轮粗加工"选项卡→填写加工参数，单击"确定"按钮。

3）选择加工曲面。在图 14-24 中拾取叶轮底面（旋转面）→拾取同一叶片槽左叶片→拾取同一叶片槽右叶片→生成轨迹，如图 14-25 所示。

图 14-23　叶片零件模型

4）隐藏轨迹。单击菜单栏"编辑"→"隐藏"→拾取轨迹，右击结束隐藏操作。

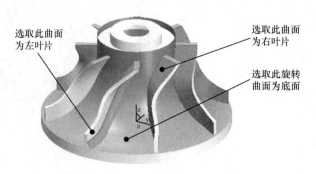

图 14-24　选择加工曲面　　　　　　　　　　　　图 14-25　生成粗加工轨迹

【步骤 2】精加工

1）单击菜单栏"加工"→"多轴加工"→"叶轮精加工"，弹出"叶轮精加工"对话框→单击"叶轮精加工"选项卡→填写加工参数，如图 14-26 所示。

说明：分度角指相邻叶片之间的夹角，计算方法为 $360°/8° = 45°$。

2）单击"叶片加工参数"选项卡→填写加工参数，如图 14-27 所示→"切削用量"按默认设置→"刀具参数"选择 ϕ10mm 球头圆柱铣刀→单击"确定"按钮。

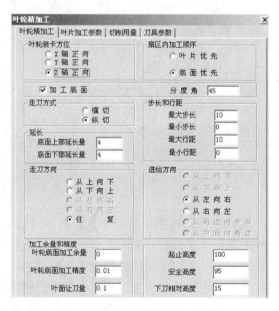

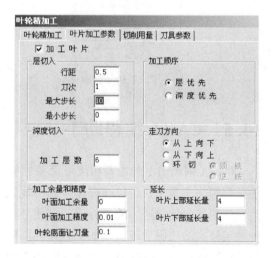

图 14-26　"叶轮精加工"对话框　　　　　　图 14-27　"叶片精加工"对话框

3）拾取加工对象。在图 14-28 中拾取叶轮底面（旋转面）→拾取同一叶片左侧面→拾取同一叶片右侧面→生成叶片精加工轨迹，如图 14-29 所示。

【步骤 3】复制粗、精加工轨迹

1）显示粗加工轨迹。单击"可见"按钮 ⬡→拾取粗加工轨迹→右击，显示轨迹。

2）绘制旋转轴。单击"直线"按钮 ╱→设置"两点线，单个，非正交，点方式"→输入第一点（原点）→输入第二点→回车，键入坐标（0，0，120）→回车，完成直线绘制。

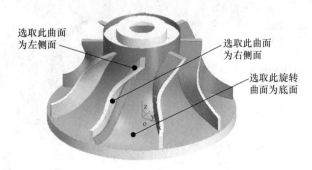

图 14-28　选择加工曲面

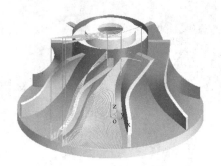

图 14-29　生成精加工轨迹

3）复制轨迹。单击"空间旋转"按钮 🔒 →弹出立即菜单，修改参数后，如图 14-30 所示→拾取旋转轴起点（原点）→拾取旋转轴终点（直线的上端点）→拾取图素（粗、精加工轨迹）→右击结束，完成旋转复制，生成全部刀具轨迹，如图 14-31 所示。

图 14-30　立即菜单

图 14-31　全部刀具轨迹

14.5　CAXA 编程助手

　　CAXA 编程助手的主要功能可简要归纳为手工编程、代码转换、加工仿真和机床通信。手工编程功能是用户可以在操作界面的代码编辑栏中进行手工编程，同时能直观、适时地看到所编制代码的轨迹，检查程序很方便。代码转换功能将一种格式代码转换成用户需要的几种特定格式的代码，以实现加工程序在不同数控系统上的程序共享。加工仿真功能用于模拟刀具沿轨迹走刀，实现对代码的切削动态图像的显示过程，刀路轨迹将在图形显示窗口中显示出来，支持自动换刀，支持在仿真过程中旋转、缩放、平移等鼠标操作，支持在仿真过程中画出刀饼图，即刀具在二维切削过程中刀具底部走过的痕迹。机床通信功能通过串口线缆，用编程助手完成计算机与数控设备之间的程序或参数传输。

14.6　CAXA 编程助手应用实例

　　【例 14-3】 带刀具半径补偿（G41/G42）编程实例。

　　如图 14-32 所示，设 O 点为加工坐标原点。立铣刀首先在 O 点对刀，加工路径：从 O

222

点开始，快速抬刀至安全高度 $Z=200$mm 处，在安全高度上，刀具快速移到 1 点，再沿 $-Z$ 方向下刀，使刀尖移至 $Z=-10$mm 处，再经 $2'{\to}3'{\to}4'{\to}5'{\to}6'{\to}7'{\to}8'{\to}2''{\to}9$，刀具上升至安全高度 $Z=200$mm 处，加工过程结束。

对于数控加工中的轮廓加工，手工编程时利用 G41/G42 偏置，可以降低编程难度。如图 14-32 所示的轮廓，其加工用的手工编制程序如下（以 FANUC 系统为例）：

```
%
N01 G90 GOO G54 G17 X0 Y0 Z200；
N02 G00 X-30 Y-40；
N03 G43 Z-10 H01；
N04 S500 M03；
N05 G01 G41 X-30 Y-30 D02 F200；
N06 Y30；
N07 G02 X30 Y30 R30；
N08 G01 Y20；
N09 G03 X50 Y0 R20；
N10 G01 X70；
N11 Y-30；
N12 X-30；
N13 G01 G40 X-40；
N14 G00 G49 Z200 M05；
N15 M30；
%
```

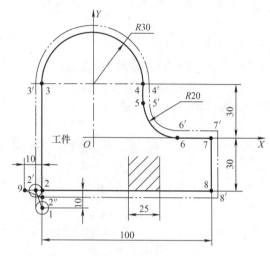

图 14-32 轮廓加工图形

将编好的程序输入到"编程助手"功能的左侧代码编辑栏中，输入代码的同时，在右边的轨迹显示栏中可以看到实时生成的刀具轨迹，如图 14-33 所示。

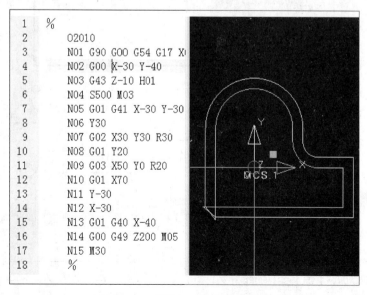

图 14-33 轮廓加工的程序及轨迹

当改变刀具偏置时，相应的轨迹图形将发生变化，若偏置设置不合理，则马上可以通过轨迹图形的变化看出结果，检查程序非常方便。

【例14-4】 代码与机床单机通信实例。

CAXA 编程助手支持单机 RS232 通信，可以直接在软件内完成发送代码、接收代码以及传输设置的功能，为操作工在计算机手工编程结束后直接将代码传送到机床提供了快捷传输手段。现以 FANUC 0i 通信为例，用编程助手的机床通信功能实现快捷传输。

【步骤1】 在传输前，做一条 FANUC 传输线（或购买一条 FANUC 标准传输线），将计算机串口和机床串口连接起来。

【步骤2】 FANUC 标准通信参数设置。单击"机床通信"功能→"传输设置"功能命令，弹出"参数设置"功能对话框，在"发送设置"和"接收设置"选项卡中设置参数，如图 14-34 和图 14-35 所示。

图 14-34 FANUC 标准通信参数设置——"发送设置"选项卡

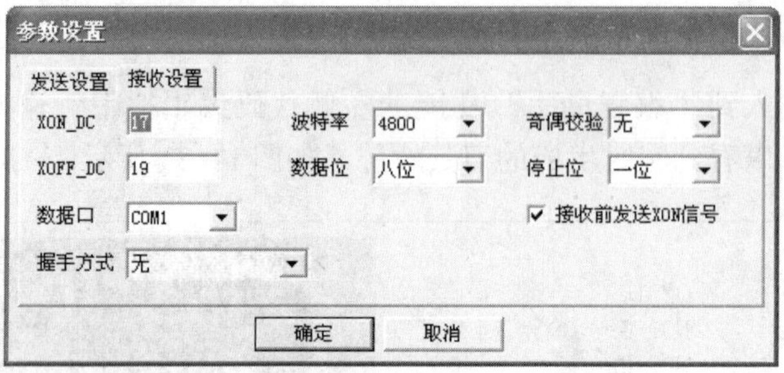

图 14-35 FANUC 标准通信参数设置——"接收设置"选项卡

【步骤3】 传输通信。先在 CAXA 编程助手中发送代码，然后在机床端接收代码。如果希望机床端先接收，在 CAXA 编程助手后发送，则需要在发送参数中将"发送前等待 XON 信号"功能选项取消选中。

【例14-5】 外圆锥面（圆台）等高加工实例。

如图 14-36 所示，假设待加工的工件为实心圆锥体，中心即为 G54 原点，顶面为 Z0，以等高方式逐层向下加工，每层均在 +X 处采用 1/4

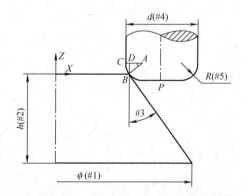

图 14-36 外圆锥面（圆台）等高加工示意图

圆弧切入进刀和 1/4 圆弧切出退刀，以顺铣方式单向走整圆。

下面是一段外圆锥面加工程序，将程序输入到编程助手代码编辑栏中，读入后的程序及轨迹图如图 14-37 所示。

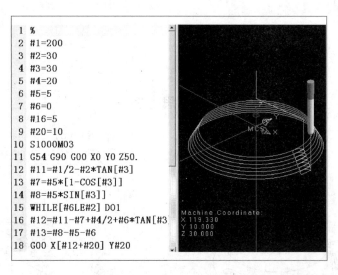

图 14-37　外圆锥面（圆台）等高加工时的程序及轨迹

%

#1 = 200

#2 = 30

#3 = 30

#4 = 20

#5 = 5

#6 = 0

#16 = 5

#20 = 10

S1000 M03

G54 G90 G00 X0 Y0 Z50.

#11 = #1/2−#2 ∗ TAN[#3]

#7 = #5 ∗ [1−COS[#3]]

#8 = #5 ∗ SIN[#3]]

WHILE[#6LE#2] DO1

#12 = #11−#7 + #4/2 + #6 ∗ TAN[#3]

#13 = #8−#5−#6

G00 X[#12 + #20] Y#20

G01 Z#13 F400

G03 X#12 Y0 R#20

G02 I−#12 F1000

G03 X[#12 + #20] Y-#20 R#20

G00 Y#20

#6 = #6 + #16

END1

G00 Z30.

M30

%

复习思考题

1. 绘制图 14-38 所示电吹风模型工作面，倒圆角半径 $R4\text{mm}$，并对电吹风图形进行工艺分析，设定切削用量、走刀方式，生成加工程序。条件如下：材料为 Q235 调质钢；刀具材料硬质合金。

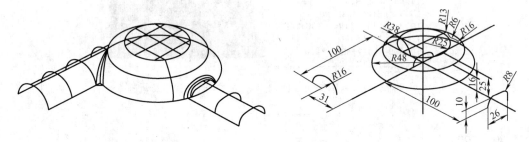

图 14-38 电吹风模型

2. 根据图 14-39 和图 14-40 所示零件的三维图形，生成零件加工用的刀具路径和程序。技术要求：材料为铸铝合金；刀具材料为高速钢；走刀方式根据零件图形确定。

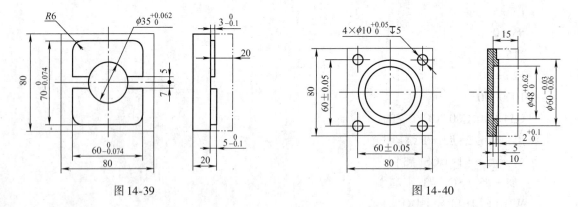

图 14-39   图 14-40

第15章 激光加工

【教学目的和要求】

1. 了解激光加工的原理与特点。
2. 掌握加工用激光器的种类和应用要点。
3. 熟悉激光打孔机和激光切割机的基本操作。
4. 掌握激光切割机加工典型零件的加工工艺和方法。

【激光加工安全技术】

1. 一定要在实训指导人员在场时，才能开动激光打孔机和激光切割机。
2. 切勿将手、头伸入激光头下，这将导致严重的人身伤害。
3. 在装夹工件的时候，一定要确信激光已经关闭。
4. 在确保人员安全的情况下，再打开激光，并执行加工程序。
5. 勿在设备周边打闹，一个小组的同学应互相照应。

15.1 激光加工概述

激光技术是20世纪60年代初发展起来的一门新兴科学，在材料加工方面，已逐步形成一种崭新的加工方法——激光加工（Laser Beam Machining，LBM）。激光加工可以用于打孔、切割、电子器件的微调、焊接、热处理等领域。由于激光加工不需要加工工具，而且加工速度快、表面变形小，可以加工各种材料，已经在生产实践中越来越多地显示了它的优越性，因此它很受人们的重视。

激光加工是利用光的能量经过透镜聚焦后，在焦点上达到很高的能量密度，靠光热效应来加工各种材料的。人们曾用透镜将太阳光聚焦，使纸张、木材引燃，但无法用于材料加工。这是因为：①地面上太阳光的能量密度不高；②太阳光不是单色光，而是红、橙、黄、绿、青、蓝、紫等多种不同波长的多色光，聚焦后焦点并不在同一平面内。

由于只有激光是可控的单色光，强度高，能量密度大，可以在空气介质中高速加工各种材料，因此其日益获得广泛的应用。

15.1.1 激光加工的原理与特点

1. 激光加工的原理

激光加工是把具有足够能量的激光束聚焦后照射到所加工材料的适当部位，在极短的时间内，光能转变为热能，被照部位迅速升温。根据不同的光照参量，材料可以发生汽化、熔化、金相组织变化，并产生相当大的热应力，从而达到工件材料被去除、连接、改性或分离等加工要求。激光加工时，为了达到各种加工要求，激光束与工件表面需要做相对运动，同时光斑尺寸、功率和能量可调。激光加工是把激光作为热源，对材料进行热加工的，其过程大体为：激光束照射材料，材料吸收光能，光能转变为热能使材料加热，通过汽化和熔融溅出，使材料去除或破坏等。不同的加工工艺有不同的加工过程，有的要求激光对材料加热并去除材料，如打孔、切割、动平衡、微调等；有的要求将材料加热到熔化程度而不要求去除，如焊接加工；有的则要求加热到一定温度使材料产生相变，如热处理等。

2. 激光加工的特点

1) 一机多能，适应性强，加工质量好。

2) 加工精度高，加工效率高。

3) 节能和省材，无公害和污染。

激光加工虽有多样性的特点，但必须按照工件的加工特性，选择合适的激光器，对照射能量密度和照射时间实现最佳控制。如果激光器、能量密度和照射时间的条件选择不当，则加工效果同样不会理想。

15.2 材料加工用激光器简介

15.2.1 气体激光器

气体激光器一般采用电激励，工作物质为气体介质。因其效率高、寿命长、连续输出功率大，因此广泛应用于切割、焊接、热处理等加工领域。用于材料加工的常见的气体激光器有二氧化碳激光器、氩离子激光器等。

1. 二氧化碳激光器

二氧化碳激光器以 CO_2 气体为工作物质，是目前连续输出功率最高的气体激光器，连续输出功率可达上万瓦，输出的激光波长为 $10.6\mu m$，属于红外激光。

二氧化碳激光器的效率可以高达 20% 以上。这是因为二氧化碳激光器的工作能级寿命较长，为 $10^{-3} \sim 10^{-1}s$，而原子或离子气体激光器的工作能级寿命比较短，为 $10^{-7} \sim 10^{-6}s$。工作能级寿命长有利于粒子束反转的积累。另外，二氧化碳的工作能级离基态近，激励阈值低，而且电子碰撞分子，把分子激发到工作能级的概率比较大。

2. 氩离子激光器

氩离子激光器是惰性气体 Ar 通过气体放电，使氩原子电离并激发，实现粒子数反转而产生激光的，其结构如图 15-1 所示。

氩离子激光器发出的谱线很多，最强的是波长为 $0.5145\mu m$ 的绿光和波长为 $0.4880\mu m$ 的蓝光。因为其工作能级距基态较远，所以能量转换效率很低，一般仅为 0.05% 左右。通常采用直流放电。放电电流为 $10 \sim 100A$，当功率小于 1 W 时，放电管可用石英管，功率较高时，为承受高温而用氧化铍（BeO）或石墨环作为放电管。在放电管外加一适当的轴向磁场，可使输出功率

图 15-1 氩离子激光器的结构

增加 1～2 倍。由于氩离子激光器波长短，发散较小，因此可用于精密细微加工，如用于激光存储光盘的蚀刻等。

15.2.2　固体激光器

1. 红宝石激光器

红宝石是掺有质量分数为 0.05% 氧化铬的氧化铝晶体，发射波长 $\lambda = 0.6943\mu m$ 的红光，易于获得相干性好的单模输出，稳定性好。

红宝石激光器是三能级系统的激光器，主要是铬离子起受激发射作用。图 15-2 所示为红宝石的激发跃迁情况。在高压氙灯的照射下，铬离子从基态 E_1 被抽运到 E_3 吸收带，由于 E_3 的平均寿命短，小于 $10^{-7}s$，大部分离子通过无辐射跃迁落到亚稳态 E_2 上，E_2 的平均寿命为 $3 \times 10^{-3}s$，所以在 E_2 上可以存储大量粒子，实现 E_2 和 E_1 能级之间的粒子数反转，发射 $\nu = (E_2 - E_1)/h$，且 $\lambda = 0.6943\mu m$ 的激光。红宝石激光器一般都是脉冲输出的。

红宝石激光器在激光加工初期用得较多，现在大多已被钕玻璃激光器和掺钕钇铝石榴石激光器所代替。

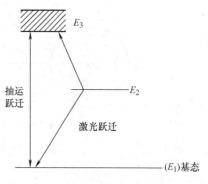

图 15-2　红宝石的激发跃迁情况

2. 钕玻璃激光器

钕玻璃激光器是掺有少量氧化钕（Nd_2O_3）的非晶体硅酸盐玻璃，含钕离子（Nd^{3+}）的质量分数为 1%～5%，吸收光谱较宽，发射 $\lambda = 1.06\mu m$ 的红外激光。

钕玻璃激光器是四能级系统的激光器，因为有中间过渡能级，所以比红宝石之类的三能级系统更容易实现粒子数反转。钕玻璃激光器的激励阈值很小，其效率可达 2%～3%，钕玻璃棒具有较高的光学均匀性，光线的发散角小，特别适合于精密细微加工。钕玻璃价格低，易做成较大尺寸，输出功率可以做得比较大。其缺点是导热性差，必须有合适的冷却装置。钕玻璃激光器一般以脉冲方式工作，工作频率为每秒几次，广泛用于打孔、焊接等工作。

3. 掺钕钇铝石榴石（YAG）激光器

掺钕钇铝石榴石是在钇铝石榴石晶体中掺以质量分数为 1.5% 左右的钕而成的，与钕玻璃激光器一样属于四能级系统，产生激光的也是钕离子，也发射 $1.06\mu m$ 波长的红外激光。

钇铝石榴石晶体的热物理性能好，导热性较大，膨胀系数小，机械强度高，它的激励阈值很低，效率可达 3%。钇铝石榴石激光器可以脉冲方式工作，也可以连续方式工作，工作频率可达 10～100Hz，连续输出功率可达几百瓦，尽管其价格比钕玻璃激光器贵，但由于其性能优越，广泛用于打孔、切割、微调等工作。

4. 光纤激光器

光纤激光器是指用掺稀土元素玻璃光纤作为增益介质的激光器。光纤激光器可在光纤放大器的基础上开发出来：在泵浦光的作用下光纤内极易形成高功率密度，造成激光工作物质的激光能级"粒子数反转",适当加入正反馈回路(构成谐振腔),便可形成激光振荡输出。光纤激光器应用范围非常广泛,包括激光光纤通信、激光空间远距通信、工业造船、汽车制造、激光雕刻激光打标激光切割、印刷制辊、金属非金属钻孔/切割/焊接(铜焊、淬水、包层以及深度焊接)、军事国防安全、医疗器械仪器设备、大型基础建设等领域。

双包层光纤的出现是光纤领域的一大突破,使得高功率的光纤激光器和高功率的光放大器制作成为现实。包层泵浦技术已被广泛地应用到光纤激光器和光纤放大器等领域,成为制作高功率光纤激光器的首选途径。图15-3所示为双包层光纤的截面结构及工作原理。

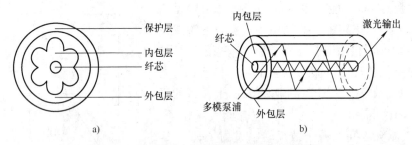

图15-3 双包层光纤的截面结构及工作原理

15.3 激光加工工艺及实践

15.3.1 激光打孔

利用激光几乎可在任何材料上打微型小孔,目前已应用于火箭发动机和柴油机的燃料喷嘴加工、化学纤维喷丝板打孔、钟表及仪表中的宝石轴承打孔、金刚石拉丝模加工等方面。

激光打孔适合于自动化连续打孔,如在钟表行业红宝石轴承上加工直径为 $\phi0.12 \sim \phi0.18mm$、深 $0.6 \sim 1.2mm$ 的小孔,采用自动传送每分钟可以连续加工几十个宝石轴承。又如生产化学纤维用的喷丝板,在直径为 $\phi100mm$ 的不锈钢喷丝板上打1万多个直径为 $\phi0.06mm$ 的小孔,采用数控激光加工,不到半天即可完成。激光打孔的直径可以小到 $\phi0.01mm$ 以下,深径比可达50∶1。

激光打孔的成形过程是材料在激光热源照射下产生的一系列热物理现象综合的结果。它与激光束的特性和材料的热物理性质有关。现在就其主要影响因素分述如下:

1. 输出功率与照射时间

激光的输出功率大、照射时间长时,工件所获得的激光能量也大。激光的照射时间一般为几分之一到几毫秒。当激光能量一定时,时间太长,会使热量传散到非加工区;时间太短,则因功率密度过高而使蚀除物以高温气体喷出,都会使能量的使用效率降低。

2. 焦距与发散角

发散角小的激光束经短焦距的聚焦物镜以后,在焦面上可以获得更小的光斑及更高的功率密度。焦面上的光斑直径小,所打的孔也小,而且,由于功率密度大,激光束对工件的穿透力也大,打出的孔不仅深,而且锥度小。所以,要减小激光束的发散角,并尽可能地采用短焦距物镜(20mm左右),只有在一些特殊情况下,才选用较长的焦距。

3. 焦点位置

激光束的焦点位置对于孔的形状和深度都有很大影响，如图 15-4a、b 所示。当焦点位置很低时，如图 15-4a 左所示，透过工作表面的光斑面积很大，这不仅会产生很大的喇叭口，而且由于能量密度减小而影响加工深度；或者说，增大了它的锥度。由图 15-4a、b 左到图 15-4a、b 右，焦点逐步提高，孔深也增加，但如果焦点太高，同样会分散能量密度而无法加工下去。一般激光的实际焦点以在工件的表面或略微低于工件表面为宜。

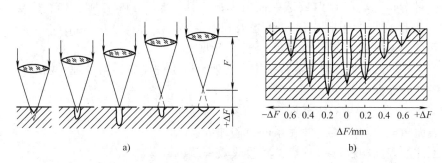

a)　　　　　　　　　　　　　　b)

图 15-4　焦点位置对孔形的影响（焦距 $F = 13.9$mm；照射时间 $t_i = 1.5$ms；能量 $W_m = 1.6$J）

a）激光打孔焦距示意图　b）位移量 ΔF 对孔形的影响

4. 光斑内的能量分布

前面已提及激光束经聚焦后光斑内各部分的光强度是不同的。在基模光束聚焦的情况下，焦点的中心光强度 I_0 最大，越是远离中心，光强度越小，能量是以焦点为轴心对称分布的，这种光束加工出的孔是正圆形的，如图 15-5a 所示。当激光束不是基模输出时，其能量分布就不是对称的，打出的孔

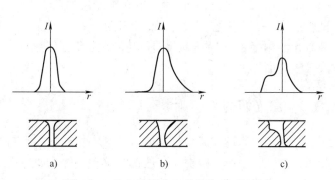

a)　　　　　b)　　　　　c)

图 15-5　激光能量分布对打孔质量的影响

也必然是不对称的，如图 15-5b 所示。如果在焦点附近有两个光斑（存在基模和高次模），则打出的孔如图 15-5c 所示。

激光在焦点附近的光强度分布与工作物质的光学均匀性以及谐振腔调整精度直接有关。如果对孔的正圆度要求特别高，就必须在激光器中加上限制振荡的措施，使它仅能在基模振荡。

5. 激光的多次照射

用激光照射一次，加工的深度大约是孔径的 5 倍，但锥度较大。如果用激光多次照射，其深度可以大大增加，锥度可以减小，而孔径几乎不变。但是，孔的深度并不是与照射次数成正比的，而是加工到一定深度后，由于孔内壁的反射、透射以及激光的散射或吸收以及抛出力减小、排屑困难等原因，使孔的前端的能量密度不断减小，加工量逐渐减小，以致不能继续打下去。图 15-6 所示是用红宝石激光器加工蓝宝石时获得的试验

曲线。由图中可知，照射 20 ~ 30 次以后，孔的深度到达饱和值，如果单脉冲能量不变，则不能继续深加工。

6. 工件材料

由于各种工件材料的吸收光谱不同，因此，经透镜聚焦到工件上的激光能量不可能全部被吸收，而有相当一部分能量将被反射或透射而散失掉，其吸收效率与工件材料的吸收光谱及激光波长有关。在生产实践中，必须根据工件材料的性能（吸收光谱）去选择合理的激光器，对于高反射率和透射率的工件应做适当处理，例如打毛或黑化，增大其对激光的吸收效率。

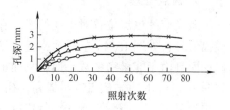

图 15-6　照射次数与孔深关系

单脉冲能量：×—2.0J；△—1.5J；○—1.0J

图 15-7 所示是用红宝石激光器照射钢表面时所获得的工件表面粗糙度与加工深度关系的试验曲线。结果表明，工件的表面粗糙度值越小，其吸收效率就越低，打的孔也就越浅。由图可知，表面粗糙度 Ra 值大于 $5\mu m$ 时，打孔深度就易于实现；但当表面粗糙度 Ra 值小于 $5\mu m$ 时，一次打孔深度就会受到影响，特别在镜面（Ra 值小于 $0.025\mu m$）时，就几乎无法加工。上述试验是用一次照射获得的，如果用激光多次照射，则因激光照射后的痕迹出现不平而提高其吸收效率，有助于激光加工。

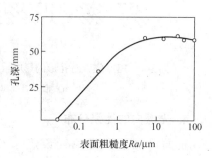

图 15-7　加工面表面粗糙度 Ra 值
对加工深度的影响

15.3.2　激光切割

激光切割的原理和激光打孔的原理基本相同。所不同的是，激光切割时，工件与激光束要相对移动，在生产实践中，一般都是移动工件。如果是直线切割，还可借助于柱面透镜将激光束聚焦成线，以提高切割速度。激光切割大都采用重复频率较高的脉冲激光器或连续输出的激光器。但连续输出的激光束会因热传导而使切割效率降低，同时热影响层也较深。因此，在精密机械加工中，一般都采用高重复频率的脉冲激光器。

YAG 激光器输出的激光已成功地应用于半导体划片，重复频率为 5 ~ 20Hz，划片速度为 10 ~ 30mm/s，宽度为 0.06mm，成品率达 99% 以上，比金刚石划片优越得多，可将 $1cm^2$ 的硅片切割成几十个集成电路块或几百个晶体管管芯。同时，它还用于化学纤维喷丝头的 Y 形、十字形等型孔加工，精密零件的窄缝切割与划线以及雕刻等。

激光可用于切割各种各样的材料，既可以切割金属，也可以切割非金属；既可以切割无机物，也可以切割皮革之类的有机物。它可以代替锯切割木材，代替剪子切割布料、纸张，还能切割无法进行机械接触的工件（如从电子管外部切断内部的灯丝）。由于激光对被切割材料几乎不产生机械冲击和压力，故适宜于切割玻璃、陶瓷和半导体等既硬又脆的材料。再加上激光光斑小、切缝窄，且便于自动控制，所以更适宜于对细小部件做各种精密切割。

图 15-8 所示是激光切割非金属材料同轴吹气的切割头喷嘴，必要时下部还可喷水，以防止粉尘或引起材料燃烧。

大功率二氧化碳气体激光器所输出的连续激光，可以切割钢板、钛板、石英、陶瓷以及塑料、木材、布匹、纸张等，其工艺效果都较好。

小功率的激光束可用来对金属或非金属表面进行刻蚀打标，加工出文字图案或工艺美术品。例如，可在木片上刻写缩微的诗词、人物、建筑等。激光切割的橡胶实物如图 15-9 所示。

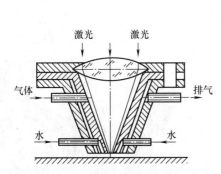

图 15-8　激光切割非金属材料的喷嘴

图 15-9　激光切割的橡胶实物

1. 激光切割实践与应用

以下通过具体激光切割应用实例，分析说明激光切割金属板材的切割工艺及技术要求。

（1）工业大型环保冷却器孔板　图 15-10 所示为环保冷却器孔板零件图，材料为碳钢，板厚为 16mm。

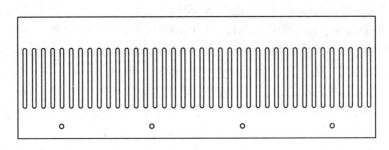

图 15-10　环保冷却器孔板零件图

1）激光切割孔板的技术要求。内孔尺寸偏差为 ±0.2mm，孔距偏差为 ±0.2mm，表面粗糙度 Ra 值为 12.5μm，平面度偏差为 ±0.5mm/m，垂直度偏差为 ±0.5mm，内孔光滑。

2）激光切割孔板较易出现的问题。由于此类孔板较长，达 2m 以上，两端距孔的尺寸容易出现偏差，难以达到要求。各种切割设备正常工艺都难以做到内孔引割处光滑。由于孔板很长，容易出现变形跑位，腰孔到两边的距离也难以保证。

3）切割工艺。孔板内孔较多，厚度较厚，可采用数控切割工艺。排版时应设置正确的参数。切入方式：直线切入切出 12mm，切入角度采用 40°切入，避免直线切入切出时的拐角过高。内孔留料加至 4~5mm。

内孔切割处如图 15-11 所示，切割后选用内磨机轻微打磨后即可做到内孔引刀处无缺陷。

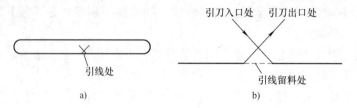

图 15-11 内孔切割处

a) 内孔切割示意 b) 引线处局部放大

切割后的成品如图 15-12 所示。

（2）不锈钢装饰品 图 15-13 所示为灯体外壳造型图，材料为不锈钢，板厚为 1.2mm。

图 15-12 切割后的成品

图 15-13 灯体外壳造型图

1）切割此类装饰体的技术要求。此类装饰体材质为镜面不锈钢，要求表面不能划伤。所有图案宽度为 2.5mm，偏差为 ±0.2mm，表面不可变形。

2）切割此类装饰体较易出现的问题。由于此类装饰体图案较为复杂，而且各部分相隔较近，切割过程中会出现翘起，从而会损坏工件表面。

3）切割工艺。孔板内孔较多，厚度较薄，可采用随动切割工艺。

复杂图案在排版时应设置成由内向外切割，从而不会造成切割过程中的弹起和凹下，如图 15-14 所示。

有些图案较长且绕圈较多，在切割过程中必须将其拆分为多个非封闭的图形，如图 15-15 所示。

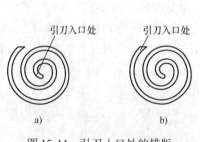

图 15-14 引刀入口处的排版

a) 正确排版 b) 错误排版

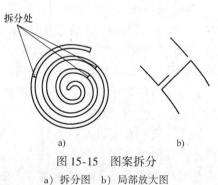

图 15-15 图案拆分

a) 拆分图 b) 局部放大图

分断处分断距离一般为 0.2 ~ 0.3mm，且在 CAD 软件内增加引入线。图案图形线段由很多段线组成，在切割过程中会出现拐角停顿等现象，因此在切割程序中加入 G39 代码，以使所有多段线圆滑过渡。

（3）切割空心文字及铭牌

1）空心文字及铭牌的特点及要求。该类产品所用材料一般为薄的不锈钢或者冷轧钢板。表面要求不可以划伤，对公差的要求不是很高，需要注意的是要保证整体的美观性，在切割过程中不可以有烧边的情况发生。

2）加工时应注意的问题。以铭牌为例讲解，首先根据客户的要求用 CAD 软件画出图样，如图 15-16 所示。

图 15-16　公司铭牌 CAD 模型

此产品所用材料为 2mm 厚的冷轧钢板，因为是在板上面把文字部分镂空掉，所以对于文字中某个部分内外都是封闭的情况要进行孤岛打断处理，否则会出现孤岛分离现象，如图 15-17 所示。

将图样修改完毕后，导入软件进行排版和编程。首先要将图形打散，把重叠线消除干净。重叠线消除干净后用自动串接功能把图形全部串接起来，进入下一个步骤生成切割路径。对一些切割参数做必要的修改，因为此类产品对公差要求不是很高，所以可以将刀具补正关闭掉，这样可以避免在实际切割过程中由于某个部位拐角太小出现报警的

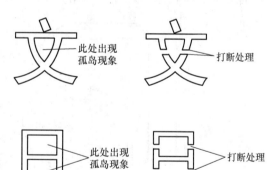

图 15-17　空心文字内部孤岛的处理
a）孤岛未处理前　b）孤岛处理后

情况。因为文字是由很多的多段线组成的，切割时在拐角处会出现短暂的停顿现象，可以加入 G39 代码进行切割，以实现拐角处圆滑过渡，从而提高生产效率。

图 15-18 所示为部分文字切割路径的放大图。切割路径生成完毕后，导出程序代码，输入到激光切割机进行切割加工，切割完成后对工件背面的毛刺进行打磨，注意此时不要划伤工件表面。图 15-19 所示为空心文字铭牌实际成品图。

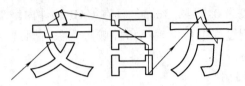

图 15-18 部分文字切割路径的放大图

图 15-19 空心文字铭牌实际成品图

（4）随动切割的应用 在实际加工生产中，有些工件所包含的孔的数量较多，因为对于一般的工件在激光切割过程中，激光头是每割完一个孔，Z 轴向上抬起，移动到下一个打孔点，Z 轴再下降，这样可以保证激光头在空移过程中不会撞到切割后凸起的废料，但是同时也降低了生产效率。尤其是对于内孔数量较多的工件，浪费时间尤为明显。下面以图 15-20 所示的工件为例说明随动切割的应用。

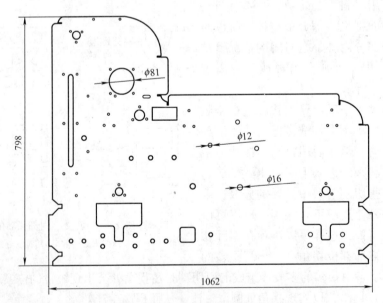

图 15-20 内孔数量较多的工件

这种工件的孔的数量较多，所以在排版编程之前就要考虑到随动切割。随动切割的特点是当激光头割完一个孔之后，不会将 Z 轴向上抬起，而是直接移动到下一打孔点。穿孔切割，因为激光头上装有感应装置，在空移的过程中激光头与板面保持恒定的距离。但是这种切割方法有一定的危险性，在编制切割路径时要注意的是，不可以使激光头经过已经切割过的地方，即所谓的避孔切割，如图 15-21 和图 15-22 所示。

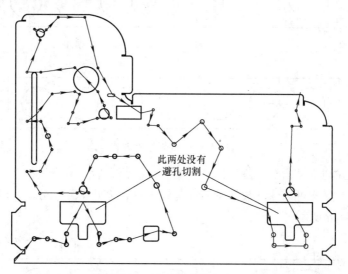

图 15-21　错误路径（箭头代表激光头切割移动方向）

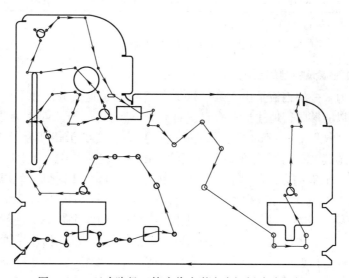

图 15-22　正确路径（箭头代表激光头切割移动方向）

　　因为随动切割减少了激光头上下移动所消耗的时间，所以对于同样数量的工件可以节省大量时间，从而提高生产效率，在实际生产过程中也会得到广泛的应用。

　　（5）架桥切割方式的应用　在实际生产中，有的工件长度较长、宽度较窄，如图 15-23 所示。对于这类工件，在切割过程中往往出现大小头的情况，即工件的一端尺寸在公差范围之内，而另一端已经超出公差范围，甚至可能差得更多。这是因为在切割过程中，由于受热变形，优先切割的那一个长边与板料之间已经相互弹开，致使切割跑位。

　　如果按照常规的切割方法，先割完所有的孔，然后割掉外框，如图 15-24 所示。

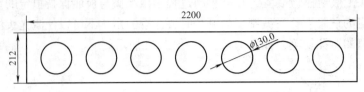

图 15-23　长度较长、宽度较窄的板材零件

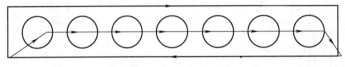

图 15-24　常规切割方式

采用架桥方式切割是指在切割外框时，割完一段距离后，激光头抬起，移动一小段距离之后再继续切割，这样可以保证被切割工件与整个板料之间不完全分离，使之能够固定在板料上面，如图 15-25 所示。

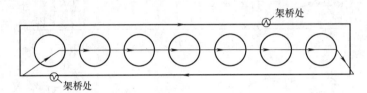

图 15-25　架桥切割方式

2. 钢板应力对激光切割的影响

钢材的内应力：一块钢板是由无数个铁原子（包括其他成分的原子）所组成的，原子与原子之间之所以能够紧密地连接在一起，而不像一盘沙子一样，是因为铁原子之间有强大的金属键紧紧地"拉"在一起的。原子之间的"拉力"会由于相邻原子之间的位置远近、角度差异，而导致其"拉力"会在整个钢板的平面内不是很均匀，通俗地说就是，有些方向的"拉力"大，而有些方向的"拉力"小。由于钢板是在轧钢机上轧成平板的，这些钢材立面分子之间的"拉力"会暂时趋于平衡，但是如果将钢板用刨床或激光切削一部分（如切薄一半的厚度），剩下的钢板将会马上发生变形，如发生翘曲，这就是内应力在起作用。与截面相垂直的应力称为正应力或法向应力。钢板的应力是钢板切割的一个重要工艺参数，直接影响了钣金件的成形，应力应变是材料的一个重要特性。应力方向对激光切割成形产品有着重要的关系，在某些特定用途或特殊材料（耐磨板）中有着广泛的应用。

复习思考题

1. 激光为什么比普通光有更大的瞬时能量和功率密度？为什么称它为"激"光？

2. 试述激光加工的能量转换过程，即如何从电能具体转换为光能又转换为热能来蚀除材料的？

3. 固体、气体等不同激光器的能量转换过程是否相同？若不相同，则具体有何不同？

4. 不同波长的红外线、红光、绿光、紫光、紫外线，光能转换为热能的效率有何不同？

5. 钢板应力对激光切割的影响如何？

第 16 章　3D 打印

【教学目的和要求】

1. 了解 3D 打印机的工作原理。

2. 了解 3D 打印的分类。

3. 熟悉 3D 打印的使用，能够用 3D 打印机制造自己的作品。

【3D 打印安全技术】

1. 初次操作 3D 打印机，必须仔细阅读机器操作说明书，并在相关人员的指导下操作。

2. 手上有水等油性物质时，不要接触设备；没有实训指导人员允许，不得随意挪动实训设备和打印材料。

3. 打印期间，打印设备工作温度较高，不得擅自用手触摸模型、打印喷头和打印平台。因打印需要时间较长，在打印期间，应在打印过程正常后再离开。

4. 在打印材料安装时，喷头会挤出材料，所以要进行高度测试，防止喷嘴与打印平台之间距离过近而导致喷嘴堵塞。

5. ABS 材料在打印期间会释放出轻微刺鼻的气味。

16.1　3D 打印概述

16.1.1　3D 打印的基本原理及特点

20 世纪 80 年代后期发展起来的 3D 打印（快速原型制造）技术被认为是近 30 年制造技术领域的一项重大突破，它对制造业的影响可与数控技术的出现相媲美。3D 打印技术又称快速成形技术。

1. 3D 打印的基本原理

3D 打印是直接根据产品 CAD 的三维实体模型数据，经计算机数据处理后，将三维实体数据模型转化为许多二维平面模型的叠加，再直接通过计算机控制这些二维平面模型，并顺次将其连接，形成复杂的三维实体零件模型。依据计算机上构成的产品三维设计模型，对其进行分层切片，得到各层截面轮廓，按照这些轮廓，激光束选择性地切割一层层的箔材（或固化一层层的液态树脂，或烧结一层层的粉末材料），或喷射源选择性地喷射一层层的粘接剂或热熔材料等，形成一个个薄层，并逐步叠加成三维实体。3D 打印制造过程如图 16-1 所示。

3D 打印是机械工程、数控技术、CAD 与 CAM 技术、计算机科学、激光技术以及新型材料技术的集成，彻底摆脱了传统的"去除"方法的束缚，采用了全新的"增长"方法，并将复杂的三维加工分解为简单的二维加工的组合。

2. 3D 打印的特点

与传统机械加工方法相比，3D 打印具有如下特点：

1）制造过程柔性化。由 CAD 模型直接驱动，可快速成形任意复杂的三维几何实体，不受任何专用工具和模具的限制。

2）设计制造一体化。采用"分层制造"方法，将三维加工问题转变成简单的二维加工组合，且很好地将 CAD、CAM 结合起来。

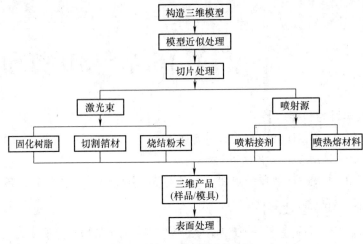

图 16-1　3D 打印制造过程

3）产品开发快速化。产品成形效率极高，大大缩短了产品设计、开发周期，设备为计算机控制的通用机床，生产过程基本无须人工干扰。

4）材料使用广泛化。各种材料（金属、塑料、纸张、树脂、石蜡、陶瓷及纤维等）均在快速原型制造领域广泛应用。

5）技术高度集成化。3D 打印是计算机技术、数控技术、控制技术、激光技术、材料技术和机械工程等多项交叉学科的综合集成。

16.1.2　3D 打印的分类

目前，3D 打印主要有立体光刻、分层实体制造、选择性激光烧结和熔融堆积成形等。各种制造方法的工艺及设备见表 16-1，工艺原理如图 16-2 ~ 图 16-5 所示。

表 16-1　3D 打印技术的典型工艺及设备

快速成形工艺名称及代号	工作原理	采用原材料	特点及适用范围	代表性设备型号及生产厂家	设备主要技术指标
立体光刻（SL）	液槽中盛满液态光敏树脂，可升降工作台位于液面下一个截面层的高度，聚焦后的紫外激光束在计算机控制下，按截面轮廓要求沿液面进行扫描，使扫描区域固化，得到该层截面轮廓。工作台下降一层高度，其上覆盖液态树脂，进行第二层扫描固化，新固化的一层牢固地粘接在前一层上。如此重复，形成三维实体	液态光敏树脂	材料利用率及性能价比较高，但易翘曲，成形时间较长；适合成形小型零件，可直接得到塑料制品	SL-250 3D System（美国）	最大制件尺寸：250mm × 250mm×250mm 尺寸精度：±0.1mm 分层厚度：0.1~0.3mm 扫描速度：0.2~2m/s

（续）

快速成形工艺名称及代号	工作原理	采用原材料	特点及适用范围	代表性设备型号及生产厂家	设备主要技术指标
分层实体制造（LOM）	将制品的三维模型经分层处理，在计算机控制下，用 CO_2 激光束选择性地按分层轮廓切片，并将各层切片粘接在一起，形成三维实体	纸基卷材/陶瓷箔/金属箔	翘曲变形小，尺寸精度高，成形时间短，制件有良好的力学性能，适合成形大、中型件	LOM-2030H Helisys（美国）	最大制件尺寸：815mm×550mm×500mm 尺寸精度：±0.1mm 分层厚度：0.1~0.2mm 切割速度：0~500mm/s
选择性激光烧结（SLS）	在工作台上铺一层粉末材料，CO_2 激光束在计算机控制下，依据分层的截面信息对粉末进行扫描，并使制件截面实心部分的粉末烧结在一起，形成该层的轮廓。一层成形完成后，工作台下降一层高度，再进行下一层的烧结，如此循环，最终形成三维实体	塑料粉、金属基或陶瓷基粉	成形时间较长，后处理较麻烦，适合成形小件，可直接得到塑料、陶瓷或金属制品	EOSINTP-350 ESO（德国）	最大制件尺寸：340mm×340mm×590mm 激光定位精度：±0.3m 分层厚度：0.1~0.25mm 最大扫描速度：2m/s
熔融堆积成形（FDM）	根据 CAD 产品模型分层软件确定的几何信息，由计算机控制可挤出熔融状态材料的喷嘴，挤出半流动的热塑材料，沉积固化成精确的薄层，逐渐堆积成三维实体	ABS、石蜡、聚酯塑料	成形时间较长，可采用多个喷头同时进行涂覆，以提高成形效率，适合成形小塑料件	FDM-1650 Stratsys（美国）	最大制件尺寸：254mm×254mm×254mm 尺寸精度：±0.127mm 分层厚度：0.05~0.76mm 扫描速度：0~500mm/s

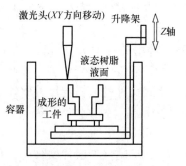

图 16-2　立体光刻

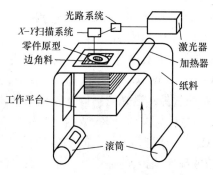

图 16-3　分层实体制造法

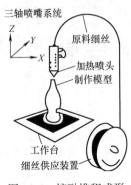

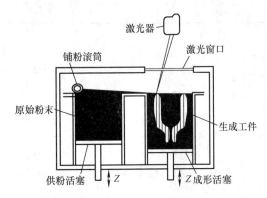

图 16-4 熔融堆积成形

图 16-5 选择性激光烧结

16.1.3 3D 打印的成形材料与应用软件

1. 成形材料

成形材料是 3D 打印技术发展的关键环节。它不仅影响成形速度、精度、物理和化学性能，并直接影响原型的二次应用和用户对成形工艺设备的选择。3D 打印的各种新工艺的出现也往往与新材料的应用有关。

3D 打印对材料性能的一般要求：①能够快速、精确地成形；②成形后具有一定的强度、硬度、刚度、热稳定性和耐潮性等性能；③便于快速成形的后处理；④对于直接制造零件的材料应具备相应的使用功能。

目前，3D 打印所应用的成形材料多种多样，常用的形态有液态、固态粉末、固态片材、固态线材等，见表 16-2。

表 16-2 3D 打印常用的材料

材料形态	液 态	固态粉末		固态片材	固态线材
		非金属	金属		
应用材料	光敏树脂	蜡粉、尼龙粉、覆膜陶瓷粉等	钢粉、覆膜钢粉等	覆膜纸、覆膜塑料、覆膜陶瓷箔、覆膜金属箔等	蜡丝、ABS 丝等

2. 应用软件

3D 打印应用软件是指从 CAD 造型软件到驱动数控成形设备软件的总称，包括通用 CAD 软件和 3D 打印专用软件。

3D 打印中 CAD 软件的功能就是产生三维实体模型。常用的有 UG、Pro/E、AutoCAD、I-DEAS、SolidWorks 等。3D 打印专用软件包括三维模型切片软件、激光切割速度与切割功率自动匹配软件、激光切割口宽度自动补偿软件和 STL。格式文件的侦错与修补软件等。

由于 CAD 与 3D 打印的数据转换接口软件开发的困难性和相对独立性，国外涌现了很多作为 CAD 与 3D 打印系统之间的接口软件。这些软件一般都以常用的数据文件格式作为输入、输出接口。输入的数据文件格式有 STL、IGES、DXF、HPGL、CT 层片文件等，而输出的数据文件一般为 CLI。国外比较著名的接口软件有美国 Solid Concept 公司的 Bridge Works、Solid View，美国 Imageware 公司的 Surface-RPM 等。

16.1.4　3D 打印技术的应用

3D 打印技术的出现，改变了传统的设计制造模式。3D 打印技术从研究、设计、工艺、设备直至应用都有了迅猛的发展，现阶段已在产品开发、模具制造以及医学、建筑等方面获得实际应用。

1. 产品开发

3D 打印可以直接制造出与真实产品相仿的产品样品。其制造一般只需传统加工方法 30%～50% 的工时，20%～35% 的成本，却可供设计者和用户进行直观检测、评判、优化，并可在零件级和部件级水平上对产品工艺性能、装配性能及其他特性进行检验、测试和分析。同时，亦是工程部门与非工程部门交流的理想中介物；可为生产厂家与客户或订购商的交流提供最佳便利，并可以迅速、反复地对产品样品进行修改、制造，直至用户完全满意为止。

2. 模具制造

1）用 3D 打印系统直接制作模具，如砂型铸造木模的替代模、低熔点合金铸造模、试制用注塑模，以及熔模铸造的蜡模的替代模或蜡模的成形模。

2）用 3D 打印件作为母模复制软模具。用 3D 打印件作为母模，可浇注蜡、硅橡胶、环氧树脂、聚氨酯等软材料构成软模具；或先浇注硅橡胶模、环氧树脂模（蜡模成形模），再浇注蜡模。蜡模用于熔模铸造，硅橡胶模、环氧树脂模可用作试制用注塑模，或低熔点合金铸造模。

3）用 3D 打印件作为母模复制硬模具。用 3D 打印件作为母模或用其复制的软模具，可浇注（或涂覆）石膏、陶瓷、金属、金属基合成材料，构成硬模具（各种铸造模、注塑模、蜡模的成形模、拉深模等），从而批量生产塑料件或金属件。

4）用 3D 打印系统制作电加工机床用电极。用 3D 打印件作为母体，通过喷镀或涂覆金属、粉末冶金、精密铸造、浇注石墨粉或特殊研磨，可制作金属电极或石墨电极。

3. 在其他领域的应用

1）在医学上的应用。3D 打印系统可利用 CT 扫描或 MRI 核磁共振图像的数据，制作人体器官模型，以便策划头颅、面部、牙科或其他软组织的手术或进行复杂手术的操练等。

2）在建筑上的应用。利用 3D 打印系统制作建筑模型或实际建筑，可以帮助建筑设计师进行设计评价和最终方案的确定。

16.2　3D 打印机的操作

下面以桌面型 3D 打印机为例，详细讲解其操作过程。

16.2.1　初始硬件安装

将 3D 打印机从包装盒中取出之后，当打印平台升起后，会清楚地看到一根黑色电缆从底部伸出来连到打印平台。现在，要把喷头安装到机器上，通过旋转螺杆或双手轻轻按下平台两边的支撑臂把打印平台降低。从配件箱找到螺栓工具盒，从工具盒中拿出两个黑色螺栓，然后从六角扳手工具盒中找到和螺栓匹配的六角扳手。

抓住喷头两边，把它从保护套中拿出来放在喷头座上，底部螺孔对准，风扇朝前，用扳手拧上螺栓把喷头固定在安装座上，如图 16-6 所示。

然后安装丝盘支架，如果有两个支架，就每边装一个；如果只有一个支架，那就把它装在安装人员面向的 3D 打印机背部的左边。

丝盘支架安装很简单，把它插入圆形的开孔，把后面的螺母拧紧。下面，安装丝线导套，它们装在 3D 打印机背板上方的导套护夹上。把导套一端放入护夹，用拇指和食指按住扣上，

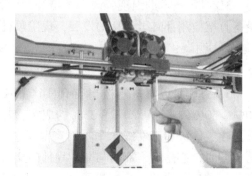

图 16-6　安装喷头

另一端插入相应喷头顶部的蓝色环内，往里压一下导套就进去了，如图 16-7 所示。如果购买的是单喷头，只需安装一根导管就行了。如果扣不上导套护夹，可以尝试用硬币或一字槽螺钉旋具头来顶一下卡扣。

在确认 3D 打印机的电源开关为"OFF"的状态下，把电源线插到开关旁边的电源插座上。现在把 USB A TO B 电缆插到 3D 打印机的 USB B 型插座，电缆另外一端先不插。最后，把丝盘从盒里拿出装到丝盘支架上，拧上固定螺母，不要拧得太紧，丝料要保证从中间向上供，如图 16-8 所示。

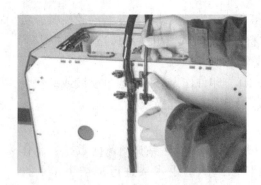

图 16-7　安装丝线导套

图 16-8　把丝盘安装到支架上

16.2.2　软件的安装

软件包中包括 3 个解压包，即语言环境程序软件 python、加速组件 python 和打印控制软件 repllcatorG。依次解压开来，分别安装 python 软件和 python 加速组件，然后单击 repllcatorG 可执行文件。打印控制软件界面如图 16-9 所示。单击"文件"菜单下的"打开"选项，选择要打印的文件（要 STL 格式的），然后双击导入，就会在界面中出现图样设计的工件。

图像导入后，有时会出现很多情况，比如看不到图或者位置不对等，则可以用如右侧的功能键调整，等位置适合后就可以生成 G 代码了。单击红框里的生成 G 代码按钮，出现图 16-10 所示参数设置界面。

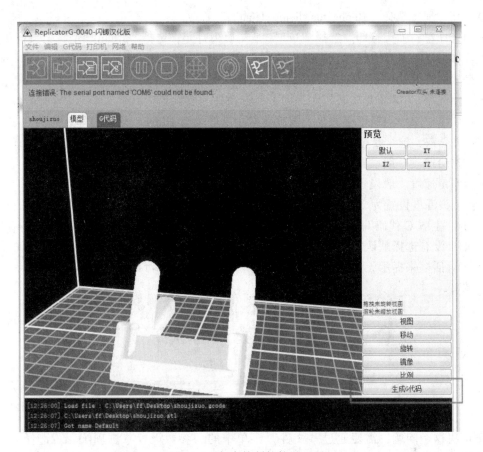

图 16-9　打印控制软件界面

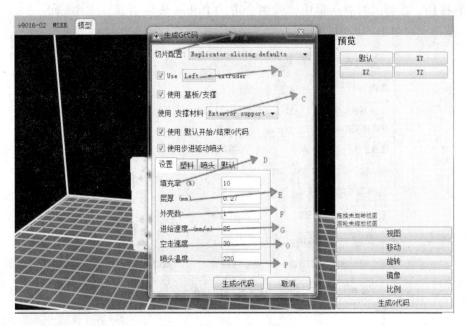

图 16-10　参数设置界面

A：切片配置选择"Replicator slicing defaults"选项。

B：选择左右喷头打印。选择"Left"是左喷头打印，选择"Right"是右喷头打印。

C：如果样品是悬空结构，则需要选择打印支撑。"None"是不要支撑，"Exterior support"是表面支撑，"Full support"是全部支撑。

D：填充率。100%是实心打印，为了节省耗材一般设置为10%。

E：层厚。层厚与精度有关，一般打印最小层厚为0.18mm，平时打印层厚为0.27mm。

F：外壳数。这个是壁厚，一般为1。

G：进给速度一般设置为30~70mm/s。

O：空走速度一般设置为30~70mm/s。

P：喷头温度设置为220℃。

单击"生成G代码"就可以出现处理进度条，生成G代码。有些用户在安装python软件时，如果没有选择默认安装路径，那么在ReplicatorG中单击"生成G代码"按钮后，会弹出一个对话框来提示无法找到python可执行文件，如图16-11所示。

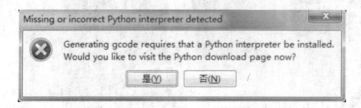

图 16-11　提示无法找到 python 可执行文件

要解决这个问题，需要通过"文件"菜单中的"参数设置"选项配置。选择"文件"菜单中的"参数设置"选项。弹出图16-12所示"参数设置"对话框，单击"选择Python解释器"按钮。在弹出的对话框中，找到合适的Python安装目录，选中python. exe，单击"打开"按钮。再单击"关闭"按钮，设置结束。

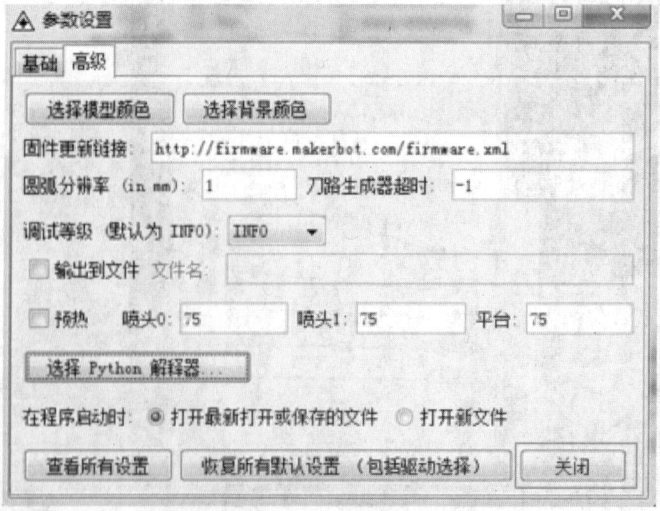

图 16-12　"参数设置"对话框

16.2.3　连接打印机及加温

首先，用 USB 线连接打印机和计算机。连接之后打开机器，再打开软件。接下来连接计算机和打印机。如图 16-13 所示，单击"打印机"菜单。

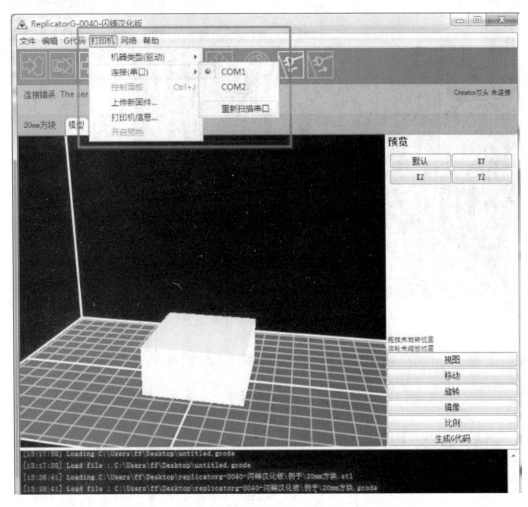

图 16-13　连接打印机

选择"连接（串口）"选项，发现没有端口连接，单击"重先扫描串口"选项，会发现出现了端口。如果还没出现，那就是软件还没有驱动，先安装驱动程序后再连接。接下来端口就出现了 COM1（每一台机器可能不一样），选中"COM1"单选按钮，接下来就可以连接打印机了。

下面给喷头和底板加温。单击图 16-14 所示十字一样的功能键，则出现图 16-15 所示的"控制面板"对话框。

在红框中输入要加温的数值（喷头一般为 220℃，最高 230℃；底板为 115℃，最高 120℃），输入以后就可以看到喷头底板开始加温了，当喷头温度达到 50℃时，散热风扇开始工作，然后右边的温度数值开始有变化，说明喷头和底板的加热是正常的。

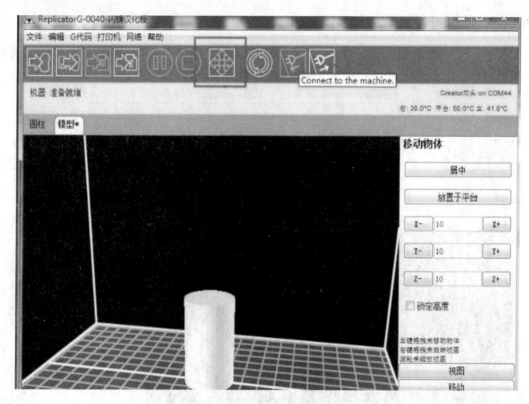

图 16-14　十字功能键

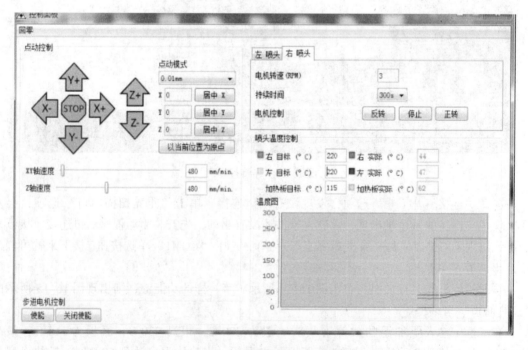

图 16-15　"控制面板"对话框

16.2.4 进丝与退丝

先把丝放进送丝孔里，等喷头温度达到200℃或以上才能进丝，进丝时手放在送丝孔附近丝上，手会明显感觉到丝在往里面拉，那就是送丝轮卡住丝，进行送丝了。

有一点要注意的是，按了"进丝"或"退丝"按钮以后不要再按"退丝"或"进丝"按钮了，一定要按"停止"按钮以后才可以进丝或退丝。等喷头顺利出丝了，则进丝就成功了。退丝的程序是一样的，等喷头温度达到200℃或以上的时候再退丝，退丝时把手放在进丝孔附近的丝上，手会明显感觉到丝在往外推，那就是在退丝了。

耗材插入喷头后，先不要把导丝管插入喷头里，应先把打印机电源打开。进料有两种方法：一种为用 LCD 屏进料，另一种为用打印软件的控制面板进料。

1. 用 LCD 屏进料

1）打开打印机时，单击 LCD 显示屏右边那个按钮板，单击向下键，点到第二页。

2）选择"Utilities"，单击按钮板中间的 <M>键。

3）选择"Change filament"，单击按钮板中间的 <M>键。

4）选择"Load right"，单击按钮板中间的 <M>键，这时界面就提示"I'm heating up, my extruder!"这是右喷头温度在加温，等温度达到220℃时，这时再单击按钮板中间的 <M>键，喷头就会吐料了，如果这时还没有吐料，可以多单击几次按钮板中间的 <M>键，当开始吐料后，说明进料成功。

2. 用打印软件的控制面板进料

打印机已经与计算机连接成功，通过图 16-15 所示对话框进料。如果需要给右喷头加热进料，则单击控制面板右上角"右喷头"选项卡，然后在"喷头温度控制"选项中，在"右目标"文本框中手动修改温度，温度改为220℃。此时会看到温度图有玫红色的线走动，等右实际温度达到220℃，可以单击"电机控制"中的"正转"按钮，可以多单击几次，当开始吐料后即可停止单击。

退丝过程和上述过程相反。设置完毕后就可以打印自己的作品了。

复习思考题

1. 简述 3D 打印机的工作原理和特点。

2. 简述 3D 打印技术的分类。

3. 通过 3D 打印机打印自己设计的作品。

第17章 特种加工

【教学目的和要求】

1. 了解特种加工的特点及分类。
2. 掌握电火花加工的原理及加工条件。
3. 熟悉电火花线切割机和电火花成形机的结构及基本操作。
4. 掌握电火花线切割机加工典型工件的编程方法。
5. 了解其他特种加工方法的原理及加工范围。

【特种加工安全技术】

1. 初次操作机床，必须仔细阅读机床操作说明书，并在相关人员的指导下操作。
2. 编好程序后，应首先在计算机上模拟运行，然后再传输到机床进行加工。
3. 装夹工件时，必须考虑本机床的工作行程，加工区域必须在机床行程范围之内。
4. 操作电火花线切割机时，不要碰线电极，以防划伤或碰断线电极。
5. 操作电火花成形机时，使用的液体有易燃性，应合理选择电参数，确保加工安全。
6. 操作电火花成形机时，双手不可同时触碰箱体和工具电极，以防触电。
7. 经常检查电源箱的电扇通风是否良好，工作液是否变质，发现变质，请及时更换。
8. 操作结束，要关闭计算机，切断电源，将机床擦拭干净，添加润滑油，以防机床锈蚀。

17.1 特种加工概述

随着工业生产和现代科学技术的发展，高强度、高硬度、高韧性的新材料不断出现，各种复杂结构与特殊工艺要求的工件也越来越多，依靠传统的机械加工方法，难以达到技术要求，有的甚至无法进行加工。特种加工就是在这种情况下产生和发展起来的。

特种加工（Special Machining）是指利用电能、化学能、光能、声能、热能及其与机械能的组合等形式对工程材料进行加工的各种工艺方法的总称。与传统切削加工方法相比，其特点：① 工具硬度不必大于被加工材料的硬度，而在电子束加工过程中，不需要使用任何工具；② 在加工过程中，工具和工件之间不存在显著的机械切削力作用，特别适合于加工低刚度的工件。

目前，按所利用的能量形式和加工机理的不同，特种加工主要分为以下几种加工方法：

1）电能、热能：电火花加工（EDM）、电子束加工（EBM）、等离子弧加工（PAM）。

2）电能、机械能：离子束加工（IM）。

3）电能、化学能：电解加工（ECM）、电解抛光。

4）化学能：化学加工（CHM）、化学抛光（CP）。

5）声能、机械能：超声加工（USM）。

6）机械能：磨料喷射加工、磨料流加工、液体喷射加工（LJM）。

特种加工能解决普通机械加工方法难以完成的各种难加工材料的加工和各种特殊、复杂结构的加工，已成为机械制造学科中一个新的重要领域，在现代制造技术中占有十分重要的地位，同时已在现代制造、科学研究和国防工业中获得了日益广泛的应用。

17.2　电火花加工

17.2.1　电火花加工的基本原理

电火花加工（Electrical Discharge Machining，EDM）是利用工具电极（Tool Electrode）和工件电极（Work Electrode）之间脉冲放电（Pulse Discharge）时局部瞬时产生的高温，把工件表面材料腐蚀去除（电蚀）实现工件加工的方法，又称放电加工或电蚀加工。

电火花加工的工作原理如图 17-1 所示。电火花加工时，施加脉冲电压的工件和工具（纯铜或石墨）分别作为正、负电极。两者在绝缘工作液（煤油或矿物油）中彼此靠近时，极间电压将在两极间相对最近点击穿，形成脉冲放电。在放电通道中产生的高温使金属熔化和气化，并在放电爆炸力的作用下将熔化金属抛出，由绝缘工作液带走。由于极性效应（即两极的蚀除量不相等的现象），工件电极的电蚀速度比工具电极的电蚀速度要大得多，不断使工具电极向工件做进给运动，就能按工具的形状准确地完成对工件的加工。

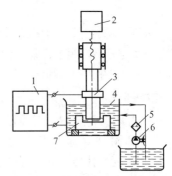

图 17-1　电火花加工的工作原理

1—脉冲电源　2—自动进给调节系统　3—电极
4—工作液　5—过滤器　6—液压泵　7—工件

电火花加工必须具备以下条件：

1）必须使用脉冲电源来保证瞬时的脉冲放电，以确保放电产生的热量集中在被加工材料的微小区域内，使微小区域内的材料熔化、汽化而达到电蚀除的目的。

2）工具电极和工件之间始终保持确定的放电间隙（通常为数微米到数百微米）。间隙过小，易出现短路，形成拉弧现象；间隙过大，极间电压不能击穿液体介质，不能产生火花放电。

3）放电区域必须在煤油等具有高绝缘的液体介质中进行，以便击穿放电，形成放电通道，并利于排屑和冷却。

4）脉冲放电需要重复多次进行，且每次脉冲放电在时间上和空间上是分散、不重复的。脉冲放电后的电蚀产物能及时排运至放电间隙之外，使重复脉冲放电顺利进行。

17.2.2　电火花加工的工艺特点

1）适用的材料范围广。电火花加工是利用脉冲放电的，可以加工任何导电的硬、软、韧、脆和高熔点材料，如硬质合金、耐热合金、淬火钢、不锈钢、金属陶瓷等普通机械加工方法难以加工或无法加工的材料。

2）电火花加工时，工具电极和工件不直接接触，不会产生切削力，有利于加工低刚度工件及微细加工，如薄壁、深小孔、不通孔、窄缝、复杂截面的型腔及弹性零件的加工。

3）电火花加工时，脉冲放电持续时间极短，放电时热量传导范围小，材料被加工表面的热影响层小，有利于提高加工后的表面质量和热敏感材料的加工。

4）电火花加工可使零件达到较高的精度和较小的表面粗糙度值。加工精度可达 0.01mm，表面粗糙度 Ra 值为 1.6μm，微细加工时，加工精度可达 0.002 ~ 0.004mm，表面粗糙度 Ra 值为 0.8μm。

5）利用电能进行加工以及工具电极的自动进给，便于实现加工过程的自动化，并可减少机械加工工序，加工周期短，劳动强度低，使用维护方便。

17.2.3 电火花成形机

电火花成形加工是特种加工比较成熟的工艺，在各个生产行业和科学研究中已获得了广泛应用，相应的机床设备比较定型。电火花成形机是应用最广、数量较多的电火花成形加工设备。

电火花成形机主要由主机部分、脉冲电源、自动进给调节系统、工作液及其循环过滤系统和数控系统等部分组成，如图 17-2 所示。

1. 主机部分

主机是由床身、立柱、主轴头、工作台、工作液循环过滤器和附件等部分组成的。它主要用于支承、固定工件和电极，其传动机构通过坐标调整工件与电极的相对位置，实现电极的进给运动。

主轴头是装夹电极并完成预定运动的执行机构，是电火花成形机中最关键的部件，对加工工艺指标的

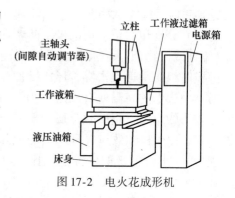

图 17-2 电火花成形机

影响极大。主轴头主要由进给系统、上下移动导向和水平面内防扭机构、电极装夹及其调节环节组成。目前，电火花成形机中已越来越多地采用电-机械式主轴头，其传动链短，进给丝杠由电动机直接带动，方形主轴头的导轨可采用矩形滚柱或滚针导轨。

2. 脉冲电源（Pulse Power）

脉冲电源的作用是把直流或工频正弦交流电转变成一定频率的单向脉冲电流，提供电火花加工所需要的放电能量。脉冲电源性能的优劣对电火花加工速度、加工过程的状态稳定性、工具电极的损耗、加工精度与表面质量等技术经济指标有重大影响。

3. 自动进给调节系统（Auto-feed Adjusting System）

在电火花加工过程中，工具与工件必须保持一定的间隙，若间隙过大，则不易击穿，形成开路；若间隙过小，又会引起拉弧烧伤或短路。由于工件不断被蚀除，电极也有一定的损耗，所以间隙会不断扩大。这就要求工具不但要随着工件材料的不断蚀除而进给，形成工件要求的尺寸和形状，还要不断地调节进给速度，有时甚至停止进给或回退以保持恰当的放电间隙。由于放电间隙很小，且位于工作液中无法观察和直接测量，因此必须要有自动进给调节系统来保持恰当的放电间隙。

4. 工作液循环过滤系统（Working Fluids Circulation Filter System）

工作液循环过滤系统包括工作液箱、电动机、泵、过滤装置、工作液槽、油杯、管道、

阀门以及测量仪表等。放电间隙中的电蚀产物除了靠自然扩散、定期抬刀以及使工具电极附加振动等排除外，常采用强迫循环的办法加以排除，以免间隙中电蚀产物过多而引起已加工过的侧表面间"二次放电"，影响加工精度，此外也可带走一部分热量。电火花加工所用工作液主要是煤油和机油。

17.3 电火花线切割加工

17.3.1 电火花线切割加工概述

1. 电火花线切割的基本原理

电火花线切割加工（Wire Cut EDM，WEDM）是利用连续移动的导电金属丝（钨丝、钼丝、铜丝等）作为工具电极，在金属丝与工件间通过脉冲放电实现工件加工。其工作原理如图 17-3 所示。工件接脉冲电源的正极，工具电极丝接脉冲电源的负极，接高频脉冲电源后，在工件与电极丝之间产生很强的脉冲电场，使其间的介质被电离击穿，产生脉冲放电。

电极丝在贮丝筒的作用下做正、反向（或单向）运动，工作台在机床数控系统的控制下自动按预定的指令运动，从而切割出所需的工件形状。

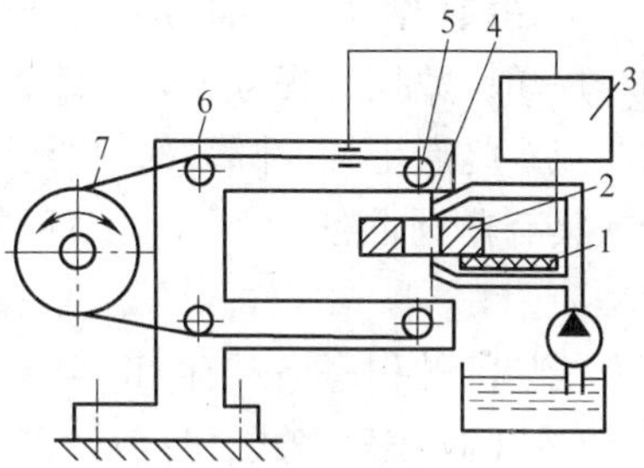

图 17-3　电火花线切割的工作原理
1—绝缘底板　2—工件　3—脉冲电源
4—电极丝　5—导向轮　6—支架　7—贮丝筒

2. 电火花线切割的加工特点

1）直接用线状电极丝作为电极，不需要制造复杂的成形电极，可实现复杂形状工件的加工，缩短了生产准备周期。

2）可以进行精密微细加工和传统切削加工方法难以加工或无法加工的小孔、薄壁、窄槽和各种复杂形状的型孔、型腔等零件。

3）可以加工高硬度、高脆性材料（超硬合金、人造金刚石、导电陶瓷等）。

4）作为刀具的电极丝无须刃磨，且电极丝的损耗较少，对加工精度的影响小。

5）工作液多采用水基乳化液，不易引燃起火，容易实现安全无人操作运行。

6）自动化程度高，成本低，能实现大厚度、高效率的切割加工。

17.3.2 电火花线切割机

电火花线切割机按电极丝的运行速度可分为高速走丝（或称快走丝）电火花线切割机和低速走丝（或称慢走丝）电火花线切割机两类。

1. 高速走丝电火花线切割机

高速走丝电火花线切割机（WEDM-HS）的走丝速度较快（8～10m/s），且电极丝可往复移动，并可以循环反复使用，直到电极丝损耗到一定程度或断丝为止。高速走丝电火花线切割常用的电极丝为钼丝（直径为 $\phi 0.1 \sim \phi 0.2 \text{mm}$），工作液通常为乳化液或皂化液。由于电极丝的损耗和电极丝运动过程中的换向影响，高速走丝电火花线切割机的加工精度和加工质量不如低速走丝电火花线切割机，一般尺寸精度可达 0.015~0.02mm，表面粗糙度 Ra 值为 1.25~2.5μm。目前，高速走丝电火花线切割的尺寸精度最高可达 0.01mm，表面粗糙度 Ra 值为 0.63~1.25μm。

2. 低速走丝电火花线切割机

低速走丝电火花线切割机（WEDM-LS）的走丝速度较低（≤0.2m/s），单向运动，不能重复使用。低速走丝电火花线切割常用的电极丝有纯铜、黄铜、钨、钼和各种合金（直径为 ϕ0.1~ϕ0.35mm），工作液通常是去离子水或煤油。低速走丝电火花线切割走丝平稳、无振动，电极丝损耗小，加工精度高，一般尺寸精度可达 0.001mm，表面粗糙度 Ra 值可达 0.3μm。

17.3.3 电火花线切割加工编程

数控线切割加工编程是根据图样提供的数据，经过分析和计算，编写出线切割机能接受的程序单。数控编程分为人工编程和自动编程。人工编程通常是根据图样把图形分解成直线的起点、终点坐标，圆弧的中心、半径、起点、终点坐标，然后进行编程。当工件的形状复杂或具有非圆曲线时，人工编程的工作量大、容易出错。为简化编程工作，需进行自动编程。

线切割的程序格式有 3B、4B、5B、ISO 和 EIA 等，常用的是 3B 程序格式，低速走丝多用 4B 和 ISO 程序格式，目前许多系统可直接采用 ISO 代码格式。以下介绍我国高速走丝电火花线切割机应用较广的 3B 程序格式的编程方法。

1. 3B 代码编程简介

3B 代码程序格式中无间隙补偿，但可通过机床的数控装置或一些自动编程软件，实现间隙补偿。其具体格式见表 17-1。

表 17-1 3B 程序格式

B	X	B	Y	B	J	G	Z
分隔符号	X 坐标值	分隔符号	Y 坐标值	分隔符号	计数长度	计数方向	加工指令

表 17-1 中，B 为间隔符，用以分隔 X、Y、J 等，B 后的数字若为零，则可以不写；X、Y 为直线的终点或圆弧起点坐标的值，编程时均取绝对值，单位为 μm；J 为加工线段的计数长度，单位为 μm；G 为加工线段计数方向，分 GX 或 GY，即可按 X 方向或 Y 方向计数，工作台在该方向每走 1μm，则计数累减 1，当累减到计数长度 J=0 时，这段程序加工完毕；Z 为加工指令，分为直线 L 与圆弧 R 两大类。

（1）直线的编程

1）把直线的起点作为坐标原点。

2）终点坐标作为 X、Y，均取绝对值，单位为 μm，可用公约数将 X、Y 缩小整数倍。

3）计数长度 J，按计数方向 GX 或 GY 取该直线在 X 轴和 Y 轴上的投影值，决定计数长度时，要和计数方向一并考虑。

4）计数方向应取程序最后一步的轴向为计数方向，对直线而言，取 X、Y 中较大的绝对值和轴向作为计数长度 J 和计数方向。

5）加工指令按直线走向和终点所在象限的不同而分为 L1、L2、L3、L4，其中与 +X 轴重合的直线记作 L1，与 +Y 轴重合的记作 L2，与 –X 轴重合的记作 L3，与 –Y 轴重合的记作 L4，而且与 X、Y 轴重合的直线，编程时 X、Y 均可作为 0，且在 B 后可不写。

（2）圆弧的编程

1）把圆弧圆心作为坐标原点。

2）把圆弧起点坐标值作为 X、Y，均取绝对值，单位为 μm。

3）计数长度，按计数方向取 X 或 Y 上的投影值，以 μm 为单位。如圆弧较长，跨越两个以上象限，则分别取计数方向 X 轴（或 Y 轴）上各个象限投影值的绝对值累加，作为该方向总的计数长度，也要和计数方向一并考虑。

4）计数方向也取与该圆弧终点时走向较平行的轴作为计数方向，以减少编程和加工误差。对圆弧来说，取终点坐标中绝对值较小的轴向作为计数方向（与直线相反），最好也取最后一步的轴向为计数方向。

5）加工指令对圆弧而言，按其第一步所进入的象限可分为 R1、R2、R3、R4；按切割走向又可分为顺圆和逆圆，于是共有 8 种指令，即 SR1、SR2、SR3、SR4、NR1、NR2、NR3、NR4。

2. 3B 代码编程举例

如图 17-4 所示的工件，起始点为 A，加工路线按照图示所标的 ① → ② →…→ ⑧ 序号进行。序号① 为切入，序号⑧ 为切出，序号② ~ ⑦ 为工件轮廓加工。各段曲线端点的坐标计算略。按 3B 格式编写该工件的线切割加工程序如下：

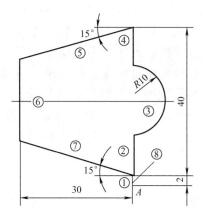

图 17-4　线切割加工工件

Example. 3b；					扩展名为 . 3b 的文件名
B0	B2000	B2000	GY	L2；	加工程序
B0	B10000	B10000	GY	L2；	可与上句合并
B0	B10000	B20000	GX	NR4；	
B0	B10000	B10000	GY	L2；	
B30000	B8038	B30000	GX	L3；	
B0	B23924	B23924	GY	L4；	

B30000　B8038　B30000　GX　L4；

B0　　　B2000　B2000　　GY　L4；

MJ；　　　　　　　　　　　　　　　　　　结束语句

17.3.4　电火花线切割机的基本操作

1. 开机

开机的操作步骤如下：

1）检查外接线路是否接通。

2）合上电源主开关，接通总电源。

3）按下启动按钮，进入控制系统。

2. 电极丝的安装及找正

（1）电极丝安装的操作步骤

1）把电极丝的一端固定在贮丝筒的一个定点上，转动贮丝筒把电极丝平整均匀地绕到贮丝筒上。

2）把电极丝的另一端穿过上支架→上导轮→下导轮→下支架，并固定在贮丝筒的另一个定点上。

3）来回转动贮丝筒，注意电极丝绕在贮丝筒上的平整均匀程度，并注意观察贮丝筒的限位开关所处位置是否合理。

（2）电极丝的找正　电极丝的找正是为了保证电极丝轴线与待加工工件水平基准面的垂直度要求，一般在电火花线切割机床运行一段时间后或是在更换导轮或其轴承后，改变引电块的位置或更换引电块，以及在做切割锥度切割加工等操作以后均需要找正电极丝的垂直度。电极丝垂直度的找正方法大多采用直角尺来测量，直角尺的一直角边靠向电极丝，另一直角边贴在机床工作台面或工件水平基准平面上，观测直角尺的一直角边分别朝向机床的 X 轴和 Y 轴方向时电极丝与直角尺的另一直角边的贴紧程度。观测方法可用目视法或火花法，目视法依靠经验来判断电极丝与直角尺在接触线上的贴紧程度；火花法是给机床通上脉冲电源，观察放电火花在电极丝与直角尺或找正块在接触线上的分布均匀程度。

3. 工件的装夹及找正

（1）工件的装夹方法　装夹工件时，必须保证工件的切割部位位于机床工作台纵向、横向进给的允许范围之内，避免超出极限，同时应考虑切割时电极丝的运动空间。夹具应尽可能选择通用（或标准）件，所选夹具应便于装夹，便于协调工件和机床的尺寸关系。在加工大型模具时，要特别注意工件的定位方式，尤其是在加工快结束时，工件的变形、重力的作用会使电极丝被夹紧，影响加工。常用的工件的装夹方法如下：

1）悬臂式装夹法。如图 17-5 所示，这种方式装夹方便、通用性强，但由于工件一端悬伸，易出现切割表面与工件上、下平面间的垂直度误差，因此，该方法仅用于加工要求不高、工件较小或悬臂较短的情况。

2）两端支承装夹法。如图 17-6 所示，这种方式装夹方便、稳定，定位精度高，但由于工件中间悬空，不适于装夹较大的工件。

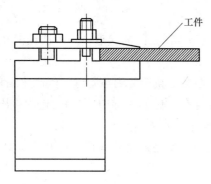

图 17-5　悬臂式装夹法

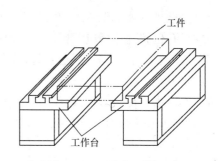

图 17-6　两端支承装夹法

3）板式支承装夹法。如图 17-7 所示，根据常用的工件形状和尺寸，采用有通孔的支承板装夹工件。这种方式装夹时加工稳定性较好，精度高，但通用性差。

（2）工件的找正　装夹好工件以后，还必须对工件进行调整（找正），使工件的定位基准面与机床工作台的进给方向 X 或 Y 轴保持特定的关系（如平行或垂直等），以保证所切割的工件基准面的相对位置精度。常用的找正方法有以下几种：

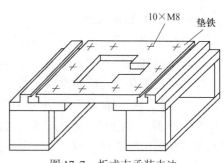

图 17-7　板式支承装夹法

1）划线法找正。工件的切割图形与定位基准之间的相互位置精度要求不高时，可采用划线法找正。其操作方法是利用固定在丝架上的划针对准工件上划出的基准线，往复移动工作台，目测划针、基准间的偏离情况，将工件调整到正确位置，如图 17-8 所示。

2）用百分表找正。其操作方法是用磁力表架将百分表固定在丝架或其他能与工件做相对运动的部件上，百分表的测量头与工件基准面接触，往复移动工作台，并配合调整工件的位置，直至百分表指针的偏摆范围达到所要求的数值（即在规定的公差范围之内）。找正应在相互垂直的三个方向上进行（即一个平面方向和一个线性方向），如图 17-9 所示。

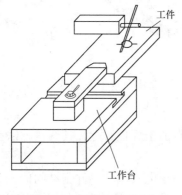

图 17-8　划线法找正工件

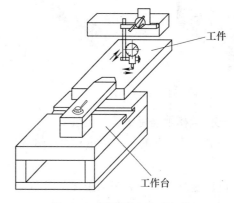

图 17-9　用百分表找正工件

4. 穿丝孔和电极丝切入位置的选择

穿丝孔是电极丝相对工件运动的起点，同时也是程序执行的起点，一般选在工件上的基准点处。穿丝孔位置的选择应考虑以下因素：

1）当切割凸模需要设置穿丝孔时，位置可选在加工轨迹的拐角附近，以简化编程。

2）切割凹模等工件的内表面时，将穿丝孔设置在工件的对称中心，这样对编程计算和电极丝定位都较为方便，但切入行程较长，不适合加工大型工件。

3）在加工大型工件时，穿丝孔应设置在靠近加工轨迹边角处或选在已知坐标点上，以使运算简便，缩短切入行程。

4）在加工大型工件时，还应沿加工轨迹设置多个穿丝孔，以便发生断丝时能就近重新穿丝，切入断丝点。

5. 加工路线的选择

在加工中，工件内部应力的释放会引起工件的变形，所以在选择加工路线时，应尽量避免破坏工件或毛坯结构的刚性。

选择加工路线时应注意以下几点：

1）避免从工件端面由外向里开始加工，这样会破坏工件的强度，引起变形，应从穿丝孔开始加工。在图17-10中，图17-10a所示加工路线选择从工件坯料外面切入，外围用于装夹的材料呈断裂状，容易产生变形；图17-10b所示加工路线能保持毛坯结构的刚性。

2）不能沿工件端面加工。若沿工件端面加工，则放电时电极丝单向受电火花冲击力，使电极丝运行不稳定，难以保证尺寸和表面精度。

3）加工路线距端面距离应大于5mm，以保证工件结构强度少受影响而发生变形。

4）加工路线应向远离工件夹具的方向进行加工，以避免加工中因内应力释放而引起工件变形，待最后再转向工件夹具处进行加工。

5）当在一块毛坯上要切出两个以上工件时，不应连续一次切割出来，而应从不同穿丝孔开始加工。如图17-11所示，图17-11b所示的切割方法对保持毛坯结构的刚性比图17-11a所示的方法要好。

a)　　　　　　　　b)　　　　　　　　　　　　a)　　　　　　　　b)

图17-10　加工路线选择1　　　　　　　　图17-11　加工路线选择2

6. 电极丝初始坐标位置的调整

在线切割加工之前，应将电极丝调整到切割起始点的坐标位置上，其调整方法有以下几种：

（1）目测调整法　对于加工要求较低的工件，在确定电极丝与工件基准间的相对位置时，可以直接利用目测或借助2~8倍的放大镜来进行观察。如图17-12所示，利用穿丝处划出的十字基准线，分别沿划线方向观察电极丝与基准线的相对位置，根据两者的偏离情况移动工作台，当电极丝中心分别与纵横方向基准线重合时，工作台纵、横方向上的读数就确定了电极丝中心的位置。

（2）火花法　如图 17-13 所示，移动工作台使工件的基准面逐渐靠近电极丝，在出现火花的瞬时，记下工作台的相应坐标值，再根据放电间隙推算电极丝中心的坐标。此方法简单易行，但往往因电极丝靠近基准面时产生的放电间隙与正常切割条件下的放电间隙不完全相同而产生误差。

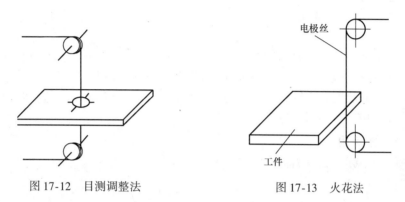

图 17-12　目测调整法　　　　　图 17-13　火花法

17.4　其他常用特种加工

17.4.1　超声加工

1. 超声加工的基本原理

超声加工（Ultrasonic Machining，UM）也称超声波加工。超声加工是利用超声频率振动的工具，带动工件和工具间的磨料悬浮液，冲击和抛磨工件的被加工表面，使其成形的加工方法，其工作原理如图 17-14 所示。超声波发生器产生的超声频电振荡通过换能器转变为小振幅的超声频机械振动，并通过振幅扩大棒将振幅放大（放大后的振幅为 0.01 ~ 0.15mm），再传给工具端部使其超声（16 ~ 25kHz）振动。同时，在工件与工具之间不断注入磨料（碳化硅、氧化铝、碳化硼或金刚石粉等）悬浮液。这样，做超声频振动的工具端面就会不断撞击工件表面上的磨料，通过磨料将加工区的材料粉碎成很细的微粒，并由循环流动的磨料悬浮液带走。同时，磨料悬浮液在超声振动的作用下产生液压冲击和空化现象，促使液体渗入被加工材料的裂纹处，加强了机械破坏作用，

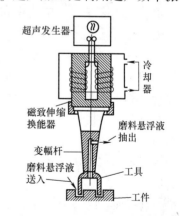

图 17-14　超声加工的工作原理

液压冲击也使工件表面损坏被蚀除，工具逐渐伸入工件内部，其形状便被复制在工件上。

超声加工设备一般包括超声发生器、超声振动系统、机床主体和磨料工作液及循环系统。

2. 超声加工的工艺特点

1）适合加工各种不导电的硬或脆的材料，特别是电火花加工等无法加工的脆性非金属材料（玻璃、陶瓷、人造宝石、半导体锗和硅片等）。

2）可加工出各种复杂形状的型孔、型腔、成形表面，不需要工具和工件做复杂的相对运动，加工机床结构简单，操作维修方便。

3）工具材料硬度可比工件材料硬度低。

4）加工时，工具对工件的宏观作用力小、热影响小，适合加工不能承受较大机械应力的零件。

5）加工精度高，加工表面质量好。加工的尺寸精度可达 0.01 ~ 0.05mm，表面粗糙度 Ra 值为 0.1 ~ 0.8μm，加工表面无残余应力、破坏层及烧伤等现象。

6）超声加工的加工效率较低，但采用超声复合加工（超声车削、超声磨削、超声电解加工、超声线切割等）可显著提高加工效率。

3. 超声加工的应用

1）广泛应用于硬、脆材料的型孔、型腔、套料、金刚石拉丝模的加工及切割、雕刻、研磨、清洗和焊接加工。

2）适合于加工薄壁、窄缝、薄片零件。

3）与其他加工方法相结合进行复合加工，如采用超声与电化学或电火花加工相结合的方法加工喷油器、喷丝板上的小孔或窄缝。

17.4.2 电解加工

1. 电解加工的基本原理

电解加工（Electrochemical Machining，ECM）是利用金属在电解液中产生阳极溶解的电化学原理，将工件加工成形的方法，其工作原理如图 17-15 所示。工件接正极，工具电极（铜或不锈钢）接负极，两极间通以低压（6 ~ 24V 的直流电压）大电流，极间保持 0.1 ~ 1mm 的间隙。在两极间隙处通以 6 ~ 60m/s 高速流动的电解液（NaCl 或 $NaNO_3$），形成极间导电通路。由于金属在电解液中的阳极溶解作用，当工具电极向工件不断进给，保持极间间隙时，工件材料就会按工具型面的形状不断地溶解，其电解产物及时被高速流动的电解液冲走，于是在工件上就能加工出与工具型面相对应的形状。

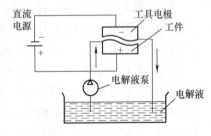

图 17-15 电解加工的工作原理

电解加工的基本设备主要包括直流电源、机床主体和电解液系统（包括液压泵、贮液池）三大部分。

2. 电解加工的工艺特点

1）加工范围广，可加工高硬度、高强度和高韧性的难切削导电材料（淬火钢、硬质合金、不锈钢和耐热合金等），并能以简单的进给运动一次加工出叶片、锻模等形状复杂的型面或型腔。

2）加工时无切削力和切削热，不会产生残余应力、变形、飞边和毛刺，适于加工易变形工件（薄壁零件等）。

3）加工精度为 0.03 ~ 0.2mm，表面粗糙度 Ra 值为 0.8 ~ 0.2μm，表面加工质量比电火花加工好，但尺寸精度不如电火花加工，成形精度不高。

4）生产效率较高，为电火花加工的 5 ~ 10 倍，在某些情况下，比切削加工的生产效率还高，且加工生产效率不直接受加工精度和表面质量的限制。

5）工具电极使用寿命较长。

6）加工设备投资大，电解液对机床有腐蚀，电解产物处理回收困难，对环境有污染。

3. 电解加工的应用

电解加工广泛应用于模具的型腔加工，形状复杂、尺寸较小的型孔加工，异形工件的套料加工，枪炮的膛线加工，发电机的叶片加工，花键孔、内齿轮、深孔加工，以及电解抛光、倒棱、去毛刺等。电解加工适用于成批和大量生产，多用于粗加工和半精加工，而电火花加工则适用于单件小批量生产。

17.4.3 电子束加工

1. 电子束加工的基本原理

电子束加工（Electron Beam Machining，EBM）是在真空状态下利用高速电子流的冲击动能来加工工件的方法，其工作原理如图 17-16 所示。利用电能将阴极加热到 2700℃ 以上，发射电子并形成电子云，向阳极方向加速运动，经聚焦后得到能量密度极高（可达 $10^9 W/cm^2$）、直径仅为几微米的电子束。它以极高的速度作用到被加工表面，使工件材料瞬时熔融、汽化蒸发而被蚀除，达到加工目的。电子束加工装置主要由电子枪系统、真空系统、控制系统和电源系统四大基本系统组成。

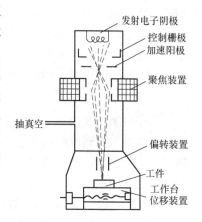

图 17-16 电子束加工的工作原理

2. 电子束加工的工艺特点

1）材料适应性广，可用于加工各种脆硬、韧性、导体、非导体、热敏性、易氧化材料，特别适用于加工特硬、难熔的金属和非金属材料。

2）电子束直径最小可达 0.01 ~ 0.005mm，长度可达直径的几十倍，可用于加工微细深孔和窄缝。

3）加工速度较高，切割 1mm 厚的钢板，切割速度可达 240mm/min。

4）在真空中加工，无氧化，特别适于加工高纯度半导体材料和易氧化的金属及合金。

5）加工设备较复杂，投资较大，多用于微细加工。

3. 电子束加工的应用

电子束加工是通过热效应实现加工的，分为热型和非热型两种。热型加工适合高速钻孔（最小达 $\phi 0.003mm$）、型孔、型面及特殊曲面加工、切割窄缝、焊接、热处理及其他深结构的微细加工。非热型加工是利用电子束的化学效应进行刻蚀、光刻、大面积薄层等的微细加工。

17.4.4 离子束加工

1. 离子束加工的基本原理

离子束加工（Ion Beam Machining，IBM）是在真空状态下，把惰性气体通过离子源产生的离子束流经加速、集束、聚焦后，依靠机械冲击工件表面，引起材料变形、破坏和分离而实现加工的方法，其工作原理如图 17-17 所示。离子束比电子束具有更大的能量。离子束加工装置包括离子源系统、真空系统、控制系统和电源系统等。

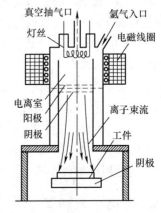

图 17-17 离子束加工的工作原理

2. 离子束加工的工艺特点

1）离子束可以通过电子光学系统进行聚焦扫描，轰击材料逐层去除原子，且离子束流密度及离子能量可以精确控制。因此，离子束加工是所有特种加工方法中最精密、最微细的加工方法，是当代纳米加工技术的基础。

2）离子束加工是在高真空中进行的，污染少，特别适用于易氧化的金属、合金材料和高纯度半导体材料的加工。

3）离子束加工是靠离子轰击材料表面的原子来实现的，是一种微观作用，宏观压力很小，加工应力、热变形等极小，加工质量高，适合于对各种材料和低刚度零件的加工。

4）离子束加工设备费用和成本高，加工效率低，应用范围受到一定限制。

3. 离子束加工的应用

离子束加工是通过力效应来实现加工的，主要用于精密、微细以及光整加工，特别是对亚微米至纳米级精度的加工。通过对离子束流密度和能量的精确控制，可以对工件进行离子溅射、离子铣削、离子蚀刻、离子抛光、离子镀膜和离子注入等纳米级加工。如利用离子溅射加工非球面透镜，利用离子抛光可加工出没有缺陷的光整表面，利用离子注入加工可实现半导体材料掺杂、高速工具钢或硬质合金刀具材料切削刃表面改性等。

离子束加工被认为是未来最有前途的超精密加工和微细加工方法。

17.5 特种加工技术实训

用 3B 格式编写图 17-18 所示工件轮廓的线切割加工程序。

1）在实际生产加工活动中，由于电极丝是贯穿工件厚度方向的，一般在工件的无用边（孔类零件为加工轮廓的内部，轴类零件为加工轮廓的外部）钻一小孔，称为穿丝孔。穿丝孔与工件的加工轮廓间要有一定距离，线切割编程时把该段距离称为切割引导线。在图 17-18 中，A 点为穿丝孔中心，AB 为切割引导线。

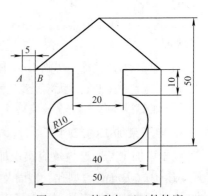

图 17-18 特种加工工件轮廓

2）确定加工路线：加工起点为 *A* 点，按顺时针方向做封闭轮廓加工。

3）分别计算各段曲线的局部坐标值，确定各段的计数方向、计数长度和加工指令等。

4）编写加工程序单，加工程序如下：

B5000	B	B5000	GX	L1;
B25000	B20000	B25000	GX	L1;
B25000	B20000	B25000	GX	L4;
B15000	B	B15000	GX	L3;
B	B10000	B10000	GY	L4;
B	B10000	B20000	GX	SR1;
B20000	B	B20000	GX	L3;
B	B10000	B20000	GX	SR3;
B	B10000	B10000	GY	L2;
B20000	B	B20000	GX	L3;
MJ;				

复习思考题

1. 试比较传统的切削加工与特种加工之间的区别。目前工业生产中常用的特种加工方法有哪些？

2. 简述电火花加工的原理、特点及应用范围。

3. 简述电火花成形加工和电火花线切割加工的异同点。

4. 简述超声加工的原理。为什么超声加工的工具材料可以比工件材料的硬度低？

5. 简述电解加工的成形原理。

6. 电子束加工和离子束加工在原理和应用上有何异同？

7. 加工图 17-19 所示的对刀样板，其材料为 65Mn 钢，厚度为 1.2mm，要求凸、凹模间的单边配合间隙为 0.02mm（电极丝选用直径为 $\phi0.12$mm 的钼丝，单边放电间隙为 0.01mm）。

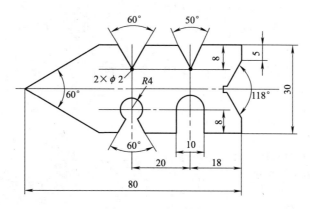

图 17-19　对刀样板

第5篇 创新训练与实践

第18章 机械创新训练与实践

【教学目的和要求】

1. 认识典型机构。
2. 设计实现满足不同运动要求的传动机构系统。
3. 对运动构件进行运动检测分析（位移、速度、加速度分析）。
4. 掌握空间机构创新设计仿真软件的操作和使用。
5. 培养学生的创新意识、综合设计能力和实践动手能力。

【机械创新训练与实践安全技术】

1. 运行时应注意机械各部分的运转情况，发现异常应立即停机，排除故障。
2. 操作时精神集中，工作完成后，必须切断电源。
3. 同一小组中指定一人负责电动机的开关，发现机械或电气故障，应立即停机，断开开关，找有关人员修理。
4. 各零部件应轻拿轻放，安装时应避免机构卡死。起动前一定要仔细检查各部分安装是否到位，起动电动机后不要过于靠近运动零件，不得伸手触摸运动零件。
5. 先进行软件部分试验，即运动副搭接、装配训练、运动仿真及拆卸过程爆炸图演示，然后再在机架上进行实际零件的装配及运动演示。
6. 实践完成后应清点零件数量，经实训指导人员验收合格后学员方可离开。

18.1 平面机构创新设计与拼装实践

18.1.1 设备

1）PCC-Ⅱ型平面机构设计及运动组合试验台。
2）个人计算机及打印机。

18.1.2 工作原理

1. 平面机构设计及运动组合试验台

如图18-1所示，PCC-Ⅱ型平面机构设计及运动组合试验台由装拆平台、机架、电动机、传动部件、杆、间隙轮、齿轮、棘轮、槽轮、凸轮等基本构件库组成，可根据设计需要进行设计和拼装，可灵活拼装以下19种平面传动机构：① 曲柄摇杆机构；② 曲柄导杆摇杆机构；③ 曲柄对心滑块机构；④ 曲柄偏心滑块机构；⑤ 曲柄导杆对心滑块机构；⑥ 曲柄导杆偏心滑块机构；⑦ 凸轮机构；⑧ 槽轮机构；⑨ 齿轮-曲柄摇杆-棘轮机构；⑩ 链-齿轮传动机构；⑪ 曲柄摇杆-齿轮齿条机构；⑫ 不完全齿轮机构；⑬ 齿轮-曲柄摇杆机构；⑭ 齿轮-曲柄导杆对心滑块机构；⑮ 齿轮-曲柄导杆偏心滑块机构；⑯ 齿轮-曲柄滑块（牛头刨床）机构；⑰ 齿轮-导杆摇杆机构；⑱ 插齿机机构；⑲ 曲柄摇杆滑块机构。

图18-1 PCC－Ⅱ型平面机构设计及运动组合试验台

该试验台可检测所拼装的各种平面机构活动构件的位移、速度和加速度，并通过计算机显示运动曲线，通过对构件运动曲线的分析，可了解机构运动规律及机构运动状态，进而对机构进行重新设计与装配调整。还可利用该试验台提供的软件平台对机构运动进行虚拟设计和运动仿真。

2. 检测分析系统及其使用方法

该试验台配备了硬件检测系统及软件分析系统，同时还具有两种调速方式。硬件系统采用单片机与A－D转换集成相结合进行数据采集、处理分析及实现与个人计算机的通信，达到适时显示运动曲线的目的。同时该系统采用光电传感器、位移传感器和加速度传感器作为信号采集手段。

数据通过传感器与数据采集分析箱将机构的运动数据通过计算机串口送到个人计算机内进行处理，形成运动构件运动参数变化的实测曲线，为机构运动分析提供手段和检测方法。

该试验台硬件系统原理框图如图18-2所示。

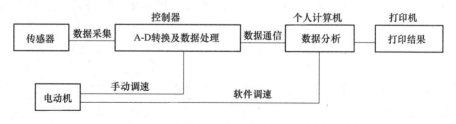

图18-2 PCC－Ⅱ型平面机构设计及运动组合试验台硬件系统原理框图

（1）传感器的安装 该试验台配备了一个光栅角位移传感器、一个直线位移传感器，可分别安装在旋转及移动构件上。在每种机构的输入及输出端均有安装位置。

（2）检测 该试验台配有数据检测箱一个，上有传感器接口。其面板及背板如图18-3所示。

面板上三个键为调速键，依次为"增加""减小""停止"，显示窗口将显示调速等级（0～20）。

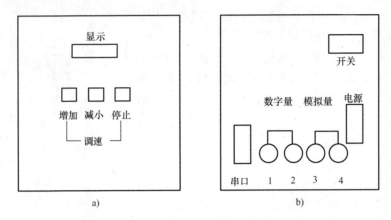

图18-3　PCC－Ⅱ型平面机构设计及运动组合试验台数据检测箱面板及背板
a）面板　b）背板

背板上有两个数字量接口和两个模拟量接口，将光栅角位移传感器接线接在"数字量1"上，直线位移传感器接线接在"模拟量2"上即可。

3. 运动曲线显示

被测构件的实时动态运动曲线由计算机相应软件显示，打开检测界面后，单击"检测"键即可显示被测构件的运动曲线。另外，测试界面内也有调速控件，可通过计算机直接调节电动机的转速。

本试验台电动机转速控制系统有两种方式：

（1）手动控制　通过调节控制箱上的两个调速按钮调节电动机的转速。

（2）软件控制　在试验软件中根据试验需要调节。

4. 软件

该软件为专用软件，包括教学和分析两部分，其中分析部分有实测曲线和杆机构、凸轮机构、槽轮机构的运动曲线仿真。

单击可执行文件就会进入主界面。主界面包括四个主菜单："文件""试验内容""帮助"和"公式备查"。

（1）"文件"菜单　它有一个下拉菜单："退出"。单击"退出"按钮，程序会终止运行而结束。

（2）"试验内容"菜单　它包括"试验录像""试验原理说明""实测""仿真"和"试验结果"五个子菜单。"试验结果"菜单只有在单击"仿真"与"实测"子菜单的基础上才能操作，其余的菜单一单击就能进入相应的窗口，所以通过单击相应的菜单可以实现各窗口之间的切换。

1）试验录像的播放。试验录像窗口有两个按钮：停止和播放。单击"播放"按钮可以播放录像，必须注意的是，在切换到其他窗口以前必须单击"停止"按钮。

2）机构的仿真过程。仿真窗口包括两个图片框：上方为机构简图框，显示各机构的简单示意图；下方黑色的是仿真图框，可以对四杆机构、曲柄滑块、导杆滑块、导杆摇杆、凸轮、槽轮六种机构进行仿真。机构简图框右边是机构选项卡，可以对以上六种仿真机构类型进行选择。

进入该界面后单击界面右边的机构选项卡，选择其中一种机构，然后确认好选项卡上文本框中的机构各构件尺寸，看其是否与仿真的实际机构尺寸一样，如果不一样则需将实际构件尺寸输入到文本框中。最后单击"仿真"按钮，便可以把仿真机构的位移、速度、加速度曲线在窗口下方的黑色坐标框中绘制出来。如果仿真出来的位移、速度、加速度数值较小，无法显示在当前坐标区内，可以进行坐标调整（一般情况下无须调整）。

坐标调整如图 18-4 所示。

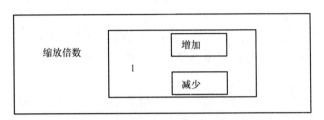

图 18-4　坐标调整

单击"增加"按钮，缩放倍数会逐渐增加，值得注意的是，必须用鼠标左键单击其倍数值，让其变为蓝色，坐标才会发生相应的调整。单击"减小"按钮亦然。

3）仿真曲线的打印。仿真试验做完后，如果需要打印试验结果，则要先在仿真窗体单击"打印结果"按钮。注意：这只能将预打印仿真的曲线与机构简图以文件的形式保存到试验结果中，要将其打印出来还要单击主菜单中"试验内容"菜单下的"试验结果"子菜单。单击之后，试验结果窗体将现出。试验结果窗体上有两个图片框和"打印预览""打印"两个按钮。上面的图片框显示的是仿真曲线，下面的是机构简图。打印结果必须是先单击"打印预览"按钮后单击"打印结果"按钮。如果在预览时，预打印的曲线不在预览窗口，必须返回仿真窗口进行坐标调整，让需要打印的量出现在坐标轴内再进入打印窗口。

4）机构曲线的实测。单击主菜单"实测"，将实测窗体调用出来。该窗口主要包括两个曲线显示框和一个操作选项卡。上面的图片框显示光栅角位移传感器所测到的曲线，下面的图片框显示直线位移传感器所测到的曲线。操作选项卡有"文件""设置""操作"三个选项。首先观察执行机构是否起动，如果没有则要起动，该窗体上有"增加""减少"和"停止"按钮，分别可以增加和减少电动机当前的速度，也可以让电动机停止。机构起动后，单击窗体右上角操作选项中"操作"项的"采集"按钮，便可对机构进行实测了。如果测到的曲线没有在图片框中就需对曲线和坐标做一定的调整，在"设置"选项中有坐标的缩放与上下移动，坐标的缩放与仿真窗体的一样。曲线调整可以由三个可输入的文本框进行，输入一定的缩放系数到文本框，单击该文本框下的"确定"按钮则可调整曲线的纵坐标大小。"文件"选项有"保存文件"和"打开文件"两个按钮，可以将采集到的曲线以文件的形式保存和打开。

（3）"帮助"菜单　它包括"帮助（H）"和"关于本软件"两个菜单，如果在程序中的运行中需要得到帮助可以单击"帮助（H）"子菜单，如果想要了解有关本软件的相关信息一可以单击"关于本软件"子菜单。

18.1.3 实践步骤

1）认识试验台提供的各种传动机构的结构及传动特点。

2）确定执行构件的运动方式（回转运动、间歇运动等）。

3）设计或选择所要拼装的机构。

4）看懂该机构的装配图和零部件结构图。

5）找出有关零部件，并按装配图进行安装。

6）机构运动正常后，用手拨动机构，检查机构运动是否正常。

7）机构运动正常后，可将传感器安装在被测构件上，并连接在数据采集箱接线端口上。

8）打开采集箱电源，按"增加"键，逐步增加电动机转速，观察机构运动。

9）打开计算机，并进入"检测"界面，观察相应构件的运动情况，如果有仿真界面内提供的机构，则可按实际机构的几何参数，对执行构件的运动进行仿真。

10）试验完毕后，关闭电源，拆下构件。

18.1.4 实践报告要求

1）对系统进行评价和分析。

2）对执行构件的运动规律进行分析（有无急回特性，有无冲击，最大行程等）。

18.2 空间机构创新设计与拼装实践

18.2.1 设备及工具

1）空间机构创新设计、拼装及仿真试验台。

2）专用虚拟软件。

3）配套工具：扳手、螺钉旋具、木槌等。

18.2.2 工作原理

空间机构中的各构件不是都在同一平面内或平行平面内运动，其运动多样、结构紧凑，且灵活可靠，许多用平面机构根本无法实现的运动规律和空间轨迹曲线，可以通过空间机构来实现，因而空间机构在各种工作机构中广泛应用。

1. 空间机构创新设计、拼装及仿真试验台

如图18-5所示，该试验台含机架一个，旋转电动机一台（90W，220V，输出转速10r/min），V带传动装置及各种运动副（转动副、移动副、球面副、圆柱副等）组件、球面槽轮、平面槽轮、蜗杆蜗轮、各类齿轮、连接件等，自制零件约140种218件，标准件及外购件约36种155件，可以拼装出30种空间机构：① 锥齿轮传动机构；② 螺旋齿轮传动机构；③ 链传动机构；④ 锥齿轮-螺旋齿轮传动机构；⑤ 螺旋齿轮-锥齿轮传动机构；⑥ 螺旋齿轮-单十字轴万向联轴器；⑦ 锥齿轮-单十字轴万向联轴器；⑧ 螺旋齿轮-双十字轴万向联轴器；⑨ 锥齿轮-双十字轴万向联轴器；⑩ 螺旋齿轮-蜗杆传动机构；⑪ 锥齿轮-蜗杆传动机构；⑫ 螺旋齿轮-蜗杆蜗轮-单十字轴万向联轴器；⑬ 锥齿轮-蜗杆蜗轮-单十字轴万向联轴器；⑭ 螺旋齿轮-双十字轴万向联轴器-蜗杆蜗轮；⑮ 锥齿轮-双十字轴万向联轴器-蜗杆蜗轮；⑯ 锥齿轮-槽轮机构；⑰ 球面槽轮机构；⑱ 萨勒特（SARRUT）机构（3R－3R 空间六杆机构）；⑲ RSSR 空间曲柄摇杆机构；⑳ RCCR 联轴器；㉑ RCRC 揉面机构；㉒ 锥齿轮-平面槽轮或球面槽轮机构；㉓ 叠加机构；㉔ RRSC 机构；㉕ 棘轮机构；㉖ 齿轮齿条机构（两种）；㉗ 盘形凸轮机构；㉘ 圆柱凸轮间歇运动机构；㉙ RRRCRR机构；㉚ 自动传送链装置。

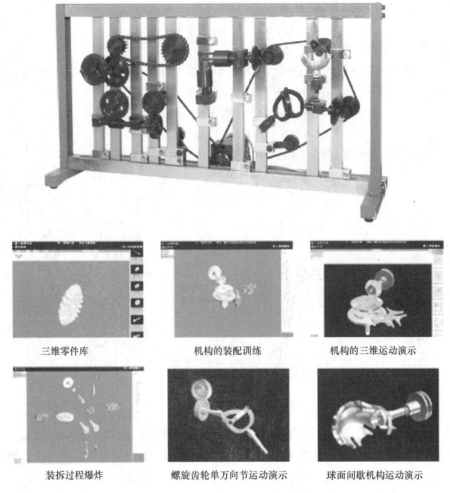

三维零件库　　　　机构的装配训练　　　　机构的三维运动演示

装拆过程爆炸　　　螺旋齿轮单万向节运动演示　　　球面间歇机构运动演示

图 18-5　空间机构创新设计、拼装及仿真试验台

空间机构种类较多，该试验台提供的常见空间机构有锥齿轮传动机构、螺旋齿轮传动机构、蜗杆传动机构、单（双）十字轴万向联轴器、圆柱凸轮间歇运动机构等，另外该试验台还提供了萨勒特（SARRUT）机构（3R－3R 空间六杆机构）、RSSR 空间曲柄摇杆机构、RCCR 联轴器、RCRC 揉面机构、RRSC 机构、RRRCRR 机构等，均属空间连杆机构，现将其结构分析相关知识予以简介。

组成空间连杆机构的运动副有转动副 R、移动副（棱柱副）P 和螺旋副 H，这三种运动副为 V 类副，有 1 个自由度，5 个约束度；球销副 S′、圆柱副 C 和平面高副（滚滑副），这三种运动副为 Ⅳ 类副，有 2 个自由度，4 个约束度；球面副 S 和平面副 E，这两种运动副为 Ⅲ 类副，有 3 个自由度，3 个约束度。空间线高副为 Ⅱ 级副，有 4 个自由度，2 个约束度；空间点高副为 Ⅰ 级副，有 5 个自由度，1 个约束度。

空间连杆机构在命名时，常将所用运动副依次用符号相连为代表，例如，图 18-6 所示为空间曲柄摇杆机构，两连架杆均以转动副与机架相连，并均以球面副与连杆相连，故为 RSSR 机构。

空间机构自由度 F 的计算公式为

$$F = 6n - (5P_5 + 4P_4 + 3P_3 + 2P_2 + P_1)$$

式中，n 为活动构件数；$P_1 \sim P_5$ 分别为 Ⅰ ~ V 级副的数目。

计算空间机构自由度时，与平面机构相类似，要考虑局部自由度、复合铰链、虚约束及公共约束情况。图 18-6 所示 RSSR 机构自由度计算值为

$$F = 6n - (5P_5 + 4P_4 + 3P_3 + 2P_2 + P_1)$$
$$= 6 \times 3 - (5 \times 2 + 3 \times 2) = 2$$

机构中连杆绕自身轴线回转自由度为局部自由度，应除去，所以 RSSR 机构的自由度为 1。

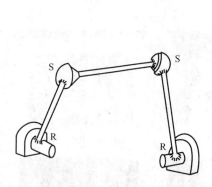

图 18-6　RSSR 空间曲柄摇杆机构

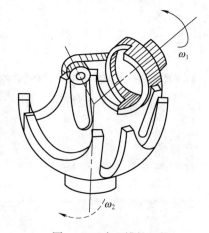

图 18-7　球面槽轮机构

如图 18-7 所示，球面槽轮机构用于两相交轴之间的间歇传动，其从动槽轮呈半球形，主动拨轮的轴线及拨销的轴线均应通过球心。主动拨轮上的拨销通常只有一个，槽轮的动、停时间相等。如果在主动拨轮上对称安装两个拨销，槽轮将连续变速运动。

2. 专用虚拟软件

该软件可在局域网上联机使用，其功能如下：

1）建有三维零件库。

2）能完成 30 种空间机构的装配训练，给出机构所需零件清单，具有机构拼装顺序正误的判断功能。

3）能完成 30 种空间机构的三维运动仿真演示。

4）能自动完成 30 种空间机构的拆卸过程爆炸图演示。

18.2.3 实践步骤

1）构思所要拼装的空间机构，画出机构运动示意图。建议在试验台提供的 30 种机构中选择。

2）打开计算机，单击空间机构创新设计、拼装及仿真软件主界面，进入试验目的、试验注意事项、机架介绍、零件介绍、运动副搭接、装配训练等功能界面，按构思的机构示意图搭接运动副，装配成机构，并进行运动仿真及拆卸爆炸图演示。

3）在试验台零件箱内选出所需零部件。

4）在机架上装配出所构思的机构，并连接电动机、带传动。

5）手动运转无误后起动电动机，观察机构运转情况。

6）拆卸，零件归位。

18.2.4 实践报告要求

1）画出机构运动示意图。

2）计算机构自由度。

3）按装配顺序列出零件清单。

18.3 轴系结构创新设计实践

通过轴系结构创新设计实践，可以熟悉和掌握轴的结构及其设计，了解轴上零部件的常用定位与固定方法以及轴承组合设计的基本方法，可以综合创新轴系结构设计方案。

18.3.1 设备与使用工具

1. 轴系结构设计试验箱

如图 18-8 所示，该试验箱内有 8 类 56 种 164 件轴系零部件（见表 18-1），可组合出十余种轴系结构方案。

图 18-8 轴系结构设计试验箱

表 18-1 试验箱内零件明细

序号	类别	零件名称	件数	序号	类别	零件名称	件数
1	齿轮类	小直齿轮	1	31	支座类	蜗杆用套环	1
2		小斜齿轮	1	32		直齿轮轴用支座（油用）	2
3		大直齿轮	1	33		直齿轮轴用支座（脂用）	2
4		大斜齿轮	1	34		锥齿轮轴用支座	1
5		小锥齿轮	1	35		蜗杆轴用支座	1
6	轴类	大直齿轮用轴	1	36	轴承	轴承 6206	1
7		小直齿轮用轴	1	37		轴承 7206AC	2
8		大锥齿轮用轴	1	38		轴承 30206	2
9		小锥齿轮用轴	1	39		轴承 N206	2
10		固游式用蜗杆两端固定用蜗杆	1	40	连接件及其他	键 8×35	4
11			1	41		键 6×20	4
12	联轴器	联轴器 A	1	42		圆螺母 M30×1.5	2
13		联轴器 B	1	43		圆螺母止动圈 φ30	2
14	轴端盖	凸缘式闷盖（脂用）	1	44		骨架油封	2
15		凸缘式透盖（脂用）	1	45		无骨架油封	1
16		大凸缘式闷盖	1	46		无骨架油封压盖	1
17		凸缘式闷盖（油用）	1	47		轴用弹性卡环 φ30	2
18		凸缘式透盖（油用）	1	48		羊毛毡圈 φ30	2
19		大凸缘式透盖	1	49		M8×15 外六角螺钉	4
20		嵌入式闷盖	1	50		M8×25 外六角螺钉	6
21		嵌入式透盖	1	51		M6×25 外六角螺钉	10
22		凸缘式透盖（迷宫）	1	52		M6×35 外六角螺钉	4
23		迷宫式轴套	1	53		M4×10 外六角螺钉	4
24	轴套	甩油环	1	54		φ6 垫圈	10
25		挡油环	1	55		φ4 垫圈	4
26		套筒	1	56		组装底座	2
27	轴套类	调整环	1	57	工具	双头扳手 12×14	1
28		调整垫片	1	58		双头扳手 10×12	1
29		轴端压板	1	59		挡圈钳	1
30		锥齿轮轴用套环	1	60		螺钉旋具	1

2. 装配工具

双头扳手 12×14 及 10×12、挡圈钳、螺钉旋具（这些为试验箱附件）；钢直尺（300mm）、游标卡尺（200mm）、内外卡钳、铅笔、三角板等。

18.3.2 实践内容与步骤

1）根据表 18-2 选择安排每组的试验题号。

表 18-2 轴系结构设计试验题号及内容

试验题号	已知条件				
	齿轮类型	载 荷	转 速	其他条件	示 意 图
1	小直齿轮	轻	低		
2		中	高		
3	大直齿轮	中	低		
4		重	中		
5	小斜齿轮	轻	中		
6		中	高		
7	大斜齿轮	中	中		
8		重	低		
9	小锥齿轮	轻	低	锥齿轮轴	
10		中	高	锥齿轮与轴分开	
11	蜗杆	轻	低	发热量小	
12		重	中	发热量大	

2）构思轴系结构方案。

① 根据齿轮受力特点选择滚动轴承型号。

② 确定轴承组合的轴向固定方式（两端固定或一端固定另一端游动，正装或反装）。

③ 根据齿轮圆周速度（高、中、低）确定轴承的润滑方式（脂润滑、油润滑）及甩油、挡油措施。

④ 选择端盖形式（凸缘式、嵌入式），并考虑透盖处的密封方式（毡圈、皮碗油封、油沟）。

⑤ 确定轴上零件的定位和固定、轴承间隙及轴系位置的调整方法等问题。

⑥ 绘制轴系结构方案示意图。

3）从试验箱中选取零部件，组装成轴系结构，并检查所设计组装的轴系结构是否正确。

4）绘制轴系结构草图。

5）测量轴系主要装配尺寸和零件的主要结构尺寸，并做好记录。

6）拆卸后，将所有零部件放入试验箱内的规定位置，交还所借工具。

7）根据草图及测量数据，在 A3 图纸上用 1∶1 的比例绘制轴系装配图，要求装配关系表达正确，标注必要尺寸（如支承跨距、主要配合尺寸及配合标注、齿轮齿顶圆直径与宽度等），填写标题栏及明细栏。

8）书写实践报告。

18.3.3 实践报告要求

1）画出轴系结构方案示意图。

2）填写主要零件尺寸表。

3）写出主要零件作用和选择依据。

4）绘制轴系结构装配图。

复习思考题

1. 平面机构系统由哪几部分组成？

2. 平面机构系统安装精度如何？如何改善精度误差造成的运动失真的分析？

3. 平面机构系统可应用在哪些机械系统中？有何优缺点？

4. 比较由锥齿轮传动、螺旋齿轮传动、蜗杆传动及万向联轴器按不同组合方案组合的对应空间机构的性能特点。

5. 比较空间连杆机构与平面连杆机构的性能特点。

6. 比较平面槽轮机构与球面槽轮机构的性能特点。

7. 轴承内外环是采取什么方法固定的？轴承部件采用哪种固定方法？

8. 轴承间隙如何调整？轴向力是通过哪些零件传递到支座上的？

9. 你所设计装拆的轴系中，轴的各段长度和直径是根据什么来确定的？

10. 提高轴系的回转精度和运转效率，可采取哪几个方面的措施来解决？

第 19 章　创新模型训练与实践

【教学目的和要求】

1. 通过模型组装及创新组合出各种典型机构和结构部件，加深对所学知识的理解与运用，培养学生机构认知、选型、组合及创新的能力。

2. 培养学生综合运用机、电、液（气）、光一体化技术进行系统创新设计的能力。

3. 培养对各类传感器、单片机、ROBOPRO 软件、ARM 系统、PLC 的编制、调试，加深对所学知识的理解与运用。

4. 培养学生的创新思维能力和团队合作精神，提高学生的创造能力和动手能力。

【创新模型训练与实践安全技术】

1. 训练前应熟悉模型的各个零部件组成、数量，并详细阅读说明书。保管好每一个零件，尤其是细小零件，以免丢失。

2. 组装自己设计的作品时，注意勿野蛮操作，对模型的各个零部件应轻拿轻放，应认真观察零件的安装方法，切勿强行装拆，以免塑料件产生断裂或变形。

3. 严禁带电操作，避免烧毁电路板，应在所有部件安装完毕并检查无误后接插电源调试。

4. 软件编写完调试时，应注意观察各部件的运动状况，避免部件之间产生运动干涉。

5. 实践完成后应清点零件数量，经指导教师验收后学员方可离开。

19.1　慧鱼创新模型训练与实践

19.1.1　设备及工具

1) 慧鱼模型组合包若干套。
2) 慧鱼专用电源两套。
3) 微型计算机及打印机。
4) LLWin 专用软件一套。
5) A 型接口电路板和 B 型接口电路板各一块。

19.1.2　工作原理

1. 慧鱼创意组合模型系统主要构件

（1）机械元件　机械元件主要包括齿轮、连杆、链条、履带、齿轴、齿条、蜗轮、蜗杆、凸轮、弹簧、曲轴、万向节、差速器、齿轮箱、铰链等，如图 19-1 所示。

系统提供的构件主料均采用优质的尼龙塑胶，辅件为不锈钢、铝合金。拼接体装配结构采用工业燕尾槽插接方式连接，可实现六面拼接，反复拆装，无限扩充，如图 19-2 所示。

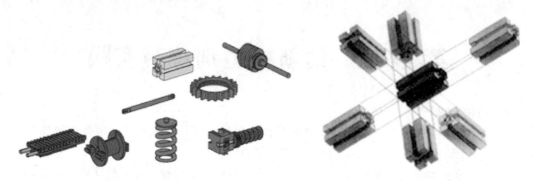

图 19-1　机械元件　　　　　　　　　　图 19-2　六面可拼接体

（2）电子电气元件　电子电气元件主要包括直流电动机（9V 双向），红外线发射接收装置，传感器（光敏、热敏、磁敏、触敏），发光器件，电磁气阀，接口电路板，可调直流变压器等（9V，1A，带短路保护功能），如图 19-3 所示。

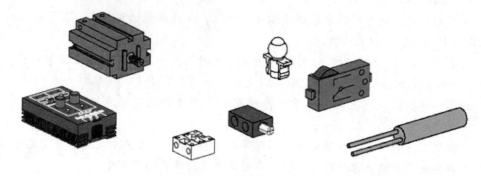

图 19-3　电子电气元件

1）直流电动机。由于模型系统需求功率比较低（系统载荷小，需求功率只克服传动中的摩擦阻力），所以它兼顾驱动和控制两种功能。

2）传感器。传感器作为一种"感应"元件，可以将物理量的变化转化成电信号，作为输入信号给计算机，经过计算机处理，达到控制执行元件的目的。在搭接模型时，可以把传感器提供的信息（如亮/暗、通/断、温度值等）通过接口板传给计算机。系统提供的传感器作为控制系统的输入信号包括：① 接触式传感器（图 19-4）。当按钮按下，接触点 1、3 接通，同时接触点 1、2 断开，所以有两种使用方法。a. 常开：使用接触点 1、3，按下

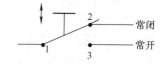

图 19-4　接触式传感器的工作原理

按钮等于导通；松开按钮等于断开；b. 常闭：使用接触点 1、2，按下按钮等于断开；松开按钮等于导通。② 光敏传感器。对亮度有反应，可和聚焦灯泡配合使用，当有光（或无光）照在上面时，光电管产生不同的电阻值，引发不同信号。③ 负温度系数的热敏传感器。也可称为温度传感器，可测量温度，温度为 20℃时，电阻值为 1.5kΩ，随着外界温度的升高，传感器阻值下降。④ 磁性传感器。它是一个非触性开关。⑤ 超声波距离传感器。反映传感器与障碍物的距离，最远测量距离约为 4m，相应的检测数值以 cm 为单位在程序检测界面显示。⑥ 颜色传感器。不同颜色表面的反射光波长不同。以 0～10V 电

压的形式输出。反射光的强弱与环境光、物体表面的粗糙程度以及物体与传感器的距离等因素有关。⑦ 踪迹传感器。可以寻找到白色表面的黑色轨道。传感器距检测表面应为 5～30mm。它包含两个发射和两个接收装置，连接该传感器需要有两个数字量输入端和 9V 电源端。

3）接口板（图 19-5）。自带微处理器，程序可在线和下载操作，用 LLWin 或高级语言编程，通过 RS232 串口与计算机连接，四路电动机输出，八路数字信号输入，两路模拟信号输入，具有断电保护功能，两接口板级联实现输入输出信号加倍。

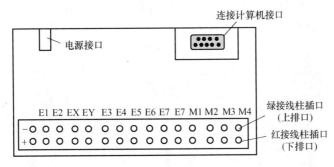

图 19-5　智能接口板

4）PLC 接口板。实现电平转换，直接与 PLC 相连。智能接口板自带微处理器，通过串口号与计算机相连。在计算机上编的程序可以移植到接口板的微处理器上，它可以不用计算机独立处理程序（在激活模式下）。

（3）气动元件　气动元件主要包括气缸、气阀（手动、电磁阀）、气管、管接头（三通、四通）、气泵、储气罐等，如图 19-6 所示。

图 19-6　气动元件

气缸作为执行机构，气缸中的空气可以被压缩，压缩程度越大，气缸内的压强越大。

双动气缸的运动原理如图 19-7 所示。

图中，A、B 分别为进出气口，可与气管连接；C、D 分别为活塞、活塞杆（活塞与活塞杆连接）；E、F 分别为气缸壁、密封圈。

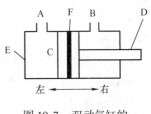

图 19-7　双动气缸的
运动原理

活塞 C 可以在封闭的气缸壁 E 中运动。当 A 口开进气，B 口开出气时，活塞杆 D 右移；当 A 口开出气，B 口开进气时，活塞杆 D 左移。

压缩机由电动机、空气压缩气缸和储气罐三部分组成。

电动机带动曲柄轴转动，活塞杆与曲柄轴连接，使电动机的周转运动转变为活塞杆的左右往复运动。当活塞杆向右运动时，进气口吸入空气；当活塞杆向左运动时，使压缩空气压入储气罐。

手动切换阀如图19-8所示，中间的接头（P）是进气口，左右两个接头（A和B）则用气管接到气缸。下面的接头（R）是放气口，用来释放从气缸回来的气体。这种阀还有三个切换位置（左-中-右），在气动学中，称为三位四通阀。图19-9所示为在不同开关位置进气阀的回路。

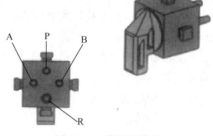

图19-8 手动切换阀

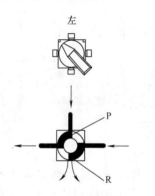 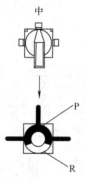 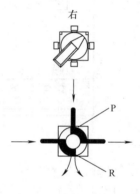

图19-9 进气阀的回路

2. 慧鱼创意模型系统 LLWin 软件

LLWin是慧鱼创意模型系统的专用图形编程软件，可实现实时控制，用PLC控制模型时，采用梯形图编程。其编辑程序的最大特点是使用系统提供的工具箱中的功能模块就可以建立控制程序。模型可用计算机、PLC或单片机对其进行控制。

编程前必须连接好接口板，检查硬件连接是否正确。为了确保计算机与接口板之间连接准确，在软件中设置了接口板检查（Check Interface）命令，出现如图19-10所示的接口板检查窗口。窗口显示了在接口板上可用的输入输出端口，下面的绿条指示接口板与计算机之间的连接状态：

Simulation mode——定义接口板未选择计算机端口，模拟状态；No connection to interface——没有准确连接，状态条变红；Connection to interface OK——已可靠连接。为了改变接口板和连接的设置，单击菜单"Settings - setup - Interface"，系统弹出相应窗口，在"port"下拉列表框中选择计算机端口COM1或COM2。如果选择"None"，则系统在模拟状态。

正确连接后，可用"Check Interface"命令来检查接口板和所连接的模型状态。

E1～E8是数字量（指0或1状态）输入端口，EX、EY是模拟量输入端口。传感器连接在输入端口，

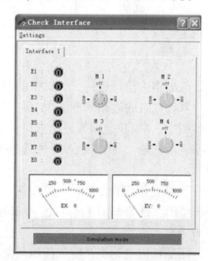

图19-10 接口板检查窗口

如按钮、开关、光敏晶体管等。

接口板的输出是 M1～M4，执行机构就在上面，如电动机、电磁铁和灯等。

LLWin 软件是一个能够创建、测试控制程序且功能强大的工具，可编程模块化，在功能模块工具箱中有功能模块 18个，如图 19-11 所示。

图 19-11　功能模块示意图

（1）Output——输出模块　插入该模块时，应从"Type"对话框中选择显示对应的图标。在"Action"中选择希望的输出状态。

（2）Input——输入模块　插入该模块时，应从"Type"对话框中选择显示的对应图标。在"Branch to the right at"中选择希望的输入状态。

（3）Edge——脉冲模块　在"Edge"对话框中设置程序等待的输入量 E1～E8 的触发类型。

（4）Position——定位模块　定位模块常用来驱动电动机到一个指定的值。在起动电动机时，通过一个由脉冲齿轮触动的开关来计数，当达到设定值时，电动机停止。若要将计数器重置为 0 时，可使用"Assignment"赋值模块输入方程 Z1 = 0 即可。

（5）Start——开始模块　每一个流程图都应有一个开始功能模块，而且不同的流程图同时开始。

（6）End——结束模块　如果一个流程结束，在程序中可将最后一个模块的输出端口与结束模块相连。在流程中有可能构成一个循环，不包括结束模块也可。

（7）Reset——复位模块　复位模块的功能是当满足对话框条件时，复位模块将项目的步骤复位从头开始。该模块放于程序表面，不用画线与其他模块相连。在一个项目中，只可以使用一次复位模块。

（8）Emergency Stop——急停模块　急停模块用来关闭接口板上所有输出端口。该模块放于程序的表面，也不用画线与其他模块相连。在一个项目中，也只可以使用一次急停模块。

（9）Terminal——终端模块　终端模块用于在程序运行时显示及输入特定值。该模块也放置于程序表面，不与其他模块相连。

（10）Display——显示模块　显示模块用来在终端模块的两个显示窗口中显示数据值、变量或输入端口 EX～EY 或 EA～ED。当插入模块时，在功能模块的对话框中选择使用窗口 DS1 或 DS2，以及要在其中显示的数据。

（11）Message——信息模块　信息模块能在终端模块文本框中显示最长为 17 个字符的信息。当插入信息模块时，在对话框中输入文字并设置信息显示时的颜色。

（12）Show Values——显示值模块　当程序在连机的模式下运行时，此模块显示变量的当前值。此模块被放于程序表面，未与其他模块连接。

（13）Variable——变量 +／-1 模块　使用变量 +／-1 模块可以给变量值加 1 或减 1。

（14）Assignment——赋值模块　使用赋值模块能够对 Var1～Var99 及 Z1～Z16 赋值。

（15）Compare——比较模块　在对话框中条件框内输入比较的条件，条件一般以方程式形式输入，如：Var1 = 2。可单击"Help for Edit"对话框中的符号写方程，方程式最长为40个字符。在"Branch to the right"对话框中选择流程分支的输出端口，由是否满足条件决定。"1"为满足条件，"0"为不满足条件。

（16）Beep——发声模块　发声模块是通过计算机扬声器发出声音信号。声量大小及持续时间可在对话框中设定。

（17）Wait——延时模块　延时模块是在程序中设定延迟时间长短的功能模块。当程序步骤到达延时模块时，时间延迟，然后再执行程序的下一步。

（18）Text——文本模块　文本模块的功能是在程序的某些地方加注释，可放在工作界面的任何地方。

（19）Subin/Subout——子程序输入/输出模块　子程序输入/输出模块只有在编制子程序时用。

19.1.3　实践步骤

1. 机器模型设计

自行设计一种机器模型，要求了解所设计机器的工作原理，绘制详细的结构图并讨论方案的可行性。

2. 准备工作

领取所设计机器的试验模型零部件和装配手册，按照手册清点零件种类及数量，认真阅读装配说明书。

3. 机械装配

按照装配说明书上所示的步骤组装，注意每安装一个零部件都需要进行验证，以确保安装的正确性，直到机械全部安装结束。

4. 控制电路安装

首先，按照说明书中的要求，将导线按规定长度剪开，接上插头（注意线和插头的颜色应一一对应），然后按照各模块类型的布线图接好电路。

5. 控制接口板安装

将控制接口部件按照要求连接在计算机上，然后将控制接口部件接通电源（9V 变压器或电池盒电源），并用数据线将其与计算机的串行口相连（建议用 COM1）。

启动 LLWin 应用软件（注意，工业机器人和移动机器人使用 LLWin3.0 版本，计算机中的常用机构模型使用 LLWin2.1 版本，气动机器人使用专用的气动机器人程序），在 LLWin 界面的工具栏中选择"Check Interface"项，逐一测试各项输入（开关、传感器等）和输出（马达、灯、电磁铁等），确保其正常工作。

6. 编制控制程序

控制程序可直接使用 LLWin 软件中提供的程序示例，也可自行编制。用程序控制创意模块运行的方式有在线控制和下载控制两种。

（1）在线控制　将控制板接上电源和数据线，打开需要的程序，选择主菜单中的

"Run"命令，单击"Start"按钮开始运行程序，即可实现以计算机直接控制机器模型的在线控制模式。

（2）下载控制　将控制板接好电源及数据线，打开需要的程序，选择工具栏中的"DownLoad"命令，开始将程序写入控制板的 RAM 中。下载完成后拔出数据线，即实现自动控制的下载控制模式。

7. 调试和模拟运行（略）

19.1.4　实践报告要求

1）写出组装模型的名称并详细绘制组装模型的结构图。
2）简述组装模型的工作原理并讨论组装方案的可行性。
3）编写组装模型运行的程序。

19.1.5　设计实例

1. 16286/16286A/96787 三自由度机械手（图 19-12）

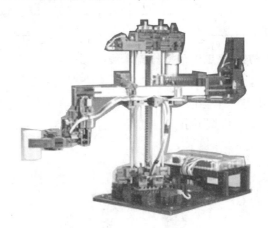

图 19-12　三自由度机械手

三自由度机械手带手臂夹子，4 个直流电动机，可在直流 9V 或 24V 电源下工作，4 个限位开关，4 个脉冲计数器，模型定位在稳定的木板上。机械手可在三个自由度方向移动并可夹取工件，最适合与带传送带的压力机、双工作台流水线、气动加工中心连接。

运动范围：轴 1 可旋转 180°；轴 2 可前进或后退 100mm；轴 3 可实现 160mm 的升降。
系统组成：旋转底盘 1 个，支架 1 个，机械臂 1 个，夹爪 1 副。

包装尺寸	构　件	齿轮箱	小功率电动机	大功率电动机	接触开关	所需附件
385mm×270mm×350mm	成品模型	2	2	2	8	9V 开关电源 1 个

2. 51663/51663A/96785 带传送带的压力机（图 19-13）

模型由 2 个直流电动机，2 个终端开关，2 个光电感应器（由光电晶体管和透镜灯组成）组成，模型组装在 fischertechnik 底板上。模型可由 9V 或 24V 直流变压器供电，最适合与三自由度机械手连接。

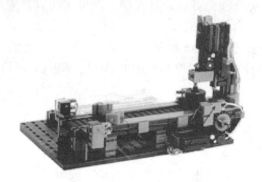

图 19-13　带传送带的压力机

系统组成：1 个加工装置，1 条传送带。

包装尺寸	构件	发光管	接触开关
280mm×215mm×185mm	成品模型	2	2
电动机	齿轮箱	光敏传感器	所需附件
2	2	2	9V 开关电源 1 个

3. 51664/51664A/96790 双工作台操作流水线（图 19-14）

模型由 2 个工作台，4 条传送带（U 形排列），8 个直流电动机，4 个终端开关，5 个光电感应器（由光电晶体管和透镜灯泡组成）组成，模型组装在木板上。模型规格（长×宽×高）为 450mm×410mm×190mm。模型可由 9V 或 24V 直流变压器供电，最适合与三自由度机械手连接。

图 19-14　双工作台操作流水线

系统组成：2 个加工单元，4 条传送带（U 形排列），2 个推料装置。

包装尺寸	构件	齿轮箱	电动机	大功率电动机
450mm×410mm×190mm	成品模型	8	8	1
接触开关	磁敏传感器	光敏传感器	发光管	所需附件
4	1	5	5	9V 开关电源 2 个

4. 77577/77577A/96792 气动加工中心（图 19-15）

模型由 1 个料仓，1 个旋转工作台，1 条传送带，1 套气体压缩装置，3 个气缸，2 个直流电动机，2 个光电传感器，9 个接触传感器组成，模型组装在 fischertechnik 底板上。模型可由 9V 或 24V 直流变压器供电，最适合与三自由度机械手连接。

系统组成：1 个料仓、1 个旋转工作台、1 条传送带、1 套气体压缩装置。

图 19-15　气动加工中心

包装尺寸	构　　件	齿　轮　箱	电　动　机	光敏传感器
450mm×410mm×190mm	成品模型	1	2	2
接触开关	气缸	发光管	所需附件	工作气压
9	3	2	9V 开关电源 2 个	0.5bar（p_{max} = 0.7 bar）

注：$1bar = 10^5 Pa$。

19.2　探索者机器人创新套件训练与实践

探索者机器人创新套件结合了机械、电子、传感器、计算机软硬件、控制、人工智能和造型技术等众多的先进技术。精心设计的金属结构件能完成几乎所有的机械结构搭建，实现几乎全部的传动方式，配合以高性能的 ARM7 LPC2138 32 位控制器，8 种常用传感器，多个伺服电动机，方便验证机器人机构的运动特性，并可以完成大纲规定的大多数数字-模拟电路、单片机、检测技术等方面的试验，贴近日常教学。C 语言、流程图、便携式三种编程方式，方便不同程度、不同需求的用户选择使用。独创的便携编程方式，让用户可以在不便使用计算机的环境，或仅需要简易编程的情况下顺利完成对机器人的程序设定。

多学科穿插融合，鼓励动手，鼓励创新的教学思路，将为学生提供一个前所未有的动手操作平台，通过对机器人机构的不断设计、组装、调试、拆卸，给予学生广阔的发挥余地，激发学生的学习热情和创新意识，沿着"学习→实践→总结→创新"的道路不断发展。使学生能够广泛适用于机械、机电一体化、电气工程、自动化工程等方向的就业需求。而巧妙的机械结构和高性能、多种类电子部件、软件平台的结合，可设计出独创的智能机器人，完成具有深层开发性质的研究课题，并为教师和学生提供良好的软硬件平台。

19.2.1 套件组成

1. 结构件

如图 19-16 所示，该套件包括 27 种 2.4mm
板厚金属结构件、5 种塑料结构件，全部按照国
际零件标准设计，总数为 386 个，其他结构零
配件有 1600 多个。每两个结构件只需一个螺钉
连接，并可任意选择连接角度。结构件结构精
密，各个结构件之间能够任意连接，并可以选
择多个连接角度。零件通用性强，能够自由组
装成为机械臂、机械手爪、小车、多足机器人、
蛇形机器人等数百种不同的机器人，构型丰富，
扩展功能强大。

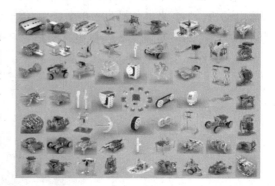

图 19-16　结构件

2. 控制器

控制器如图 19-17 所示，采用 ARM7 2138 32 位 60MHz 嵌入式
MCU 作为控制器核心，支持 UCOS－II 操作系统。72 个 TTL 电平输
入接口；18 个机器人舵机输出接口；可支持最多 36 个直流电动机；
1 个遥控示教盒信号接口，1 个 USB－Debugger 下载、调试、通信
一体化接口。支持宽范围串行通信接口和片内内存不低于 32KB 的
SRAM。控制器之间可串联使用，支持听觉识别、语音识别、图形
识别、颜色识别、图像识别等扩展功能。

图 19-17　控制器

3. 示教编程

遥控编程手柄如图 19-18 所示，采用 AVR16 芯片，可作为示教
盒使用，执行示教盒遥控编程。它包括 4 个动作录制按钮，4 个动作播放按钮，可同时录制
4 路输入接口；8 个摇杆，可同时控制 8 路输出接口；1 个 ISP 下载、调试、通信一体化
接口。

4. 舵机

舵机如图 19-19 所示，包括 16 个标准舵机，8 个圆周舵机，数字控制，舵机具有角
度和速度调节功能，其中圆周舵机可作为直流电动机使用，工作电源为 4.8～6V，工作电
流 <10mA，扭矩为 0.22N·m。

图 19-18　遥控编程手柄

图 19-19　舵机

5. 传感器和模块

8 种共 22 个即插即用传感器，TTL 电平控制，四芯输入线接口，包括近红外传感器、触碰传感器、光强传感器、闪动传感器、声音传感器、黑标传感器等。具体包括：

（1）闪动传感器　可感受光线晃动，如人手摆动，30cm 内有效。

（2）光强传感器　可感受光线强弱的变化，光线弱时触发，正常室内灯光不触发。

（3）声控传感器　可感受声响，2m 外正常拍手声响有效。

（4）近红外传感器　可感受红外物体的靠近，5cm 以内距离有效。

（5）黑标传感器　可识别 1cm 以上宽度的黑色标记，3cm 以上深度悬崖。

（6）触碰传感器　可感受物体的触碰。

（7）触须传感器　可感受物体对触须的触碰或大幅度晃动。

（8）白标传感器　可识别 1cm 以上宽度的白色标记，近距离检测障碍。

6. 开发环境

具有 C 语言和图形化两种开发环境，TK Studio 和 Robottime Robot Studio（RRS）软件套装，支持交叉编译执行，非解释执行，支持所有 ANSI C 的特性，如指针、数组、结构体、位操作等，是程序编写、编译、下载、调试一体的集成开发环境。

7. 附件

螺钉、螺母、螺柱、轮胎、履带、套管等 1600 多个，线缆 29 根，电源适配器 1 个，组装工具 1 套。

19.2.2　拼接示例

1. 拼接齿轴模块

零件：30 齿齿轮（A04）、传动轴（J06），如图 19-20 所示。此处没有被传动轴穿过的齿轮一般用于连接舵机输出头，而被传动轴穿过的齿轮往往需要借助轴套、螺母或大垫片进行固定。

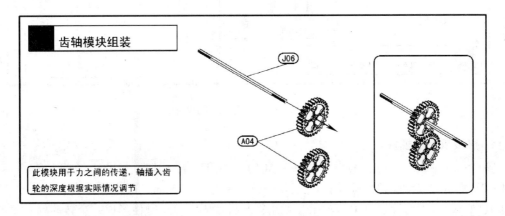

图 19-20　齿轴模块的拼接

2. 拼接腿模块

零件：双足小腿（J22）、双足大腿（J18）、5mm 偏心轮（A02）、大垫片（J09），如图 19-21 所示。每条腿上的 5mm 偏心轮被两侧的大垫片固定在双足小腿和双足大腿围成的方孔之中，形成一个滑块机构。

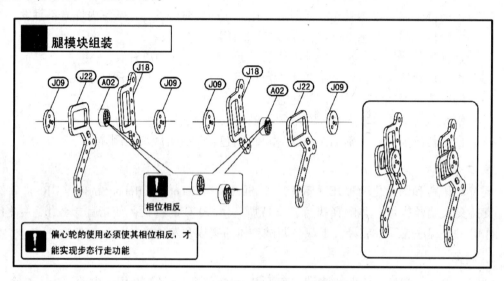

图 19-21　腿模块的拼接

3. 拼接四足连杆模块

零件：四足连杆（J24）、偏心轮 3mm（A01），如图 19-22 所示。

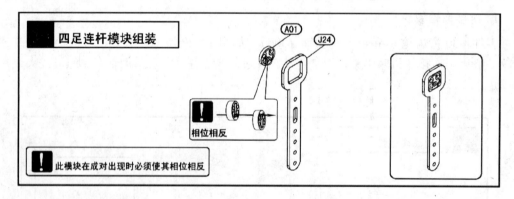

图 19-22　四足连杆模块的拼接

4. 拼接双足腿模块

零件：双足腿（J21）、偏心轮 3mm（A01）、输出支架（J17）、2.7mm 轴套（T03），如图 19-23 所示。双足腿顶部圆孔孔径为 4.1mm，厚度为 2.5mm，可将长度为 2.7mm 的轴套置于其中，再由螺钉穿过。由于输出支架用作与机架固定，于是便形成一个转动副，双足腿作为连杆，相对机架转动。

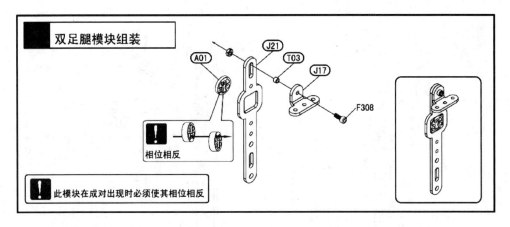

图 19-23　双足腿模块的拼接

5. 拼接从动支杆模块

零件：双足支杆（J20）、90°支架（J05）、轴套 2.7mm（T03）等，如图 19-24 所示。将 90°支架一端通过螺钉与套管与双足支杆中侧部大孔连接，其中，双足支杆中侧部圆孔孔径为 4.1mm，厚度为 2.5mm，可将长度为 2.7mm 的轴套置于其中，再由螺钉穿过。由于 90°支架用作与机架固定，于是便形成一个转动副，双足支杆作为连杆，相对支架转动。

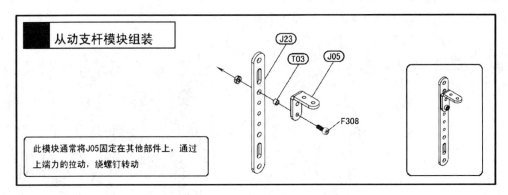

图 19-24　从动支杆模块的拼接

6. 齿轴模块与偏心轮类模块的连接

模块：齿轴模块、双足腿模块。零件：大垫片（J09）等，如图 19-25 所示。在穿过外侧大垫片之前，将结构件方孔部分套在偏心轮上，然后使传动轴穿过外侧大垫片，以保护偏心轮，再以螺母固定。若传动轴两侧都要安装偏心轮类机构，注意保持两个偏心轮相位相反。在某些机构中，偏心轮也可以直接锁在舵机输出头上。

7. 偏心轮类模块的同类连接

模块：双足腿模块、四足连杆模块，如图 19-26 所示。通常为了防止磨损，可以用 5mm 偏心轮（A02）代替两个 3mm 偏心轮（A01）的叠加。

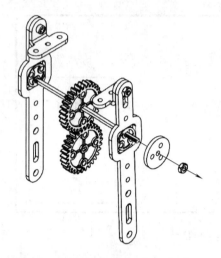
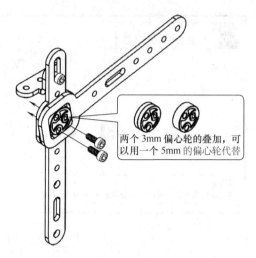

图 19-25　齿轴模块与偏心轮类模块的连接　　　图 19-26　偏心轮类模块的同类连接

8. 偏心轮类模块与杆类模块的连接

　　模块：从动支杆模块、四足连杆模块。零件：5.3mm 轴套（T04）、5×7 孔平板（J03）、螺柱等，如图 19-27 所示。

9. 拼接典型四足机构

　　模块：转动模块、齿轴模块、双足腿模块、四足连杆模块、从动支杆模块，如图 19-28 所示。零件：5×7 孔平板（J03）、3×5 双折面板（J02）、螺柱等。

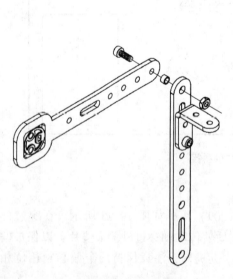
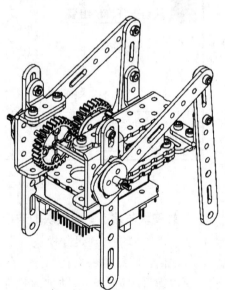

图 19-27　偏心轮类模块与杆类模块的连接　　　图 19-28　典型四足机构的拼接

10. 拼接典型六足机构

　　模块：转动模块、双足腿模块、四足连杆模块、从动支杆模块。零件：5×7 孔平板（J03）、3×5 双折面板（J02）等，如图 19-29 所示。

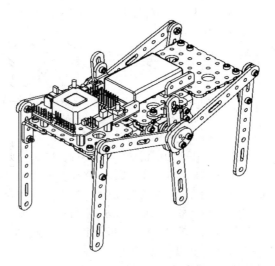

图 19-29　典型六足机构的拼接

拼接完成后利用主控板和手柄控制其运动,观察传动轴两端连杆的步态。

由于这个机构的传动部分是三个偏心轮模块的叠加,因此最外侧的四足连杆模块和从动支杆模块结合时,会有一个壁厚(2.5mm)的差距,因此要用一个小垫片(J08)补偿这个差距,在组装时要特别注意。

复习思考题

1. 填写组装模型的名称,绘制组装模型的结构图。
2. 简述组装模型的工作原理并讨论组装方案的可行性。
3. 在模型调试过程中,熟知了哪些知识?有何体会?
4. 组装模型的主要构件有哪些?有何作用?选择依据是什么?
5. 能否用两个转动模块代替转动模块与齿轴模块的组合?

参 考 文 献

[1] 柳秉毅. 金工实习：上册·热加工 [M]. 3 版. 北京：机械工业出版社，2015.

[2] 黄明宇，徐钟林. 金工实习：下册 [M]. 2 版. 北京：机械工业出版社，2009.

[3] 张木青，宋小春. 制造技术基础实践 [M]. 北京：机械工业出版社，2002.

[4] 马建民. 机电工程训练基础 [M]. 北京：清华大学出版社，2010.

[5] 郑劢，雷小强. 机电工程训练基础教程 [M]. 2 版. 北京：清华大学出版社，2015.

[6] 毛志阳. 机械工程实训 [M]. 北京：清华大学出版社，2009.

[7] 蔡安江，孟建强. 工程技术实践 [M]. 北京：国防工业出版社，2009.

[8] 张学政，李家枢. 金属工艺学实习教材 [M]. 4 版. 北京：高等教育出版社，2011.

[9] 王瑞芳. 金工实习 [M]. 北京：机械工业出版社，2001.

[10] 朱华炳，田杰. 工程训练简明教程 [M]. 北京：机械工业出版社，2015.

[11] 陈君若. 制造技术工程实训 [M]. 北京：机械工业出版社，2003.

[12] 刘舜尧. 机械工程工艺基础 [M]. 长沙：中南大学出版社，2002.

[13] 桂旺生. 数控铣工技能实训教程 [M]. 北京：国防工业出版社，2006.

[14] 高琪. 金工实习教程 [M]. 北京：机械工业出版社，2012.

[15] 杜晓林，左时伦. 工程技能训练教程 [M]. 北京：清华大学出版社，2009.

[16] 陈宏钧. 典型零件机械加工生产实例 [M]. 3 版. 北京：机械工业出版社，2016.

[17] 郑晓，陈仪先. 金属工艺学实习教材 [M]. 北京：北京航空航天大学出版社，2005.

[18] 黄纯颖. 机械创新设计 [M]. 北京：高等教育出版社，2000.

[19] 赵玲. 金属工艺学实习教材 [M]. 2 版. 北京：国防工业出版社，2002.

[20] 徐峰. 数控车工技能实训教程 [M]. 北京：国防工业出版社，2006.

[21] 齐乐华. 工程材料及成形工艺基础 [M]. 西安：西北工业大学出版社，2002.

[22] 汤酞则. 材料成形技术基础 [M]. 北京：清华大学出版社，2008.

[23] 刘镇昌. 制造工艺实训教程 [M]. 北京：机械工业出版社，2005.

[24] 苏本杰. 数控加工中心技能实训教程 [M]. 北京：国防工业出版社，2006.

[25] 杨伟群. 数控工艺员培训教程 [M]. 北京：清华大学出版社，2002.

[26] 徐衡. FANUC 系统数控铣床和加工中心培训教程 [M]. 北京：化学工业出版社，2007.

[27] 孙竹. 数控机床编程与操作 [M]. 北京：机械工业出版社，1996.

[28] 林建榕，王玉，蔡安江. 工程训练 [M]. 北京：航空工业出版社，2004.

[29] 金禧德. 金工实习 [M]. 4 版. 北京：高等教育出版社，2014.

[30] 吴鹏，迟剑锋. 工程训练 [M]. 北京：机械工业出版社，2005.

[31] 周世权，杨雄. 基于项目的工程实践：机械及近机械类. [M]. 武汉：华中科技大学出版社，2011.

[32] 孙以安，鞠鲁粤. 金工实习 [M]. 2 版. 上海：上海交通大学出版社，2005.

[33] 左敦稳，黎向锋. 现代加工技术 [M]. 3 版. 北京：北京航空航天大学出版社，2013.

[34] 花国然，刘志东. 特种加工技术 [M]. 北京：电子工业出版社，2012.

[35] 叶建斌，戴春祥. 激光切割技术 [M]. 上海：上海科学技术出版社，2012.